Wolfgang Bauer

Hydropneumatische Federungssysteme

Wolfgang Bauer

Hydropneumatische Federungssysteme

1. Auflage

Mit 136 Abbildungen

Springer

Dr. Wolfgang Bauer
Schindtal 5
67098 Bad Dürkheim

Bibliografische Information der Deutschen Bibliothek

Die Deutsche Bibliothek verzeichnet diese Publikation in der Deutschen Nationalbibliografie; detaillierte bibliografische Daten sind im Internet über http://dnb.ddb.de abrufbar.

ISBN 978-3-540-73640-0 Springer Berlin Heidelberg New York

Springer ist ein Unternehmen von Springer Science+Business Media

springer.de

Satz und Herstellung: LE-TEX, Jelonek, Schmidt & Vöckler GbR, Leipzig
Einbandgestaltung: WMXDesign GmbH, Heidelberg
Gedruckt auf säurefreiem Papier SPIN: 11983132 60/3180 YL - 5 4 3 2 1 0

Vorwort

Vielen von Ihnen wird die Ausnutzung der Federungseigenschaften von Gas wahrscheinlich schon oft begegnet, aber vielleicht nicht direkt bewusst geworden sein. Dabei sind heute viele alltägliche Dinge untrennbar mit dem Gas als federndem Medium verknüpft. Vielleicht sitzen Sie ja gerade eben in diesem Moment auf einer Gasfeder: Ihr Bürostuhl ist mit großer Wahrscheinlichkeit mit einem solchen System ausgestattet. Im Gegensatz zu einfachen Gasfedern, wie sie z. B. an der Heckklappe Ihres Kofferraumes zur Anwendung kommen, ist Ihr Bürostuhl mit einem vergleichsweise aufwändigen Federungssystem ausgerüstet. Hier haben Sie sogar die Möglichkeit, über die Verschiebung der internen Gasmenge eine Niveauregulierung vorzunehmen und so die Sitzhöhe auf Ihre Körpergröße anzupassen – eine durchaus nicht anspruchslose Technik.

Nutzt man Gas als federndes Medium, so macht man sich immer die allgemeine Gasgleichung zu Nutze. Da die Federbewegungen innerhalb kurzer Zeit stattfinden, kann hier jedoch nicht mit einer isothermen Verdichtung gerechnet werden, sondern es muss der polytrope Ansatz gewählt werden. Vor allem diese Eigenschaft bewirkt, dass eine Gasfeder je nach Auslegung ein mehr oder weniger stark progressives Verhalten aufweist. Das wirkt sich insbesondere beim Einfedern günstig aus, da zum Ende des Federweges die Einfedergeschwindigkeit stärker verlangsamt wird und damit harte Anschläge vermieden werden.

Die positiven Eigenschaften von Gasfedern sind also unbestritten und werden in vielen Bereichen genutzt. Betrachtet man sich allerdings die geringe Hysterese der Gasfederkräfte beim Ein- und Ausfedern, so erkennt man direkt, dass einer reinen Gasfeder auch immer ein Dämpfer zur Seite gestellt werden muss. Wie auch ihre mechanischen Pendants (z. B. Schraubenfeder und Torsionsstab) kann die Gasfeder während der Federbewegung nur sehr wenig Energie in Wärme umwandeln. Ausnahme hierfür ist die bisher noch wenig verbreitete sog. GFD (Gas-Feder-Dämpfer-Einheit) bei welcher nach dem Gold'schen Prinzip das Gas selbst für die erforderliche Dämpfung sorgt ([GOL84], [MUE05]). Üblicherweise werden Gasfedern zusammen mit ölhydraulischen Dämpfern genutzt, bei der oben angesprochenen Gasfeder im Bürostuhl wird die Dämpfung im wesentlichen von einer erhöhten Festkörperreibung im Gaszylinder übernommen. Dies ist hier völlig ausreichend, da die Gasfeder überwiegend als Stoßdämpfer (beim einmaligen Hinsetzen) benutzt wird und nicht ständigen Anregungen ausgesetzt ist – den weniger angenehmen Fall eines Erdbebens einmal ausgenommen.

Machen wir nun den Schritt zur hydropneumatischen Federung: Auch hier wirkt ein Gasvolumen als federndes Element, es gelten also grundsätzlich die gleichen Gesetzmäßigkeiten wie bei der reinen Gasfederung. Einziger Unterschied ist hier zunächst einmal nur, dass der Gasdruck nicht direkt die Wirkflächen des Federelements beaufschlagt, sondern über ein Überträgermedium indirekt einwirkt. Man kann die Hydraulikflüssigkeit hier als ein Koppelmedium bezeichnen, genau so, wie z. B. auch eine mechanische Koppelstange benutzt werden könnte.

Die Hydraulikflüssigkeit selbst bietet nun eine Reihe von Vorteilen: zum einen lässt sich eine Flüssigkeit besser abdichten als ein Gas, was die möglichen Arbeitsdrücke deutlich erhöht und damit den für das Federelement erforderlichen Bauraum verkleinert. Zum anderen hat man die Möglichkeit, die Hydraulikflüssigkeit wie in einem ölhydraulischen Dämpfer zur Umwandlung von Bewegungsenergie in Wärme zu benutzen. Die hier ausgenutzte viskose Reibung innerhalb des Hydraulikfluids ist nicht nur günstiger zur Bedämpfung von Schwingungsvorgängen als die o. g. Festkörperreibung, sie kann darüberhinaus auch an eine bestimmte Anwendung angepasst bzw. sogar einstellbar gemacht werden. Mit einer hydropneumatischen Federung werden also stets Federung und Dämpfung quasi „in Tateinheit" realisiert.

Ich selbst bin mit hydropneumatischen Federungen erst spät, nach meiner Promotion, durch die Arbeit bei den John Deere Werken Mannheim (ehemals Lanz Traktorenwerk) in Kontakt gekommen. Durch meine Arbeit auf dem Gebiet der hydropneumatischen Federungssysteme habe ich deren Vorteile kennen und schätzen gelernt. Speziell am Traktor bietet sich dieses Federungssystem an, was auch dadurch belegt wird, dass nahezu alle Traktorenhersteller darauf zurückgreifen um z. B. die Vorderachse zu federn. Die Gründe hierfür und noch vieles mehr sollen im Folgenden erläutert werden. Ich hoffe, dass mit diesem Buch ein grundlegendes Verständnis dafür geschaffen werden kann, was mit einem hydropneumatischen Federungssystem möglich ist und wo dessen besondere Vorteile und Eigenheiten liegen. Auf dass dieses Prinzip in vielen Bereichen zu einer vorteilhaften Anwendung kommen möge.

Mein besonderer Dank gilt meinen Eltern und allen Freunden, die mich darin bestärkt haben, dieses Buch zu schreiben. Dankbar bin ich auch den Fachkollegen, die mich auf dem Weg von der Rohfassung bis zur Druckversion unterstützt haben und in anregenden Diskussionen einen fruchtbaren Boden für neue Ideen bereitet haben.

Bad Dürkheim im Mai 2007 *Dr. Wolfgang Bauer*

Inhaltsverzeichnis

1 Federungssysteme im Überblick

1.1 Anforderungen an ein Federungssystem

Wie bereits im Vorwort erläutert finden Federungssysteme vielfältige Anwendung in den verschiedensten Bereichen unseres Lebens. Dort tun sie meist wenig beachtet ihre Arbeit. Auffällig werden sie erst, wenn ihre Funktion einmal nicht mehr gegeben ist. Jeder, der schon einmal ein Fahrrad mit zu geringem Reifenluftdruck gefahren hat, wird sich daran erinnern können, wie heftig größere Unebenheiten die Reifen zum Durchschlagen gebracht haben – dies wird als unkomfortabel empfunden. Die Federrate des Federungssystems „Reifen" war in diesem Fall zu niedrig und der verfügbare Federweg zu gering. Daher erreichte die Federung die Grenzen ihres Federweges und ging in den Anschlag. Andererseits kann auch ein zu hoher Luftdruck mit einer dementsprechend zu hohen Federrate zu einem schlechten Fahrkomfort führen. Ohne ausreichende Elastizität werden die Unebenheiten der Straße direkt in den Rahmen und damit auf den Fahrer übertragen. Auch dies wirkt sich negativ auf das Wohlgefühl, den Komfort des Fahrers aus. Eine möglichst passende Abstimmung des Reifenluftdruckes und damit der Federrate insbesondere auf das Fahrergewicht ist also nötig.

Damit sind wir bei der ersten, grundsätzlichen Zielsetzung eines Federungssystems: Es soll die Sekundärseite des Federungssystems (Fahrer und Rahmen) von den Anregungen in Form von Beschleunigungen auf der Primärseite (Straße) entkoppeln. Wesentliche Beweggründe hierfür sind: Komfort und Gesundheit für den Fahrer sowie Schonung der sekundärseitigen Bauteile. Erfüllt das Federungssystem diese Punkte, dann resultiert bei einem Fahrzeug daraus ganz automatisch ein weiterer Vorteil: Es kann schneller bewegt werden, bei gleicher bzw. sogar geringerer sekundärseitiger Schwingungsbelastung gegenüber einem Fahrzeug ohne Federungssystem.

Insbesondere bei einem Radfederungssystem gibt es noch eine zweite, immens wichtige Zielsetzung: Der zeitliche Verlauf der Aufstandskraft des Rades auf dem Boden soll möglichst gleichmäßig sein, damit stets ein hohes Maß an Längs- und Seitenführungskräften übertragen werden kann. Dies bringt nicht nur höhere Fahrsicherheit, sondern insbesondere bei Traktoren eine bessere Übertragung der Zugkräfte auf den Untergrund, was eine Steigerung des Wirkungsgrades und der Produktivität zur Folge hat.

Abbildung 1.1 erläutert die Zusammenhänge der Aufgaben, die ein Radfederungssystem übernimmt und die daraus abgeleiteten funktionellen Anforderungen

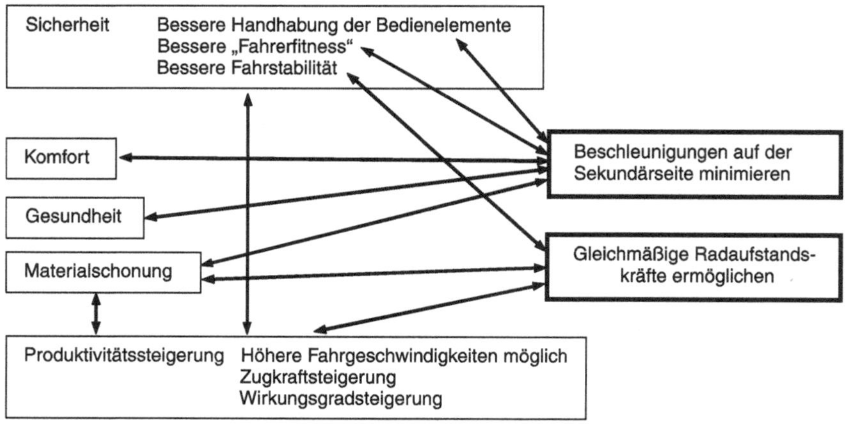

Abb. 1.1. Aufgaben und Anforderungen an ein Radfederungssystem

für das Federungssystem. Die beiden Anforderungen werden im Folgenden näher erläutert.

Beschleunigungen auf der Sekundärseite minimieren

Während sich Bauteile auf der Sekundärseite oftmals so auslegen lassen, dass sie resistent gegenüber den dort auftretenden Schwingungen sind, ist in vielen Fällen der Mensch als „lebende Komponente“ der Sekundärseite der limitierende Faktor: Auch er darf durch Schwingungen nicht zu sehr belastet werden. Dabei werden Frequenzen von 1 bis 100 Hz von ihm als Beschleunigungen bzw. Bewegung empfunden, im Frequenzbereich von ca. 20 Hz bis 10 kHz werden sie akustisch wahrgenommen (Lärm). Reimpell gibt an, dass der Bereich von 1 bis 4 Hz im wesentlichen den „Federungskomfort“, der Bereich von 4 bis 80 Hz den „Abrollkomfort“ bestimmt [REI05]. Mit zunehmender Amplitude werden die Schwingungen vom Menschen, auch frequenzabhängig, ab einem bestimmten Grad als unkomfortabel empfunden [DUB90]. Dies hat im günstigsten Fall lediglich z. B. Unwohlsein und schnellere Ermüdung zur Folge. In schwereren Fällen können durch die häufige Einwirkung stärkerer Beschleunigungen Schäden insbesondere im Knochengerüst (z. B. Bandscheibenschäden) verursacht werden [SEI04]. Bei entsprechender Frequenz und Amplitude können beispielsweise auch Übelkeit sowie Herz- oder Magenprobleme auftreten.

Die Notwendigkeit, diesen schädlichen Faktoren zu begegnen, ist also offensichtlich. Der Gesetzgeber hat hierzu bereits genaue Richtlinien erlassen, welche die Lärmbelastungen streng reglementieren z. B. 2003/10/EG. Auch was die auf den Menschen einwirkenden Beschleunigungen betrifft, wurden bzw. werden in naher Zukunft europaweit gültige Regeln wirksam, nach denen sich dann insbesondere Arbeitgeber richten müssen (Richtlinie 2002/44/EC). Davon werden vor allem auch sämtliche Arbeitsplätze betroffen sein, die auf Fahrzeugen – hier wiederum insbesondere im schweren Gelände – installiert sind.

Wie komfortabel ein Federungssystem ist kann zunächst einmal dadurch bestimmt werden, wie gut es die Sekundärseite von den Anregungen der Primärseite isoliert. Zu diesem Zweck werden gemäß ISO 2631-1 für einen Zeitraum T die quadratischen Mittelwerte für die frequenzabhängig gewichteten Beschleunigungen $a_W(t)$ auf der Sekundärseite berechnet. Für einen Fahrerarbeitsplatz werden hierfür die translatorischen und rotatorischen Beschleunigungen an der Sitzoberfläche herangezogen.

$$a_W = \sqrt{\frac{1}{\tau} \cdot \int_0^\tau a_W^2(t)\ dt}$$

Diese Beschleunigungen werden dann zusammengefasst zu den Effektivwerten der gewichteten translatorischen bzw. rotatorischen Beschleunigung. Diese Effektivwerte berücksichtigen ihrerseits die Stärke der Auswirkung der jeweiligen Beschleunigung auf das Komfortempfinden über die Gewichtungsfaktoren.

$$a_{V,t} = \sqrt{\left(k \cdot a_{W,X}\right)^2 + \left(k \cdot a_{W,Y}\right)^2 + \left(k \cdot a_{W,Z}\right)^2}$$

$$a_{V,r} = \sqrt{\left(k_X \cdot a_{W,RX}\right)^2 + \left(k_Y \cdot a_{W,RY}\right)^2 + \left(k_Z \cdot a_{W,RZ}\right)^2}$$

Hierbei sind $k=1$, $k_X=0{,}63$, $k_Y=0{,}4$ und $k_Z=0{,}2$ sowie X die Längs-, Y die Quer- und Z die Hochachse für die Komfortbewertung einer sitzenden Person nach ISO 2631-1.

Diese beiden Werte werden dann zum Gesamt-Effektivwert der gewichteten Sitzbeschleunigungen a_V zusammengefasst, welcher ein Maß für den Fahrkomfort darstellt.

$$a_V = \sqrt{a_{V,t}^2 + a_{V,r}^2}$$

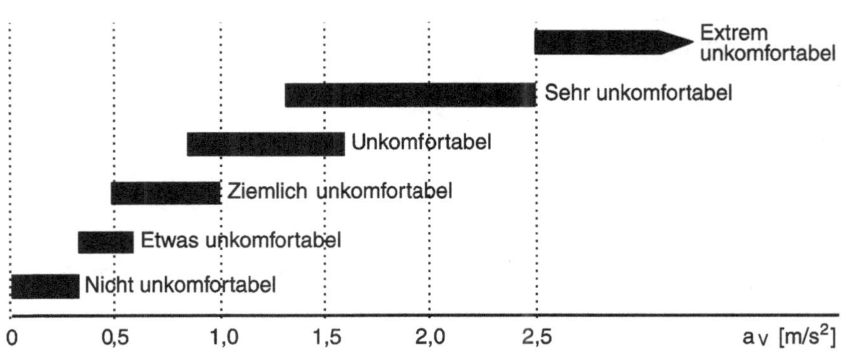

Abb. 1.2. Subjektives Komfortempfinden abhängig vom Gesamt-Effektivwert

Je geringer dieser Wert ist (bei gegebener primärseitiger Anregung), umso besser schafft es das Federungssystem die Sekundärseite, insbesondere den Fahrer, von den Anregungen der Primärseite zu isolieren und umso besser wird der Komfort bewertet werden. ISO 2631-1 gibt in einer Tabelle an, wie der Gesamt-Effektivwert der gewichteten Sitzbeschleunigungen und das subjektive Komfortempfinden des Fahrers zusammenhängen (Abb. 1.2).

Gleichmäßige Radaufstandskräfte ermöglichen

Bei Federungssystemen, die in Fahrzeugen zur Achsen- bzw. Radfederung eingesetzt werden, ist dies ein weiterer, sehr wichtiger Punkt: Die Radaufstandskräfte auf dem Boden sollen möglichst gleichmäßig sein, damit insbesondere bei Längs- und Querbeschleunigungen ein stabiles Fahrverhalten erzielt wird und das Fahrzeug gut kontrollierbar auf dem gewünschten Kurs gehalten werden kann.

Die Radaufstandskraft bestimmt als Normalkraft direkt die möglichen Reibkräfte in der Aufstandsebene und damit die Längs- und Querführungskräfte. Als Bewertungskriterium für die Gleichmäßigkeit der Radaufstandskräfte wurde der Radlastfaktor n_R eingeführt. Er stellt die Standardabweichung der dynamischen Radlast bezogen auf die statische Radlast dar [THO01]. Je geringer dieser ist, umso gleichmäßiger ist der Verlauf der Radaufstandskraft über der Zeit.

$$n_R = \frac{\sqrt{\frac{1}{\tau} \cdot \int_0^{\tau} \left[F(t) - F_{stat}\right]^2 dt}}{F_{stat}}$$

Ein Radlastfaktor von bis zu 0,33 gewährleistet eine relativ gute Kontrollierbarkeit, da statistisch gesehen noch keine Abhebevorgänge auftreten. Bei Werten über dieser Grenze wird es immer schwieriger die Kontrolle über das Fahrzeug zu behalten – die Abweichungen von der gewünschten Fahrstrecke und die damit erforderlichen Lenkkorrekturen werden immer größer. So hat sich in der Praxis gezeigt, dass ein Traktor bei einem dynamischen Radlastfaktor von über 0,4 nicht mehr auf einem engen Feldwirtschaftsweg gehalten werden kann und von der Fahrbahn abkommen würde [THO01].

In diesem Zusammenhang ist es sinnvoll zu erwähnen, dass in realen Federungssystemen immer nur ein begrenzter Federweg zur Verfügung steht. Ist dieser aufgebraucht, geht die Federung mechanisch auf Anschlag, was eine erhebliche Verschlechterung des Radlastfaktors und auch der Isolationswirkung bedeutet. Daher kommt der richtigen Auslegung eines Federungssystems eine besonders wichtige Bedeutung zu. Kapitel 2 wird dazu nähere Erläuterungen geben.

Bis hierhin wurden nur die funktionellen Anforderungen an ein Federungssystem genannt. Es gibt aber auch die nicht-funktionellen Anforderungen, welche sich im wesentlichen aus den Umgebungsbedingungen ergeben. Hierzu zählen vor allem die Kosten, der Bauraumbedarf, Zuverlässigkeit und Sicherheit, Robustheit und Wartungsaufwand. Ist das Federungssystem als Teil eines Gesamtsystems von außen erkennbar, so wird teils auch eine gute optische Integration verlangt.

Je nach Anwendungsfall und dessen Randbedingungen werden die verschiedenen Anforderungen unterschiedlich gewichtet und bei der Auswahl einer geeigneten Lösung entsprechend berücksichtigt.

1.2 Grundsätzlicher Aufbau eines Federungssystems

Obwohl üblicherweise lediglich von einem „Federungs“system gesprochen wird, reicht eine Feder allein nicht aus, um eine solche Funktion zu erfüllen. Dies liegt daran, dass die Feder zwar durch ihre elastischen Eigenschaften eine Anregung auf der Primärseite in reduziertem Maß an die Sekundärseite weitergibt, das System jedoch dann aufgrund der in der Feder gespeicherten Energie dauerhaft weiterschwingen wird. Und nicht nur das: Bei weiteren Anregungen mit entsprechender Frequenz und Phase wird sie weitere Energie aufnehmen und die Amplitude der Schwingung auf der Sekundärseite wird sich vergrößern (Resonanz). Damit hat man dann möglicherweise das Gegenteil von dem erreicht, was eigentlich Sinn des Federungssystems ist: Die Beschleunigungen werden verstärkt statt verringert.

Aus diesem Grund wird zusammen mit einer Feder auch immer ein Dämpfer zum Einsatz kommen. Dieser setzt die Energie, welche temporär in der Feder gespeichert wurde, in Wärme um und lässt somit die Schwingung abklingen. Je größer die Dämpferkräfte, umso schneller wird die Schwingung zwar abklingen, um so stärker ist allerdings auch die direkte (nicht-„gefederte“) Koppelung der Primärseite an die Sekundärseite: die Anregungen werden dadurch stärker übertragen. Bei der Abstimmung eines Feder-Dämpfer-Systems ist also viel Fingerspitzengefühl und Aufwand erforderlich, um ein möglichst gutes Ergebnis zu erzielen. In der Regel wird als Dämpfer ein ölhydraulisches Element verwendet, welches ein geschwindigkeitsabhängiges Dämpfkraftverhalten zeigt.

Der genannte Dämpfer bringt allerdings üblicherweise auch eine Festkörperreibung mit sich, welche das Federungsverhalten wiederum negativ beeinflusst. Insbesondere die Haftreibung wirkt als direktes Bindeglied zwischen Primär- und Sekundärseite: Alle Anregungen, die unterhalb dieses Schwellenwertes liegen, werden ungemindert an die Sekundärseite weitergegeben – die Geräuschübertragung ist hier besonders ungünstig. Auch die Gleitreibung beeinflusst das Übertragungsverhalten negativ, weshalb in der Praxis große Anstrengungen unternommen werden, um den allgemeinen Störfaktor Festkörperreibung zu minimieren.

Abbildung 1.3 zeigt den grundlegenden Aufbau eines Federungssystems bei dem die Anregungen der Primärseite über eine Feder, einen hydraulischen Dämpfer und ein Reibungselement auf die sekundärseitige Masse m übertragen werden und dort als Reaktion eine Bewegung der Masse verursachen.

Eine elegante und häufig genutzte Maßnahme, um den Anteil an Festkörperreibung zu kompensieren ist es, ein sehr reibungsarmes, weiteres Feder-Dämpfer-Element in Reihe zur hydraulischen Dämpfung und Reibung zu schalten, welches

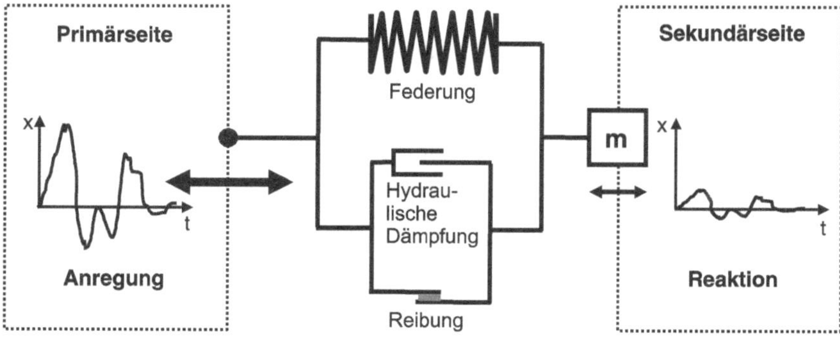

Abb. 1.3. Grundlegender Aufbau eines Federungssystems

die hochfrequenten Schwingungen entkoppelt. Ein gutes Beispiel hierfür sind im Automobilbau die entkoppelten Stützlager für McPherson-Federbeine [HAR04].

1.3 Die hydropneumatische Federung im Vergleich zu anderen Federungskonzepten

Die wesentlichen konkurrierenden Systeme zur hydropneumatischen Federung sind die rein pneumatische sowie die mechanische Federung. Daneben gibt es noch einige exotische Konzepte wie Federung auf einem Luftkissen (verwendet bei den gleichnamigen Booten) oder die Federung auf einem Magnetfeld.

Im folgenden sollen die (klassische) mechanische, die pneumatische und die hydropneumatische Federung bezüglich der in Kap. 1.1 genannten Anforderungen miteinander verglichen werden.

1.3.1 Vergleich der Federungseigenschaften

Zunächst einmal soll davon ausgegangen werden, dass die drei Federungssysteme bei der Auslegungsbelastung im Bereich der Federungsmittellage die gleiche Federrate und damit vergleichbare Federungseigenschaften haben sollen.

Bei genauerer Betrachtung dieser Systeme wird ein gravierender Unterschied direkt offensichtlich: während die mechanische Federung eine über dem Federweg gleichbleibende Federsteifigkeit aufweist (falls keine progressiv gewickelten Federn eingesetzt werden), zeigen die beiden gasgefederten Systeme eine je nach Auslegung mehr oder minder große Progressivität, bedingt durch die Gesetzmäßigkeiten bei der polytropen Zustandsänderung des Gases (Ausnahme: Luftfeder mit konturiertem Abrollkolben [MUR98]). Bei Schwingungen im Bereich der Mittellage mit kleinen Amplituden wirkt sich dies noch nicht merkbar aus, sehr wohl jedoch um so weiter man sich in Richtung Einfederanschlag bewegt (Abb. 1.4).

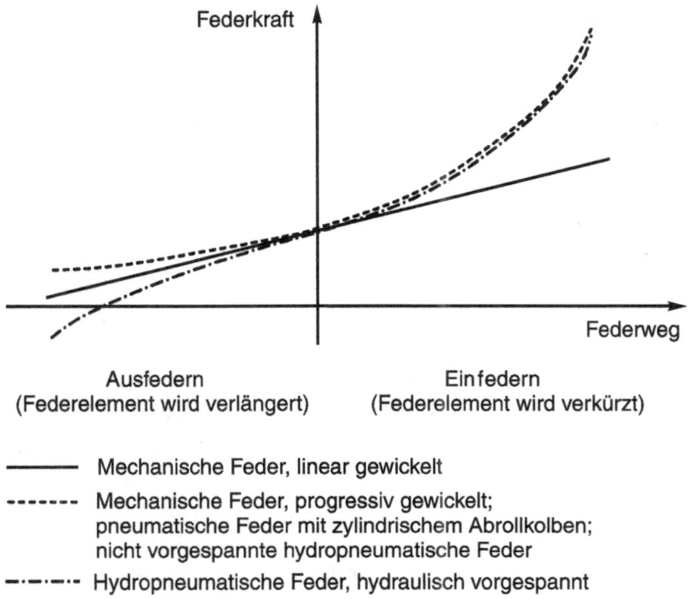

Abb. 1.4. Kraft-Weg-Kurven für mechanisch- und gasgefederte Systeme

Ein noch größerer Unterschied zeigt sich bei Variation der Federbelastung, der gefederten Masse. Mit steigender statischer Belastung federt ein Federungssystem ohne Niveauregulierung ein, bis die Federkraft wieder der Belastung entspricht. Man erkennt in Abb. 1.4, dass damit auch die Federrate der pneumatischen und der hydropneumatischen Feder ansteigt, während die Federrate der mechanischen Feder unverändert bleibt (konstante Steigung). Dies ist bei Systemen mit großer Belastungsänderung und ohne Niveauregulierung generell ungünstig, was das folgende Beispiel zeigt:

Ein PKW liege im teilbeladenen Zustand (3 Personen) in seiner Konstruktionslage, d. h. die statische Ruhelage der Hinterachsfederung liegt genau in der gewünschten Position (z. B. der Mitte) zwischen den beiden Federweggrenzen. Wird die Belastung der Hinterachse durch weitere Zuladung auf die max. zulässige Achslast erhöht, so wird die Federung weiter komprimiert, so dass dann die neue statische Ruhelage einen Versatz in Richtung des Einfeder-Anschlages aufweist. Der zur Verfügung stehende Restfederweg in Einfederrichtung wird dadurch verringert. Bei schlechtem Untergrund läuft man also Gefahr, die Federung zum Durchschlagen zu bringen – dies insbesondere auch deswegen, weil die Beladung gestiegen ist, ohne dass im gleichen Maße die Federrate gesteigert wurde. Um dem zu begegnen muss die Federung also härter abgestimmt werden, damit nicht bei hoher Belastung die Federweg-Anschläge erreicht werden. Die linear gewickelte mechanische Feder muss also grundsätzlich auf den extremsten Belastungsfall abgestimmt werden, was deren Eigenschaften dann aber für alle anderen Belastungsfälle (teil- und unbeladen) verschlechtert.

Dem o. g. Problem kann teilweise mit einer progressiv gewickelten, mechanischen Feder begegnet werden. In den meisten Fällen ist jedoch eine Niveauregulierung weitaus geeigneter und wirksamer, sie bringt die Federung nach einer Veränderung der Federbelastung wieder in die Konstruktionslage. Dies lässt sich bei mechanischen Federn zwar theoretisch [ELL02] machen, praktisch ist dies jedoch nur schwerlich umsetzbar und hat daher keine verbreitete Anwendung gefunden.

Bei den gasgefederten Systemen zeigt sich demgegenüber ein deutlicher Unterschied: sie sind in nahezu allen Fällen mit einer Niveauregulierung ausgerüstet. Dadurch wird erreicht, dass in Ein- und Ausfederrichtung wieder der gewünschte Restfederweg zur Verfügung steht. Ein wesentlicher Unterschied zwischen pneumatischem und hydropneumatischem System besteht nun darin, wie diese Niveaulage erreicht wird und wie sich dadurch die Federrate verändert.

Beim pneumatischen System wird Gas (üblicherweise Luft) nachgefüllt bzw. abgelassen. Das federnde Gas**volumen** der pneumatischen Feder ist nach der Veränderung also gleich geblieben, der Druck dieses Gasvolumens hat sich linear mit der Belastung verändert. Dadurch verändert sich bei der pneumatischen Federung die Gasmasse und damit auch die Federrate linear mit der Belastung.

Beim hydropneumatischen System ist es hingegen das Ölvolumen, welches beim Regelvorgang verändert wird – hier bleibt die federnde Gas**masse** konstant. Da diese aber nach der Veränderung der Belastung durch den veränderten Druck ein anderes Volumen angenommen hat, zeigt sich hier ein überproportionales Verhalten der Federrate über der Federlast. Abbildung 1.5 zeigt die drei Systeme im Überblick, Ausgangspunkt ist die gleiche Federrate im Auslegungspunkt.

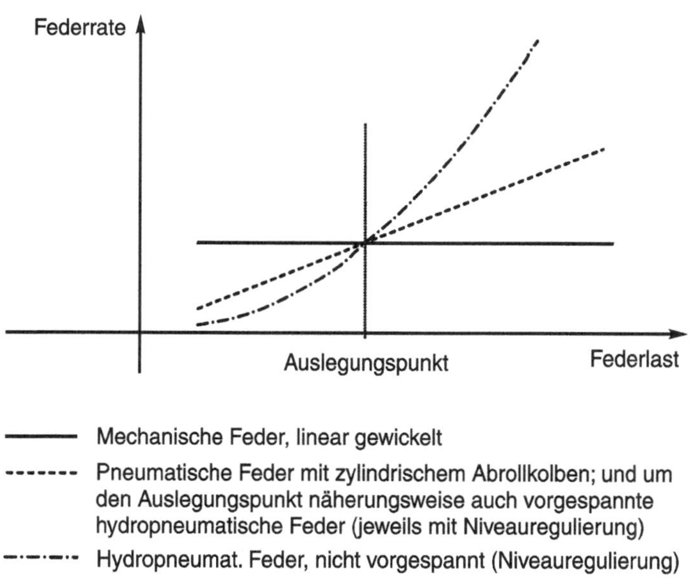

Abb. 1.5. Federrate als Funktion der Federlast für mechanische, pneumatische und hydropneumatische Federung

Vom Standpunkt der konstanten Eigenfrequenz des Schwingungssystems ist grundsätzlich eine linear ansteigende Federrate zu bevorzugen. In manchen Fällen jedoch (je nach Grund der Belastungsänderung und Betriebsnotwendigkeit) kann es auch günstig sein, die Federrate überproportional zu verändern. Eine bei jeder Belastung konstante Federrate, wie bei der mechanischen Feder, ist in fast allen Fällen nur eine Kompromisslösung und nur für Federungssysteme zu empfehlen, bei denen die relative Belastungsänderung klein ist.

Für eine gute Isolationswirkung ist stets eine niedrige Eigenfrequenz und damit auch eine niedrige Federrate anzustreben, ohne allerdings die Federweggrenzen zu erreichen. Mit einer pneumatischen Federung kann eine konstant niedrige Eigenfrequenz über alle Beladungszustände gehalten werden, während die Eigenfrequenz des hydropneumatischen Systems bei steigenden Achslasten je nach Auslegung ansteigen wird. Demgegenüber wird die Eigenfrequenz der mechanischen Federung bei niedrigen Achslasten zu hoch und bei hohen Achslasten zu niedrig liegen – Abb. 1.6 verdeutlicht dies für den einfachen Fall des Einmassenschwingers.

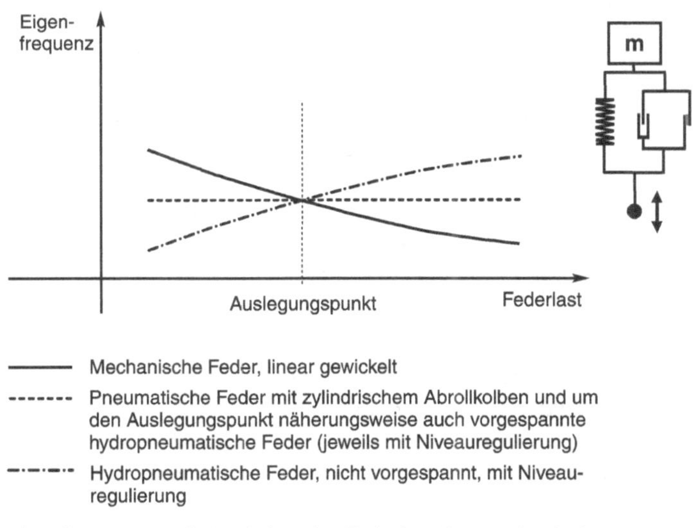

Abb. 1.6. Eigenfrequenzen als Funktion der Federlast für mechanische, pneumatische und hydropneumatische Federung

1.3.2 Vergleich der Dämpfungseigenschaften

Wie in Abschnitt 1.2 bereits dargestellt wird die Dämpfung einerseits durch Festkörperreibung insbesondere an Dichtungen und Führungselementen, andererseits durch viskose Reibung innerhalb eines Dämpfungsmediums, üblicherweise Öl, bewirkt. Während letztere in definiertem Maße in das System eingebracht werden kann und bei allen drei Systemen in gleichem Maß beeinflussbar ist, ist die Festkörperreibung stets ein unangenehmer Nebeneffekt, den es zu vermeiden gilt. Genau hier unterscheiden sich die drei betrachteten Federungssysteme wesentlich, daher wird dies genauer betrachtet.

Die mechanische Feder mit ölhydraulischem Dämpfer schneidet in diesem Punkt am besten ab: Die Feder selbst hat keinerlei Reibung, alle Verformungsvorgänge spielen sich im reversiblen, elastischen Bereich ab. Damit wird bei diesem System also nur Festkörperreibung über den ölhydraulischen Dämpfer im Rahmen seiner Dichtungsreibung eingebracht. Diese ist generell um so größer, je höher die Drücke sind, die abgedichtet werden müssen. So hat dann auch ein Einrohrdämpfer insbesondere aufgrund der Gasvorspannung eine höhere Reibung als ein Zweirohrdämpfer (mit oder ohne Gasvorspannung) [MUR98].

Auch das pneumatische Federungssystem bedient sich der grundsätzlich gleichen Dämpfertechnik, hat also in diesem Punkt die gleiche Festkörperreibung wie eine mechanische Federung. Beim pneumatischen System kommt allerdings noch die Reibung des Rollbalges dazu, welche aus dessen erforderlicher Verformung während der Federbewegung herrührt. Diese Reibung bewirkt einen verschlechterten Abrollkomfort (auch als „Harshness" bezeichnet) und liegt bei den altbekannten Kreuzlagenbälgen im Bereich von 20 N für eine typische PKW-Feder. Durch die neue Technologie des Axiallagenbalges konnte diese Kraft auf 1/3 reduziert werden [PEL04], der Balg benötigt dann allerdings auch eine Außenführung zur Abstützung der Radialkräfte. Summa summarum wird die Festkörperreibung beim pneumatischen Federungssystem dadurch stets etwas höher liegen als bei der mechanischen Federung.

Beim hydropneumatischen System stellt sich das Bild nochmals anders dar. Hier gibt es zwar einzig den Federungszylinder als Komponente, die Reibung erzeugen kann, da an diesem jedoch sehr hohe Drücke abgedichtet werden müssen, wird der Betrag der Reibung ohne besondere Maßnahmen höher ausfallen als bei den beiden vorgenannten Systemen. Die Ursache für die Reibung liegt dabei zum einen in der Stangendichtung (für einfachwirkende Federungszylinder) sowie zusätzlich noch in der Kolbendichtung, sobald ein hydraulisch vorgespanntes System mit doppeltwirkendem Zylinder zum Einsatz kommt (siehe folgendes Kapitel). Ein hochwertiges, reibungsarmes Dichtsystem ist beim hydropneumatischen Federungszylinder also unbedingt erforderlich [FIS06].

Mit der Reibung wird auch die Isolationswirkung verschlechtert, zumal sich im hydropneumatischen System ein Zusatzfeder-/Dämpferelement wie in Abschnitt 1.2 erwähnt nur schwer installieren lässt. Dies liegt daran, dass es sich hier um ein integriertes Feder-Dämpfer-System handelt, welches aus nur einer tragenden Komponente besteht. Die Zusatzfeder müsste daher die gesamte gefederte Masse tragen und nicht nur die Dämpferkräfte aufnehmen. Im Sinne einer guten Wirkung müsste sie andererseits auch möglichst weich ausgelegt sein – zwei Aufgaben, die sich in manchen Fällen nur schwer miteinander vereinbaren lassen. Insgesamt ist die Festkörperreibung beim hydropneumatischen Federungszylinder ein besonders beachtenswertes und anspruchsvolles Thema.

1.3.3 Niveauregulierung

Eine rein mechanische Niveauregulierung ist theoretisch zwar denkbar und möglich, in der Praxis wird sie jedoch nicht umgesetzt und daher hier nicht betrachtet. Dieser Punkt entfällt daher bei dieser Betrachtung.

Für das hydropneumatische und pneumatische Federungssystem ist eine Niveauregulierung durch Zuführung von Luft bzw. Hydraulikflüssigkeit mit gleicher Regelgenauigkeit umsetzbar. Ein großer Unterschied ergibt sich jedoch bei der Regelgeschwindigkeit: Da das hydropneumatische System eine deutlich höhere Energiedichte aufweist und ein inkompressibles Medium zugeführt wird, kann nach einer Belastung des Systems bei entsprechender Leistungsbereitstellung hier sehr schnell wieder die Soll-Niveaulage erreicht werden. Für dieselbe Regelgeschwindigkeit wären bei der pneumatischen Federung sehr große Volumenströme sowie ein höherer Energieaufwand erforderlich. Dieser Aspekt spielt insbesondere bei Federungssystemen eine Rolle, die häufig starken Belastungsänderungen unterworfen sind und bei denen eine schnelle Reaktion bei der Einstellung der Soll-Niveaulage erforderlich ist. Es wird dann bevorzugt die hydropneumatische Federung zum Einsatz kommen.

1.3.4 Erfüllung der nicht-funktionellen Anforderungen

Kosten

In diesem Punkt liegt das traditionelle mechanisch gefederte System klar vor den gasgefederten Systemen. Grund hierfür ist zum einen, dass diese Komponenten über einen bereits langen Entwicklungszeitraum hinweg auch bzgl. der Kosten optimiert wurden und zum anderen, dass hier die aufwändige Technik für eine Niveauregulierung grundsätzlich nicht vorhanden ist (abgesehen von sog. teiltragenden Sytemen – mechanische in Verbindung mit pneumat. bzw. hydropneumat. Federung – auf die hier aber nicht eingegangen wird).

Die pneumatische und die hydropneumatische Federung liegen bzgl. der Kosten v. a. für die Niveauregulierung deutlich höher. Das pneumatische System hat gegenüber dem hydraulischen einen Vorteil, wenn man davon ausgeht, dass in beiden Fällen auch für die Energiebereitstellung zur Niveauregulierung gesorgt werden muss. Ist in dem Fahrzeug jedoch bereits entweder ein passendes Druckluft- oder ein Hydrauliksystem verfügbar, so werden sich die Kosten deutlich reduzieren und man wird das eine oder andere Federungssystem bevorzugen.

Bauraumbedarf des Federelements

Hier bietet die Hydropneumatik deutliche Vorteile. Zwei Gründe können hierfür angeführt werden: Zum einen handelt es sich beim Federungselement um eine integrierte Komponente, die Federungs- und Dämpfungsfunktion gleichermaßen erfüllt. Zum anderen kann aufgrund der hohen möglichen Arbeitsdrücke (üblicherweise bis 20 MPa in statischer Ruhelage) mit sehr geringen Durchmessern gearbeitet werden, so dass z. B. im Automobilbau ein Federungszylinder kaum größer als ein Öldämpfer sein muss. Dies bringt insbesondere Vorteile, wenn z. B. der im Rad-/Achsbereich zur Verfügung stehende Bauraum sehr gering ist. Dazu muss dann noch der Druckspeicher mit integriert werden. Da er zwar sinnvoller, jedoch nicht notwendigerweise am Federungszylinder untergebracht sein muss, ergeben sich hier noch vielfältige Variationsmöglichkeiten. Der Bauraum für das Niveauregelsystem kann in einer beliebigen Position am Fahrzeug vorgesehen werden, lediglich eine Leitungsverbindung ist erforderlich, für welche ebenfalls Bauraum vorgesehen werden muss.

Der Bauraum für Leitungen wird auch bei der pneumatischen Federung benötigt. Hier kommt allerdings ein gegenüber der Hydropneumatik erhöhter Bauraumbedarf für die Federelemente hinzu, da die niedrigeren Arbeitsdrücke (üblicherweise bis 1 MPa in statischer Ruhelage) bei gleichen Federkräften gegenüber der Hydropneumatik größere Wirkflächen verlangen. Generell kann allerdings gesagt werden, dass ein Federelement der pneumatischen Federung unter den gleichen Bedingungen üblicherweise im Bauraum einer mechanischen Schraubenfeder untergebracht werden kann. Letztere hat normalerweise jedoch kein Niveauregelsystem, wodurch der Bauraumbedarf hier also insgesamt geringer ausfällt.

Zuverlässigkeit, Sicherheit, Robustheit und Wartungsaufwand

Generell kann gesagt werden, dass Zuverlässigkeit und Sicherheit bei allen Systemen gewährleistet und unkritisch sind, wenn konstruktiv entsprechend vorgesorgt ist und die Systeme regelmäßig gewartet werden. Letztere beiden Punkte sind bei der mechanischen Federung generell weniger aufwändig, die Wartung beschränkt sich hier im Wesentlichen auf das Überholen bzw. Austauschen der ölhydraulischen Dämpfer. Die mechanische Feder selbst kann als wartungsfrei bezeichnet werden. Lediglich die Korrosion muss bei metallischem Federmaterial im Auge behalten werden, da z. B. durch Steinschlag die Schutzschicht beschädigt werden kann.

Das pneumatische System hat grundsätzlich den gleichen Pflegeaufwand wie die mechanische Federung, allerdings muss hier konstruktiv ein höherer Aufwand betrieben werden, um die relativ empfindlichen Luftfederelemente zu schützen. Insbesondere bei Offroad-Fahrzeugen müssen die Luftfederbälge vor Schmutz, Steinschlag, spitzen Gegenständen etc. speziell abgeschirmt werden. Die Bälge unterliegen einer gewissen Alterung vor allem durch Umwelteinflüsse wie UV-Strahlung, Schmutz, Chemikalien, Ozon etc. und müssen daher in vielen Fällen nach längerer Betriebszeit getauscht werden. Dazu kommt ein Tausch der ölhydraulischen Dämpfer wie bei der mechanischen Federung.

Das hydropneumatische System verlangt je nach Auslegung ebenfalls Pflege. Bei den üblicherweise verwendeten Membranspeichern muss aufgrund von Gasdiffusion durch die Membran ein regelmäßiges Wartungsintervall für das Nachfüllen des Speichers auf den Soll-Fülldruck vorgesehen werden. Spezielle, gasundurchlässige Membranen bzw. spezielle Gase reduzieren diesen Wartungsaufwand, dafür sind aber auch entsprechend höhere Kosten einzukalkulieren. Teils ist nach längerer Zeit wegen der Membranalterung auch ein Austausch der Membran bzw. des Speichers erforderlich. Auch ein Austausch des Öles kann nach einiger Zeit erforderlich werden, weil ähnlich wie in den Stoßdämpfern durch die Scherwirkung in den Dämpfungselementen mit der Zeit die langkettigen Moleküle (z. B. der Viskositätsindex-Verbesserer) zerstört werden, das Öl altert und Wasser aufnimmt. Hierdurch wird die Viskosität und damit die Dämpfung verändert. Insbesondere gegenüber äußerer Verschmutzung hat sich die Hydropneumatik als sehr unempfindlich bewährt, entsprechende Dichtsysteme an der Kolbenstange

	Mechanische Feder + Dämpfer	Luftfeder + Dämpfer	Hydropneumat. Federung
Federungseigenschaften	○	++	++
Dämpfungseigenschaften	++	++	+
Niveauregulierung	–	+	++
Kosten	++	○	–
Bauraumbedarf d. Federelements	○	–	+
Zuverlässigkeit/ Robustheit	+	○	+
Wartungsaufwand	+	○	○

Abb. 1.7. Übersicht: Erfüllung der Anforderungen durch die Federungssysteme

sorgen für hohe Zuverlässigkeit. Das robuste Zylinderrohr übersteht auch schwere Schläge und hohe Kräfte ohne Funktionsbeeinträchtigung.

Eine Übersicht über die Erfüllung der verschiedenen Anforderungen durch die drei betrachteten Federungssysteme ist in Abb. 1.7 dargestellt (vgl. auch [FLO04]).

1.4 Anwendungsgebiete für hydropneumatische Federungssysteme

Unter anderem aus der Übersicht in Abb. 1.7 kann allgemein abgeleitet werden, dass hydropneumatische Federungssysteme vor allem da zum Einsatz kommen, wo...

a) eine Niveauregulierung insbesondere zum Ausgleich starker Belastungsänderungen erforderlich ist.
b) die Niveauregulierung häufig und schnell reagieren muss.
c) eine manuelle Verstellbarkeit des Niveaus gewünscht wird.
d) wenig Bauraum für Federelemente verfügbar ist.
e) evtl. bereits Hydraulikzylinder für eine Verstellfunktion des Federungs-Freiheitsgrades vorhanden sind.
f) aufgrund der rauhen Einsatzbedingungen robuste Technik gefragt ist.
g) eine Blockierbarkeit der Federung in Federungs-Mittellage erforderlich ist.
h) eine Verstellbarkeit der Federrate gewünscht ist.
i) hydraulische Energie bereits zur Verfügung steht.

Vor allem aufgrund von a), b), f) und i) findet man hydropneumatische Federungen insbesondere in Offroad-Fahrzeugen aller Art, wie beispielsweise Baustellenfahrzeuge, Autokrane, Panzer, landwirtschaftliche Fahrzeuge, Tagebau- und Schwerlast-LKW aber auch z. B. Pistenraupen. Hier übernehmen sie in vielen

Fällen die Rad- bzw. Achsenfederung wobei je nach Einsatzfall auch andere der o. g. Vorteile genutzt werden.

Weitere Anwendungsgebiete sind, wie hauptsächlich durch Citroen bekannt geworden, auch der PKW-Bereich in dem man insbesondere die beladungsunabhängige konstante Niveaulage sowie die manuelle Verstellbarkeit der Niveaulage nutzt (a und c). Früher wurde hier die Hydraulikversorgung nicht nur für die Federung benutzt, sondern auch für Bremsen und Lenkung. Damit kann auch hier von einem Synergieeffekt entsprechend i) gesprochen werden. Aufgrund der hohen, für die Federung erforderlichen Drücke ist Citroen aber mit dem Hydractiv III System mittlerweile dazu übergegangen, einen separaten Hydraulikkreis für die Federung aufzubauen. So können die bisher teuren Spezialkomponenten für Lenkung und Bremse durch günstigere Komponenten aus dem allgemeinen Automobil-Standardprogramm ersetzt werden (mehr hierzu in Kap. 7).

Auch im Schienenverkehr kommt die hydropneumatische Federung zum Einsatz. Beispielsweise wird in Niederflur-Nahverkehrstriebwagen insbesondere die Niveauregulierungs-Funktion genutzt, um den Wagen bei jeder Auslastung in der gewünschten Höhe (Bahnsteigkante) zu halten. Hierdurch wird der Zustieg vereinfacht, bzw. für Rollstuhlfahrer überhaupt erst ermöglicht.

Ebenfalls wegen der Verfügbarkeit der hydraulischen Energie sowie der Möglichkeit der Niveauregulierung und damit der weichen Systemabstimmung hat John Deere die Vorderachsen- und die Kabinenfederung für seine 6000er-Serie als hydropneumatische Federung ausgeführt. Die Federelemente liegen hier in besonders verschmutzungsintensiven Bereichen an der Vorderachse bzw. hinter der Hinterachse und müssen daher in puncto Robustheit höchsten Anforderungen genügen.

Weiterhin gibt es z. B. Auslegerfederungen von Radladern, Teleskopladern und Frontladern an Traktoren genauso wie die Federung des Fronthubwerkes an Traktoren. Hier werden bereits für die Hubfunktion vorhandene Zylinder (entsprechend Punkt e)) durch Zuschaltung von Hydraulikspeichern zu Federungszylindern umfunktioniert. Die schweren Geräte und großen Massen, die von diesen Elementen aufgenommen werden, sind dann bei Geländefahrt gefedert aufgehängt. Aus demselben Grund ist als Zubehör für die Frontballastmassen an Traktoren ebenfalls eine hydropneumatische Federung erhältlich, die dann das Frontgewicht gleichsam als Tilgermasse für Traktorschwingungen nutzen soll.

Ein etwas exotisches Anwendungsgebiet sind beispielsweise auch die stangenlosen Flugzeugschlepper. Auf Flughäfen heben sie das Bugrad eines Flugzeuges an und transportieren dieses in die Startposition. Hublasten von über 50 t bei einer Fahrzeugleermasse von 30 bis 40 t machen auch hier eine Niveauregulierung erforderlich. Aufgrund der hohen Energiedichte ist auch hier die Hydropneumatik ein geeignetes System zur Umsetzung einer Achsenfederung.

2 Grundlagen der Federungs- und Dämpfungseigenschaften hydropneumatischer Systeme

2.1 Allgemeiner Aufbau und Wirkungsweise

Im einfachsten Fall besteht ein hydropneumatisches Federungssystem nur aus zwei Elementen: Einem Hydraulikzylinder und einem hydropneumatischen Druckspeicher, der direkt an den Zylinder angeflanscht ist. Sind diese beiden Elemente z. B. aus Bauraumgründen örtlich voneinander getrennt, so benötigt man noch zusätzliche Leitungselemente, welche die hydraulische Verbindung herstellen.

Damit ist nun eine Federung bereits realisiert. Beim Verschieben der Kolbenstange ändert sich das Flüssigkeitsvolumen im Druckspeicher und damit der Druck ($p_1 \rightarrow p_2$). Daraus resultiert eine veränderte Kraft an der Kolbenstange und somit eine Federrate c.

Stets gilt: Die an der Kolbenstange angreifende äußere Federkraft F_F liegt im Gleichgewicht mit den am Kolben angreifenden Druckkräften (Massenkräfte sowie Festkörper- und Flüssigkeitsreibung seien hier zunächst einmal vernachlässigt), Abb. 2.1a.

Steigert man nun die Kraft F_F auf F_F^* (Abb. 2.1b), so wird sich also die Position des Kolbens verändern (Δs) und ein entsprechendes Volumen an Druckflüssigkeit

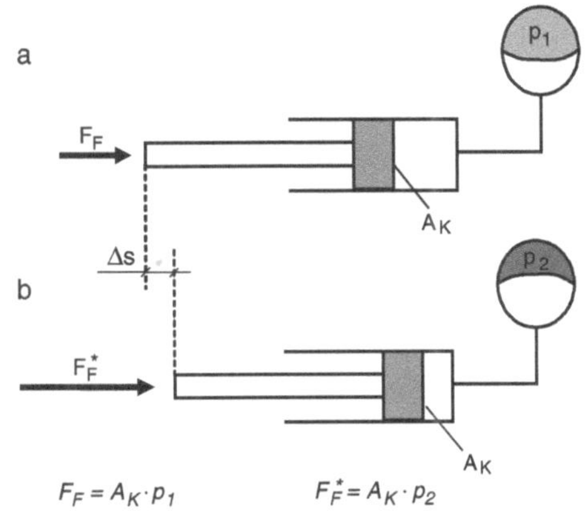

Abb. 2.1. Kräftegleichgewicht am Kolben eines einfachwirkenden Zylinders

wird in den Druckspeicher verschoben. Dieser Vorgang dauert solange an, bis der Druck im Druckspeicher und damit auch auf der Kolbenoberfläche einen Wert angenommen hat, der das System wieder im Gleichgewicht hält. Dieses **Kräftegleichgewicht** ist die Basis für die Funktion des Federungssystems. Es wird in den kommenden Kapiteln immer wieder für Berechnungen herangezogen werden.

Um zusätzlich eine Dämpfung zu erreichen wird zwischen Zylinder und Speicher noch ein Strömungswiderstand angeordnet, welcher einen Teil der Strömungsenergie der Druckflüssigkeit in Wärme umwandelt und damit die Federbewegung bedämpft (viskose Reibung). Weitere, meist unerwünschte Dämpfung bekommt man über die Festkörperreibung der Federelemente ins System. Mit dieser sog. Federungseinheit bestehend aus Zylinder, Druckspeicher und Strömungswiderstand ist das Federungssystem bereits funktionsfähig und könnte eine mechanische Feder-/Dämpferkombination ersetzen.

Den großen Vorteil der hydropneumatischen Federung nutzt man allerdings erst, wenn man der Federungseinheit noch eine Niveauregeleinheit zur Seite stellt. Hierdurch kann unabhängig von der statischen Federlast F_F eine konstante Federungsmittellage erreicht werden. Die Niveauregeleinheit besteht aus einem Lagesensor, der, direkt oder über eine Elektronik, einem Steuerventil Signale gibt, welche dieses in eine Anpassung der Federungsmittellage umsetzt. Durch eine Zuführung von Druckflüssigkeit in die Federungseinheit wird eine Niveauerhöhung erreicht, eine Abführung führt zu einer Niveauverringerung. Um dies zu ermöglichen muss sowohl Druckflüssigkeit zur Verfügung gestellt werden, als auch eine Möglichkeit, überschüssiges Öl in einen Tank abzuführen.

Damit erhält man das folgende grundsätzliche Schema eines hydropneumatischen Federungssystems (Abb. 2.2):

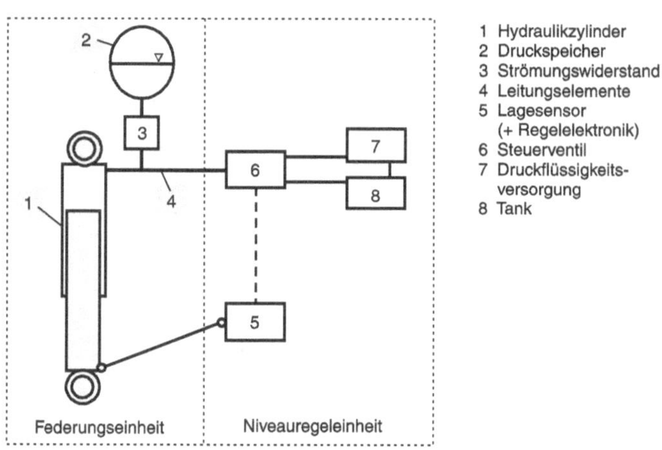

Abb. 2.2. Grundsätzlicher Aufbau eines hydropneumatischen Federungssystems

Im Folgenden wird nun getrennt auf die drei Hauptfunktionen des hydropneumatischen Federungssystems eingegangen: Federung und Dämpfung, auf deren

Auslegung zusätzlich in Kap. 3 genauer eingegangen wird, sowie die Niveauregulierung, die in Kap. 5 behandelt wird.

2.2 Federungseigenschaften

Die Federrate des hydropneumatischen Federungssystems lässt sich aus der Kraft-Weg-Kurve bestimmen, die am Federungszylinder gemessen wird. Eine Krafterhöhung führt zu einer Druckerhöhung und damit aus verschiedenen Gründen zu einer Wegveränderung am Zylinder:

- Komprimierung des Gases in den Druckspeichern
- Aufweitung der (elastischen) Leitungselemente
- Komprimierung der Druckflüssigkeit

Jeder dieser drei Effekte bewirkt für sich genommen eine bestimmte Federrate. Was also am Federungszylinder gemessen wird, ist der Effektivwert der Reihenschaltung dieser drei Federelemente. Nach den allgemeinen physikalischen Gesetzen ergibt sich Gleichung 2.1:

$$c_{ges} = \frac{c_1 \cdot c_2 \cdot c_3}{c_1 \cdot c_2 + c_1 \cdot c_3 + c_2 \cdot c_3} \tag{2.1}$$

Die Steifigkeit der Leitungselemente und der Druckflüssigkeit ist bei hydropneumatischen Federungssystemen im allgemeinen sehr hoch, ihr Einfluss auf die Gesamtfederrate daher gering. Die charakteristischen Federungseigenschaften werden damit im wesentlichen geprägt von den Eigenschaften des Gases, welches in den Druckspeichern eingeschlossen ist. Auf diese Eigenschaften soll im Folgenden eingegangen werden, bevor die Wirkungsweisen der verschiedenen hydropneumatischen Federungen erklärt werden.

2.2.1 Physik der Gase

Das Gas in den Druckspeichern ist das eigentliche federnde Medium der gesamten Anordnung. Ihm kommt daher eine zentrale Aufgabe zu und von seinen Eigenschaften ist das Verhalten des gesamten Federungssystems abhängig. Im Ausgangszustand bei drucklosem Hydrauliksystem ist in den Druckspeichern eine bestimmte Gasmasse vorhanden. Diese wird durch das Druckspeichervolumen V_0 (= vom Gas eingenommenes Volumen, wenn kein hydraulischer Druck anliegt) und den Speicherfülldruck p_0 definiert. Der Speicherfülldruck ist stets auf die Raumtemperatur von 20°C (bzw. 293,15 K) bezogen und wird während des Herstellungsprozesses des Speichers eingestellt. Für diesen Zustand gilt dann die Zustandsgleichung des idealen Gases:

$$p_0 \cdot V_0 = m_G \cdot R \cdot T_0 \tag{2.2}$$

Ändert sich die Temperatur während des weiteren Herstellungsprozesses (z. B. Lackierung), des Transports oder später während des Betriebs, so stellt sich nach den Gesetzen der isochoren Zustandsänderung jeweils ein entsprechender neuer Speicherfülldruck ein, welcher bei der Auslegung unbedingt berücksichtigt werden muss.

$$p_{0,T} = p_0 \cdot \frac{T}{T_0} \qquad (T\ ,\ T_0 \text{ in [K]}) \tag{2.3}$$

Ist der Speicher ins Hydrauliksystem der Federung integriert, so erfährt das eingeschlossene Gasvolumen so lange keine Änderung, solange der hydraulische Druck kleiner oder gleich dem Speicherfülldruck ist. Sobald der hydraulische Druck den Speicherfülldruck übersteigt, wird das Gasvolumen so lange komprimiert, bis ein Kräftegleichgewicht, bzw. bei gleichen öl- und gasseitigen Flächen ein Druckgleichgewicht eingestellt ist. Dieses Ansteigen des hydraulischen Druckes ist z. B. dann der Fall, wenn das Federungssystem mit der zu federnden Masse belastet wird. Die Verdichtung des Gases erfolgt dabei üblicherweise relativ langsam und langfristig, sodass hier von einer isothermen Zustandsänderung nach Boyle–Mariotte gesprochen werden kann – die entstehende Wärme wird nach außen abgeführt und die Temperatur bleibt während des Prozesses konstant.

$$V_1 = V_0 \cdot \frac{p_0}{p_1} \tag{2.4}$$

Diese isotherme Zustandsänderung kann sowohl für die erstmalige Belastung des Federungssystems als auch für alle folgenden, langsamen Laständerungen angenommen werden – z. B. Zu- und Ausstieg von Personen, Be- und Entladen von Nutzlast, Veränderung von Vorspannungen und äußeren Kräften.

Die eigentliche Federungsbewegung, welche die in Abschnitt 1.1 genannten Aufgaben erfüllen soll, erfolgt hingegen sehr schnell – Anregungsfrequenzen, in denen das Federungssystem wirkungsvoll arbeitet, erstrecken sich üblicherweise von knapp unter 1 Hz bis 10 Hz und mehr. Da für Wärmeaustauschvorgänge hier nur noch wenig Zeit zur Verfügung steht, wird nur ein (sehr geringer) Teil der Wärme fließen, der bei einem isothermen Vorgang fließt. Daher wird das Gas also eine Temperaturänderung erfahren. Unter der Annahme, dass kein Wärmeaustausch möglich ist, kommt man zur adiabaten Zustandsänderung, welche umschrieben wird durch:

$$p_1 \cdot V_1^{\kappa} = p_2 \cdot V_2^{\kappa} \tag{2.5}$$

Dabei ist κ der Adiabatenexponent, welcher sich als Quotient aus der spezifische Wärmekapazität bei konstantem Druck und der spezifische Wärmekapazität bei konstantem Volumen berechnet. Üblicherweise wird für diesen ein Wert angegeben, der bei niedrigen Drücken und Raumtemperatur gültig ist. Dieser liegt laut [DUB90] bei

- $\kappa \approx 1{,}66$ für einatomige Gase (z. B. He)
- $\kappa \approx 1{,}40$ für zweiatomige Gase (z. B. N_2, O_2 und damit auch Luft)
- $\kappa \approx 1{,}30$ für dreiatomige Gase (z. B. CO_2)

Obwohl dies selten erwähnt wird, ist nun für die hydropneumatischen Federungssysteme wichtig, zu beachten, dass eine deutliche Abhängigkeit von κ von der Temperatur und dem Druck des Gases besteht. Für Stickstoff ist dies in Abb. 2.3 angegeben.

Nun ist durch den geringfügigen Wärmefluss während der Druckänderungen keine vollständig adiabate Zustandsänderung gegeben. Damit bewegt man sich bei den Federungsvorgängen also im Bereich der polytropen Zustandsänderung mit $1 < n < \kappa$. Je besser der Wärmeaustausch möglich ist, umso weiter wird sich der Polytropenexponent n von κ entfernen und Richtung 1 gehen. Die genauen Bedingungen für den Wärmeübergang sind unbekannt und können nur schwerlich ermittelt werden. Weiterhin kann auch das tatsächliche κ wegen der oben gezeigten Einflüsse von p und T nicht exakt ermittelt werden, bzw. es ändert sich während der Zustandsänderung, da auch Druck und Temperatur sich ändern. Aus diesen Gründen kann man bei Vorab-Rechnungen für ein System immer nur Schätzwerte für den Polytropenexponenten n annehmen. Wie stark sich n auf das p-V-Diagramm auswirkt zeigt Abb. 2.4. Ausgehend von einem Druck von einem bar wird das Gas zunehmend verdichtet. Den sich einstellenden Druck kann man aus dem Kurvenverlauf ablesen. Man erkennt einen deutlichen Druck- und damit auch Kraftanstieg mit zunehmendem Polytropenexponenten. Daraus kann unmittelbar ein starker Einfluss auf die Federrate abgeleitet werden.

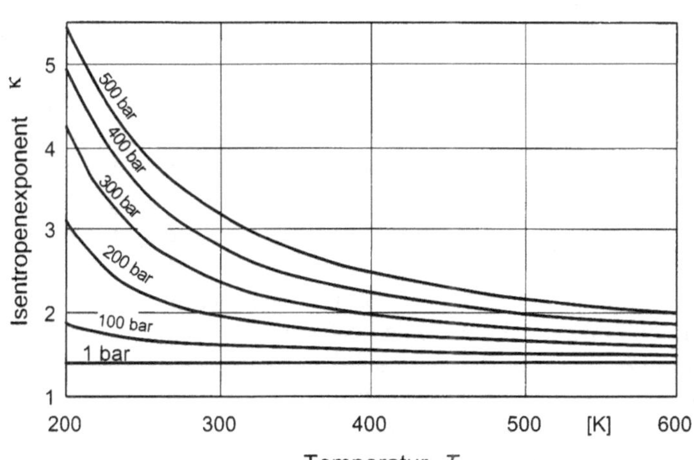

Abb. 2.3. Isentropenexponent κ von N_2 als f(T,p) (nach [MUR01])

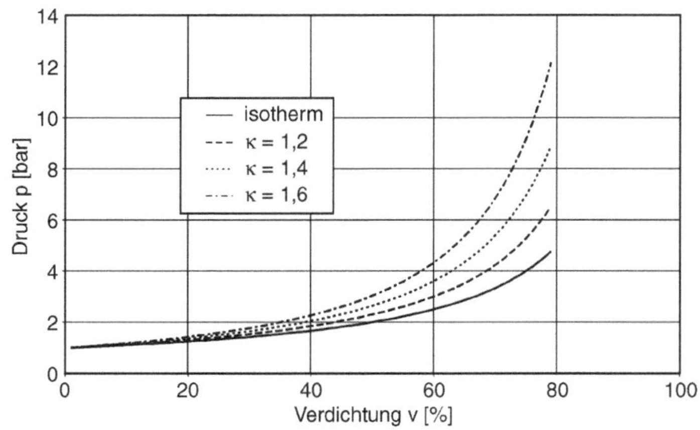

Abb. 2.4. p-V-Kurven für verschiedene Polytropenexponenten n

In der Berechnung kommt man für Stickstoff in erster Näherung mit n = 1,3 gut zurecht. Lediglich bei höheren Drücken ist es sinnvoll n = 1,4 oder größer anzunehmen (entsprechend dem in Abb. 2.3 gezeigten Verhalten). Die besten Werte für n erhält man, wenn man die realen Kraft-Weg-Messungen aus dem Experiment mit den Berechnungen vergleicht und letztere bzgl. des Polytropenexponenten n so lange anpasst, bis die realen und theoretischen Kurven übereinstimmen.

2.2.2 Berechnungshinweise

Die hier beschriebenen wichtigen Hinweise sind bei allen folgenden Berechnungen zu beachten:

- Der Umgebungsdruck wird in allen Fällen vernachlässigt. Dies ist zulässig, da die üblichen Arbeitsdrücke in den Zylindern sowie die Speicherfülldrücke (jeweils angegeben als Überdruck über dem Umgebungsdruck) weit über dem Umgebungsdruck liegen – üblicherweise Faktor 50 und mehr bzw. Faktor 25 und mehr. Sollte dies bei bestimmten Federungssystemen nicht gegeben sein, so ist fallabhängig nachzuprüfen, ob der Einfluss weiterhin vernachlässigbar ist. Falls nicht, ist der Umgebungsdruck multipliziert mit der nach außen wirksamen Zylinderfläche (Stangenquerschnittsfläche) als Vorspannkraft ohne zusätzliche Steifigkeit zu berücksichtigen – siehe auch den folgenden Abschnitt. Darüberhinaus muss dann auch der absolute Speicherinnendruck (= angegebener Speicherfülldruck $p_0 + 1$ bar) in die Rechnung eingehen.
- Weiterhin wird zwecks der Übersichtlichkeit für die Berechnungen eine Temperatur von 20°C angenommen. Dadurch kann direkt der Speicherfülldruck (bezogen auf Raumtemperatur 20°C) in die Gleichungen eingesetzt werden. Soll das Federungsverhalten für andere Temperaturen betrachtet werden, so ist zunächst der veränderte, temperaturbezogene Speicherfülldruck zu berechnen

(siehe Abschnitt 2.2.1) und dieser dann in die entsprechenden Gleichungen einzusetzen.

- Es wird mit einem Polytropenexponenten $n = 1{,}3$ gerechnet.
- Die zu federnde Masse soll direkt am Zylinder angreifen ($i = 1$), es gibt also **kein** Hebelsystem, welches ein Übersetzungsverhältnis von $i \neq 1$ erzeugt. In Kap. 7 wird anhand eines Beispiels auf den Einfluss des Übersetzungsverhältnisses eingegangen.
- Die Konstruktionslage der Federung, also die Sollposition in Ruhe, liege genau mittig zwischen dem mechanischen Einfeder- und Ausfederanschlag.

2.2.3 Nicht vorgespannte hydropneumatische Federungen

Dies ist die einfachste Form der hydropneumatischen Federung. Sie besteht aus einem einfachwirkenden Federungszylinder und einem Druckspeicher. Der Federungszylinder kann dabei als Plungerzylinder ausgeführt sein, oder als doppeltwirkender Zylinder (DZ), dessen Kolben- und Stangenseite miteinander verbunden sind. Letzteres dient dazu, auch eine wirksame Zugstufendämpfung mit diesem System umsetzen zu können (mehr dazu in Kap. 2.3). Beide Systeme sind in Abb. 2.5 dargestellt.

Wichtig ist, dass die wirksame Fläche beim doppeltwirkenden Zylinder nur die Querschnittsfläche der Stange ist. Wegen der Verbindung zwischen Kolbenraum und Ringraum (sog. regenerative Schaltung, auch „Eilgang-Schaltung" eines Zylinders genannt) wird beispielsweise beim Einfedern effektiv nur das Volumen der Stange verdrängt und als Ölvolumen in den Druckspeicher verschoben. Das verbleibende, aus dem Kolbenraum verdrängte Volumen fließt in den Ringraum.

Die wichtigste Möglichkeit, das Verhalten einer Federung zu beschreiben, ist zunächst einmal die Kraft-Weg-Kennlinie beim Ein- und Ausfedern. Es wurde

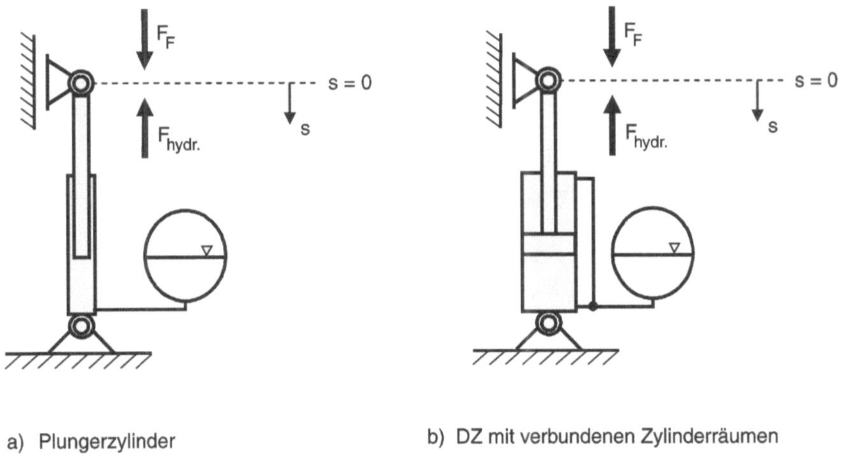

Abb. 2.5. Schematische Darstellung der nicht vorgespannten hydropn. Federungen

bereits in Kap. 1 erwähnt, dass diese Kennlinie bei der mechanischen Federung grundsätzlich linear verläuft – durch spezielle Windungen und/oder Parallelschaltung von Federn sind auch andere Verläufe möglich. Bei der hydropneumatischen Federung hingegen ist immer ein progressiver Verlauf gegeben. Dieser lässt sich durch Veränderung der verschiedenen Einflussparameter in bestimmten Grenzen beeinflussen – welche dies sind, soll im Folgenden hergeleitet werden.

Um die nicht vorgespannte hydropneumatische Federung zu berechnen, müssen zunächst einige Zustände definiert werden, die das Federungssystem annehmen kann:

- **Zustand 0:** Federkraft $F_{F0} = 0$, im Druckspeicher herrscht der im Herstellungsprozess festgelegte Speicherfülldruck p_0, das Gasvolumen nimmt das gesamte Innenvolumen V_0 des Druckspeichers ein.
- **Zustand 1:** Nun wirke F_{F1} die statische Federkraft des Federungssystems (mit $F_{F1} > F_{F0}$). Diese ist so groß, dass das Gasvolumen im Druckspeicher isotherm auf das Volumen V_1 und den Druck p_1 komprimiert wird.
- **Zustand 2:** F_{F2} ist als dynamische Federkraft verschieden von F_{F1}, damit wird das Gasvolumen polytrop weiter auf V_2 und Druck p_2 komprimiert (Einfedern) bzw. expandiert (Ausfedern).

Als Ausgangspunkt der Berechnung dient der Zusammenhang zwischen der Kraft F_K an der Kolbenfläche und dem Druck auf der Kolbenseite p_K.

$$F_K(s) = p_K(s) \cdot A_K \tag{2.6}$$

Mit der Zustandsgleichung für polytrope Zustandsänderungen

$$p_1 \cdot V_1^n = p_2 \cdot V_2^n \tag{2.7}$$

und der Definition, dass eine positive Änderung von s eine Kompression hervorruft

$$V_2 = V_1 - A_K \cdot s \tag{2.8}$$

folgt:

$$p_2 = \frac{p_1 \cdot V_1^n}{V_2^n} = \frac{p_1 \cdot V_1^n}{(V_1 - A_K \cdot s)^n} \tag{2.9}$$

Weiterhin gilt auf Basis der isothermen Zustandsänderung von 0 nach 1

$$p_1 \cdot V_1 = p_0 \cdot V_0 \tag{2.10}$$

und daher auch

$$V_1 = \frac{p_0 \cdot V_0}{p_1} \tag{2.11}$$

sowie aufgrund des Kräftegleichgewichts am Kolben

$$F_{F1} = p_1 \cdot A_K \tag{2.12}$$

also

$$p_1 = \frac{F_{F1}}{A_K} \tag{2.13}$$

Für die vorliegende Berechnung kann man nun ansetzen

$$p_K(s) = p_2 \tag{2.14}$$

Damit ist

$$F_K(s) = \frac{\frac{F_{F1}}{A_K} \cdot \left(\frac{p_0 \cdot V_0}{\frac{F_{F1}}{A_K}} \right)^n}{\left(\frac{p_0 \cdot V_0}{\frac{F_{F1}}{A_K}} - A_K \cdot s \right)^n} \cdot A_K \tag{2.15}$$

Nachdem A_K komplett herausgekürzt wurde bleibt

$$F_K(s) = F_{F1} \cdot \frac{\left(\frac{p_0 \cdot V_0}{F_{F1}} \right)^n}{\left(\frac{p_0 \cdot V_0}{F_{F1}} - s \right)^n} \tag{2.16}$$

Setzt man weiterhin

$$\frac{p_0 \cdot V_0}{F_{F1}} = h_{0F} \tag{2.17}$$

so erhält man die einfache Beziehung

$$F_K(s) = F_{F1} \cdot \frac{h_{0F}^{\ n}}{(h_{0F} - s)^n} \tag{2.18}$$

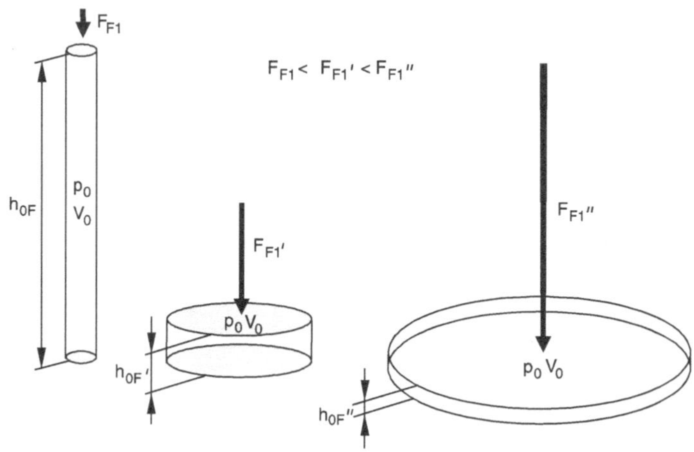

Abb. 2.6. h_{0F} für verschiedene statische Federlasten F_{F1}

Dabei lässt sich die Größe h_{0F} sehr anschaulich darstellen. Es ist die Höhe der Gassäule mit dem Druck p_0, die bei einem Volumen V_0 genau die Grundfläche hat, so dass die Kraft F_{F1} von ihr getragen wird. Die Größe h_{0F} soll daher als relative Gassäulenhöhe bezeichnet werden. Abbildung 2.6 veranschaulicht dies deutlicher für verschiedene Kräfte F_{F1}.

Aus dieser Beziehung erkennt man sogleich eines der charakteristischen Merkmale der hydropneumatischen Federung: Je größer die statische Federlast, umso niedriger die Gassäule h_{0F} und umso größer ist die relative Veränderung der Kraft auf den Kolben F_K bei einem gegebenen Weg s. Hieraus begründet sich die steigende Federrate mit steigender statischer Federlast.

Wirken auf das Federungssystem stark unterschiedliche statische Lasten, so wird eine weitere Kennlinie interessant: Die Abhängigkeit der Federrate von eben dieser gefederten statischen Last. Diese Abhängigkeit wird in der folgenden Rechnung hergeleitet.

Für die Federrate kann allgemein angesetzt werden:

$$c = \frac{dF}{ds} = \frac{d(p \cdot A_K)}{ds} = A_K \cdot \frac{dp}{ds} \tag{2.19}$$

Abermals setzen wir die Gleichung (2.9) ein und es folgt mit Ableitung nach der Kettenregel:

$$\frac{dp}{ds} = p_1 \cdot V_1^n \cdot (-n) \cdot (V_1 - A_K \cdot s)^{-n-1} \cdot (-A_K) \tag{2.20}$$

Setzt man nun wieder die isotherme Zustandsänderung von 0 nach 1 und das Kräftegleichgewicht am Kolben entsprechend Gleichung (2.13) an, dann folgt durch Einsetzen von (2.11):

$$c = A_K \cdot \frac{dp}{ds} = A_K \cdot \frac{F_{F1}}{A_K} \cdot \left(\frac{p_0 \cdot A_K \cdot V_0}{F_{F1}} \right)^n \cdot (-n) \cdot \left(\frac{p_0 \cdot A_K \cdot V_0}{F_{F1}} - A_K \cdot s \right)^{-n-1} \cdot (-A_K) \quad (2.21)$$

Durch Auflösen und Einführung der Konstante h_{0F} folgt:

$$c(s) = F_{F1} \cdot n \cdot \frac{h_{0F}{}^n}{(h_{0F} - s)^{n+1}} \quad (2.22)$$

Mit s = 0 und Wiedereinsetzen der Konstante folgt für die Federrate in Mittellage:

$$c = n \cdot \frac{F_{F1}{}^2}{p_0 \cdot V_0} \quad (2.23)$$

Dies sind nun die grundlegenden Formeln, auf welchen jedes hydropneumatische Federungssystem aufbaut. Die interessante Erkenntnis hierbei ist, dass die geometrischen Abmessungen des Federungszylinders in diesen Formeln keine Rolle spielen: einzig und allein die Gasfüllung im Druckspeicher und die gefederte Last bestimmen die Kraft-Weg-Kurve und damit auch die Federrate.

Nun kann die Gasfüllung im Druckspeicher wie oben durch das Produkt aus Speicherfülldruck p_0 und Speichervolumen V_0 dargestellt werden, es kann allerdings nach der allgemeinen Gasgleichung auch $m_G \cdot R \cdot T_0$ dafür eingesetzt werden. Damit ist also die Federrate neben der statischen Federlast und der Masse der Gasfüllung auch von der Temperatur des Druckspeichers abhängig. Es muss also bei der Berechnung unbedingt berücksichtigt werden, dass der in der Produktion eingestellte Speicherfülldruck sich auf eine Temperatur von 20°C bezieht. Die Federrate einer hydropneumatischen Federung ändert sich also mit der Temperatur der Gasfüllung. Diese kann sowohl durch die Umgebungstemperatur verändert werden, als auch durch die freigesetzte Wärme bei der Dämpfungsarbeit der Druckflüssigkeit erwärmt werden. Es gilt allgemein: Höhere Temperaturen machen die Federung weicher, tiefere machen sie härter.

Weiterhin erkennt man – wie schon in Kap. 1 kurz erwähnt – die charakteristische Eigenschaft der hydropneumatischen Federung, dass die gefederte Last quadratisch in die Federrate eingeht. Dies bedingt, dass sich die Federungseigenschaften des Feder-Masse-Systems mit der gefederten Last verändern. Dies wird im Folgenden vereinfacht für den ungedämpften Einmassenschwinger näher betrachtet.

Mit

$$\omega = \sqrt{\frac{c}{m_F}} \tag{2.24}$$

und

$$\omega = 2 \cdot \pi \cdot f \tag{2.25}$$

und

$$F_{F1} = m_F \cdot g \tag{2.26}$$

folgt dann für die Eigenfrequenz f der nicht vorgespannten hydropneumatischen Federung:

$$f = \frac{1}{2 \cdot \pi} \cdot \sqrt{\frac{n \cdot F_{F1} \cdot g}{p_0 \cdot V_0}} \tag{2.27}$$

Man erkennt, dass die Eigenfrequenz proportional zur Wurzel der statischen Federlast ansteigt.

$$f \sim \sqrt{F_{F1}} \tag{2.28}$$

Generell ist man geneigt, die Federungseigenschaften (bei Fahrwerksfederungen also z. B. das Fahrverhalten) des Systems konstant zu halten. Ideal wäre demnach, dass die Eigenfrequenz unabhängig von der statischen Federlast ist – dies gilt insbesondere für den einfachen Einmassenschwinger. In einer Vielzahl von Anwendungsfällen geht aber nicht nur die statische Federlast in die Federungseigenschaften ein, sondern beispielsweise auch Trägheitsmomente um andere Freiheitsgrade. In diesen Fällen ist das in Gleichung 2.28 beschriebene Verhalten oftmals vorteilhaft, da ggf. durch eine stärkere Erhöhung der Federrate ein konstanteres Federungsverhalten erreicht wird als mit einer zur gefederten Masse proportional ansteigenden Federrate.

Ein konkretes Beispiel hierfür ist die hydropneumatische Federung an der Vorderachse eines Traktors. Für Frontladerarbeiten wird hier an einem nach vorn auskragenden, hydraulisch hebbaren Arm z. B. eine Schaufel oder eine Palettengabel angebracht. Damit können nun schwere Gegenstände gehoben und transportiert werden. Der weit vor dem Traktorschwerpunkt liegende Schwerpunkt der angehobenen Last erhöht ganz erheblich das Nickträgheitsmoment des Gesamtsystems (Abb. 2.7).

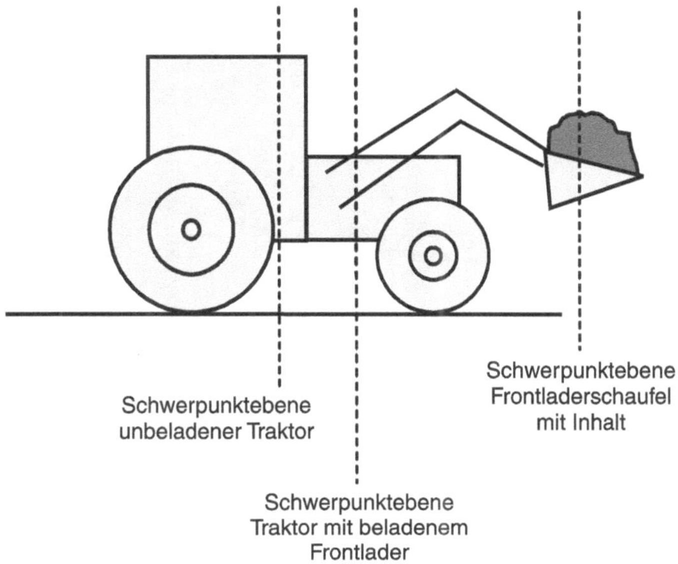

Abb. 2.7. Schwerpunktlagen bei Frontladerarbeiten

Damit die Nickeigenfrequenz des Systems nun nicht zu niedrig und der Traktor damit zur Schaukel wird, ist es hier günstig, die Federrate stärker als für die Erhöhung der Achslast eigentlich nur erforderlich, anzupassen. Das hydropneumatische Federungssystem erfüllt diese Anforderung und trägt damit erheblich zur Fahrstabilität bei Frontladerarbeiten bei.

Wichtig für die Federungseigenschaften sind nun zum einen die Kraft-Weg-Kurve der hydropneumatischen Feder sowie die Kurve der Federsteifigkeit und der Eigenfrequenz des Einmassenschwingers über der gefederten Last F_F. Um einen Vergleich der Eigenschaften der verschiedenen hydropneumatischen Federungssysteme zu ermöglichen, werden in den folgenden Abschnitten immer jeweils diese charakteristischen Kurven für das jeweilige System dargestellt. Exemplarisch wird dabei zugrunde gelegt, dass das Federungssystem (Einmassenschwinger ohne Dämpfung, **Gesamtfederweg 100 mm**, **Konstruktionslage mittig** zwischen Ein- und Ausfederanschlag) bei einer **statischen Federlast von 10000 N** auf eine **Eigenfrequenz von 2 Hz** abgestimmt ist.

In den folgenden Abb. 2.8, 2.9 und 2.10 sind nun die charakteristischen Kurven für die **nicht vorgespannte** hydropneumatische Federung dargestellt. Zum Vergleich sind in den Diagrammen auch die Kennlinien für eine lineare mechanische Feder als dünne Linien dargestellt.

Die Kurven für Federrate und Eigenfrequenz sind im Bereich unterhalb 2500 N abgeschnitten, da dies u. A. aufgrund des geringen zulässigen Lastverhältnisses für nicht vorgespannte Systeme nicht sinnvoll und daher nicht relevant ist. In der Praxis finden sich zahlreiche Beispiele für nicht vorgespannte hydropneumatische Federungen. So stellen z. B. die meisten Auslegerfederungen das einfachste System dar mit einem Zylinder, dessen Kolbenseite mit einem Druckspeicher verbunden ist.

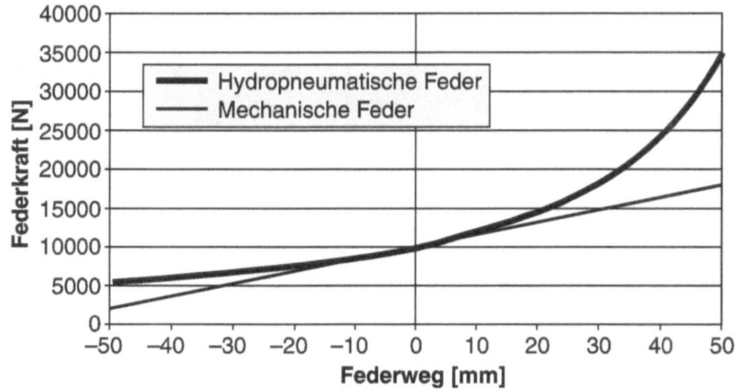

Abb. 2.8. Kraft-Weg-Kennlinie für die nicht vorgespannte hydropn. Federung

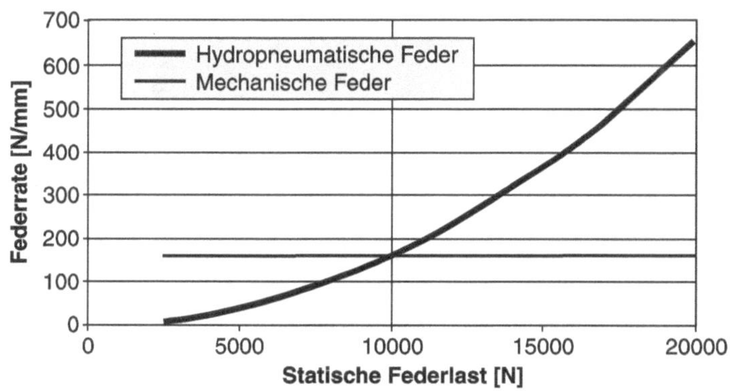

Abb. 2.9. Federrate vs. statische Federlast für die nicht vorgespannte hydropn. Federung

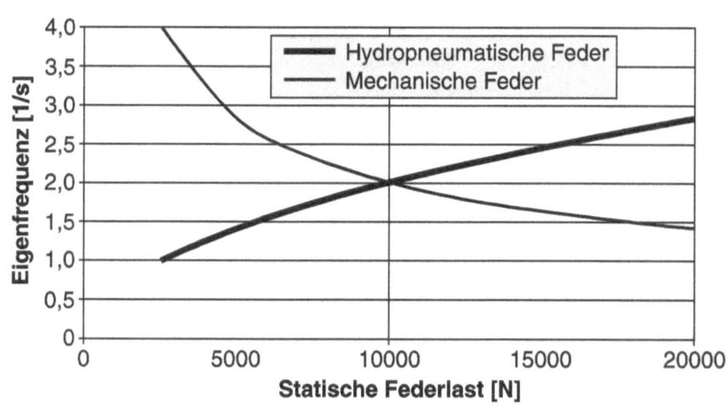

Abb. 2.10. Eigenfrequenz vs. statische Federkraft für die nicht vorgespannte hydropn. Federung

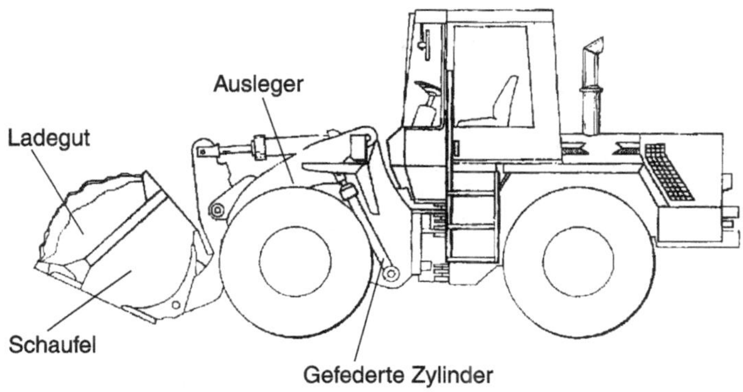

Abb. 2.11. Auslegerfederung eines Radladers

Dieses findet man an Teleskopladern ebenso wie an Frontladern für Traktoren und auch Radladern (Abb. 2.11). Durch das System wird der Ausleger mitsamt dem aufgenommenen Ladegut gefedert, wodurch insbesondere die Nickschwingungen des ansonsten meist ungefederten Gesamtfahrzeuges reduziert werden. Fahrsicherheit und Komfort des Fahrers werden dadurch erhöht. Darüber hinaus bewirken die reduzierten Schwingungen am Ausleger, dass selbst bei Fahrt im rauhen Gelände das Ladegut sicher transportiert wird. Insbesondere bei Schüttgut in einer Schaufel wird verhindert, dass es durch Schwingungen über den Schaufelrand tritt und damit verloren geht. Näheres zur Auslegerfederung bei Radladern findet man in [LAT03] sowie den Patenten DE3909205 (Hanomag) und US5513491 (Orenstein & Koppel).

Die bereits erwähnte nächsthöhere Stufe stellt die Verwendung eines doppeltwirkenden Zylinders dar, der regenerativ betrieben wird. Hierdurch lassen sich gegenüber dem Plungerzylinder höhere Zugstufendämpfungen realisieren. Ein solches System findet man z. B. in der Kabinenfederung der Traktoren der 6020er Serie der Firma John Deere. Im Laufe der Entwicklung wurde hier die anfangs noch vorhandene äußere Überströmleitung von der Kolben- auf die Ringseite eliminiert und durch eine Bohrung samt Strömungswiderstand im Kolben ersetzt. Eine erhöhte Zugstufendämpfung ist hier aufgrund der Federungskinematik erforderlich, um einer starken Nickbewegung der Kabine bei Bremsvorgängen entgegenzuwirken.

Sehr schön erkennt man in Abb. 2.12 die integrierte Lösung von Federungszylinder und Druckspeicher zu einer Federungseinheit. Der angeschlossene Schlauch dient hier nurmehr dazu, Öl zur Niveauregulierung zu- bzw. abzuführen.

Die derzeit höchste Entwicklungsstufe der nicht vorgespannten hydropneumatischen Federung stellt das sog. Hydractiv-Fahrwerk dar, welches derzeit in zahlreichen PKW-Modellen der Firma Citroen zum Einsatz kommt. Man erkennt in Abb. 2.13, dass über das Zentralventil (7) zwei verschiedene Schaltungen für die Federung realisiert werden können. Ist es geöffnet (dieser Zustand ist abgebildet), so sind die beiden Federungseinheiten einer Achse jeweils über ein Stellventil (6) miteinander verbunden und diese können darüberhinaus noch Öl in den dritten

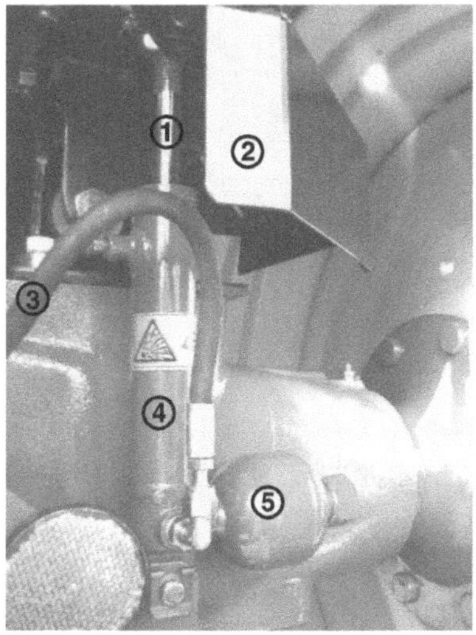

1 Kolbenstange
2 Schutzabdeckung
3 Schlauch zum Niveau-Regelventil
4 Zylinderrohr
5 Druckspeicher

Abb. 2.12. Kabinenfederungszylinder der Traktoren der John Deere 6020er Serie

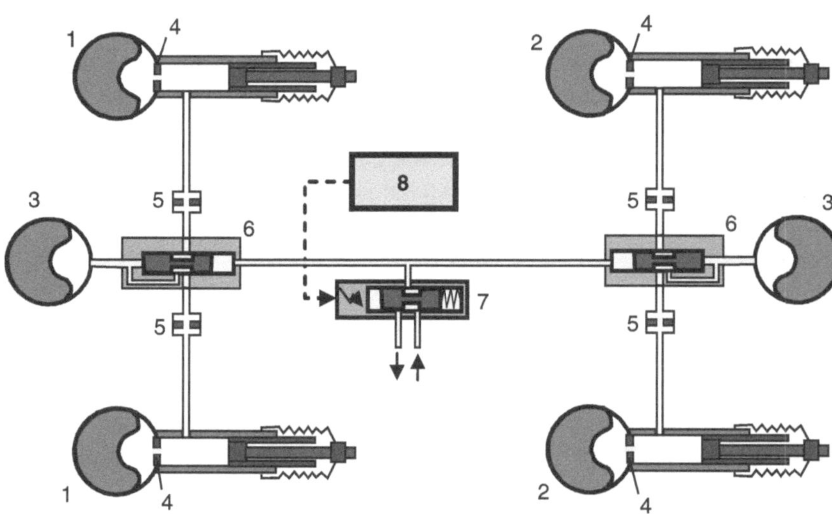

1 Federkugel vorn
2 Federkugel hinten
3 Zusätzliche Federkugel
4 Dämpferelemente
5 Zusätzliche Dämpferelemente
6 Stellventil
7 Zentralventil
8 Controller

Abb. 2.13. Schaltschema des Citroen Hydractiv Systems (mod. nach [HEN90])

Druckspeicher (3) verdrängen. Über dessen zusätzliche Gasmasse ergibt sich eine vergleichsweise niedrige Federrate. Die Querverbindung der Federungseinheiten bewirkt, dass die hydropneumatischen Federn keine Wankstabilität (also Stabilität um die Fahrzeuglängsachse) erzeugen, es sind in diesem Moment allein die mechanischen Stabilisatoren der jeweiligen Fahrzeugachse wirksam. Schließt man hingegen das Zentralventil, so wirken die beiden Federungseinheiten unabhängig voneinander als einzelne Federn. Dies erzeugt gegenüber dem verbundenen Zustand eine zusätzliche Wanksteifigkeit. Darüberhinaus ist in diesem Zustand auch der dritte Druckspeicher entkoppelt, wodurch sich über die verringerte Gasmasse eine höhere Federrate der einzelnen Federungseinheiten ergibt. Damit kann durch Schließen der Stellventile eine höhere Fahrstabilität bei Kurvenfahrt oder „sportlicher“ Fahrweise erzielt werden, während bei geöffneten Stellventilen der Citroen-typische Komfort durch ein weiches Fahrwerk erreicht wird. Mehr hierzu in Abschnitt 7.2.

2.2.4 Systeme mit mechanischer Vorspannung

Man erkennt in der Abb. 2.9 weiter oben sehr gut die bereits erwähnte quadratische Abhängigkeit der Federrate von der Federlast. Obwohl diese Eigenschaft auch positive Effekte haben kann (s.o.) ist es oftmals auch günstig, sie etwas abzumildern. Dies kann nun dadurch geschehen, dass das System bereits im äußerlich unbelasteten Zustand unter eine innere Vorspannung gesetzt wird. Die Vorspannung wirkt in diesen Fällen dann wie eine Grundlast, die sich auf die entsprechenden statischen Federlasten aufaddiert. Damit ist die relative Änderung der Last auf das Federungssystem durch eine gegebene Änderung der statischen Federlast geringer als bei einem nicht vorgespannten System.

Für die Aufbringung der Vorspannung haben sich in der Praxis zwei Möglichkeiten bewährt:

- Man bleibt beim einfachwirkenden Federungszylinder und bringt mechanisch z. B. durch eine Schrauben- oder Torsionsfeder eine Vorspannung auf (mechanische Vorspannung).
- Man setzt einen doppeltwirkenden Federungszylinder ein und bringt durch eine zweite, auf die Ringseite wirkende hydropneumatische Federung die Vorspannung auf (hydraulische Vorspannung).

Eine dritte theoretische Möglichkeit wäre auch, eine entsprechende zusätzliche Masse auf die Sekundärseite zu packen. Dies wird in der Mobilhydraulik allerdings aufgrund der üblicherweise angestrebten Gewichtsminimierung abgelehnt.

In diesem Abschnitt soll nun zunächst auf das System der mechanischen Vorspannung eingegangen werden. Abbildung 2.14 zeigt dessen schematische Darstellung. Da die mechanische Feder die hydropneumatische mit einer Druckkraft vorspannt, sind die Federn hier symbolisch einander gegenüber angeordnet, obwohl es sich funktionell um eine Parallelschaltung dieser Federn handelt. Der Kraftangriffspunkt der effektiven, nach außen wirksamen Federkraft liegt daher in der Mitte der beiden Federn.

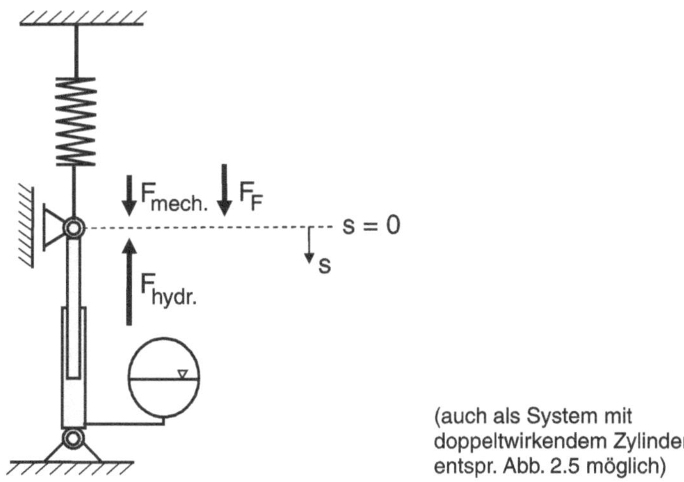

Abb. 2.14. Schematische Darstellung der mechanisch vorgespannten hydropn. Federung

Man erkennt hier sehr gut, dass aufgrund der mechanischen Feder neben der Vorspannkraft auch eine weitere Steifigkeit in das System eingebracht wird. Dies bedeutet, dass sich also eine wirksame Federrate des Systems einstellen wird, welche sich aus der Federrate der hydropneumatischen und der mechanischen Feder zusammensetzt.

$$c = c_{hydr} + c_{mech} \tag{2.29}$$

Für die Federrate der hydropneumatischen Feder c_{hydr} kann nun wieder Gleichung (2.23) herangezogen werden. Hier ist allerdings zu beachten, dass anstelle der statischen Federlast F_{F1} nun die Summe aus F_{F1} und der mechanischen Vorspannkraft $F_{V,mech}$ (in Federungsmittellage) in die Gleichung eingesetzt werden muss. Damit erhält man dann die Gleichung für die Federrate der mechanisch vorgespannten hydropneumatischen Federung zu:

$$c(s=0) = n \cdot \frac{(F_{F1} + F_V)^2}{p_0 \cdot V_0} + c_{mech} \tag{2.30}$$

Damit kann die Eigenfrequenz berechnet werden mit

$$f = \frac{1}{2 \cdot \pi} \cdot \sqrt{\frac{\left(\dfrac{n \cdot (F_{F1} + F_V)^2}{p_0 \cdot V_0} + c_{mech} \right) \cdot g}{F_{F1}}} \tag{2.31}$$

Für die Berechnung der Kraft-Weg-Kennlinie gilt entsprechend Abb. 2.14:

$$F(s) = F_{hydr}(s) - F_{mech}(s) \tag{2.32}$$

Für die Kraft der mechanischen Feder kann angesetzt werden:

$$F_{mech}(s) = F_V - c_{mech} \cdot s \tag{2.33}$$

In die Gleichung (2.16) aus dem vorhergehenden Abschnitt muss nun anstelle F_{F1} die Summe $(F_{F1} + F_V)$ eingesetzt werden, dann erhält man die Kraft F(s) zu:

$$F(s) = (F_{F1} + F_V) \cdot \frac{\left(\dfrac{p_0 \cdot V_0}{F_{F1} + F_V}\right)^n}{\left(\dfrac{p_0 \cdot V_0}{F_{F1} + F_V} - s\right)^n} - (F_V - c_{mech} \cdot s) \tag{2.34}$$

In den folgenden Abb. 2.15, 2.16 und 2.17 sind nun die charakteristischen Kurven für die **mechanisch vorgespannte** hydropneumatische Federung dargestellt. Um den Einfluss der Vorspannkraft F_V und der Federrate der mechanischen Feder c_{mech} zu zeigen, wurden diese Parameter in den Diagrammen nochmals variiert. Bei mechanisch vorgespannten Systemen ist ein wesentlicher Punkt, dass die mechanische Feder umso aufwändiger (und damit teurer) wird, je größer die Federrate und die Vorspannkraft gewählt werden. Aus diesem Grund dient als Basis für die folgenden Diagramme jeweils die Vorspannkraft von 5000 N und die Federrate von 20 N/mm. Dies sind beides Werte, welche sich, wie wir später sehen werden, eher an der unteren Grenze des optimalen Bereichs orientieren. Von dieser Basis aus wird dann die eine oder die andere Größe in den Diagrammen variiert.

Betrachtet man die Kraft-Weg-Kennlinien, so vermutet man zunächst einmal, dass die Eigenschaften im Bereich der Auslegungspunkte Federweg 0 mm, statische Federlast 10000 N und Eigenfrequenz 2 Hz wenig variieren. Betrachtet man jedoch die Veränderungen in weiterer Entfernung vom Auslegungspunkt sowie die Kennlinen für Federrate und Eigenfrequenz, so erkennt man signifikante Veränderungen.

Mit steigender Vorspannkraft verringert sich die Progression der Kraft-Weg-Kennlinie und auch der Anstieg der Federrate mit der Federlast wird über den gesamten Bereich geringer. Man erkennt hier sehr deutlich die „Entschärfung" der charakteristischen Eigenschaften der hydropneumatischen Federung. Der Grund hierfür ist in der mit steigendem F_V geringer werdenden relativen Laständerung pro kN Federlastveränderung zu finden. Wie man aus der Formel für die Eigenfrequenz sehen kann erfordert eine steigende Vorspannkraft bei konstanter Eigenfrequenz automatisch eine Erhöhung von $p_0 \cdot V_0$ und damit mehr federnde Gasmasse. Daraus kann ebenfalls abgeleitet werden, dass die weitere Änderung der Kennlinie durch die Vorspannkraft immer kleiner wird, je größer letztere wird. Dies erkennt

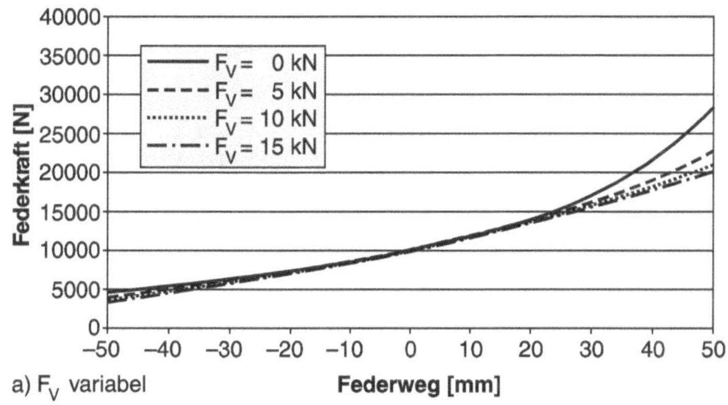

Abb. 2.15. Kraft-Weg-Kennlinien für die mechanisch vorgespannte hydropn. Federung

man daran, dass z. B. die Linien für 0 kN und 5 kN weiter auseinander liegen, als die Linien für 10 kN und 15 kN. Sehr gut sichtbar ist auch, dass der Verlauf der Federrate über der Federlast eine weitaus größere Linearität aufweist als das nicht vorgespannte System. Daraus resultiert eine Eigenfrequenz, die über weite Bereiche hinweg sehr nahe am Auslegungspunkt von 2 Hz liegt. Je höher nun die Vorspannkraft liegt umso weiter verschiebt sich das Minimum der Eigenfrequenz zu höheren statischen Federlasten. Im gezeigten Beispiel wird die Eigenfrequenz im Bereich um den Auslegungspunkt für die statische Federlast (10000 N) bei Vorspannkräften zwischen 5000 N und 10000 N am besten konstant gehalten (bei $c_{mech} = 20$ N/mm).

Eine Steigerung der mechanischen Federrate hat einen sehr ähnlichen Effekt wie eine steigende Vorspannkraft. Auch hier schwindet die Progression der Kraft-Weg-Kennlinie und die der Federrate vs der statischen Federlast. Dies liegt daran, dass mehr und mehr Last von der mechanischen Feder aufgenommen wird und die hydropneumatische Feder aufgrund ihrer weicheren Auslegung (gleiche Summenfederrate!) an Einfluss verliert. Allerdings erkennt man, dass selbst bei einer unendlich weichen Feder ($c_{mech} = 0$ N/mm) das Minimum der Eigenfrequenz nicht so

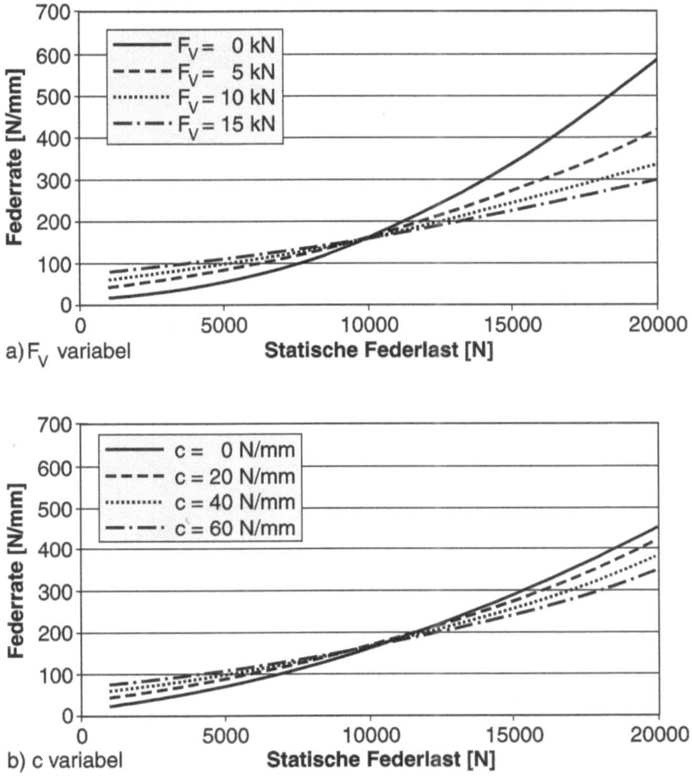

Abb. 2.16. Federrate vs. statische Federlast für die mechan. vorgespannte hydropn. Federung

stark abgesenkt wird wie bei fehlender Vorspannkraft. Die Diagramme zeigen auch, dass die Veränderung der Kennlinien mit Steigerung der Federrate recht konstant bleiben, der Abstand der Kennlinien mit 0 N/mm und 20 N/mm ist also ähnlich dem der Linien mit 40 N/mm und 60 N/mm. Aus den gezeigten Kennlinien kann man sich gut ableiten, dass wenn c_{mech} und F_V zu Null gesetzt werden, man (logischerweise) wieder zu den gleichen Kennlinienverläufen kommt, wie mit einem nicht vorgespannten System laut Abschnitt 2.2.3.

Beispielhaft für das mechanisch vorgespannte hydropneumatische Federungssystem wird hier die Vorderachsenfederung der Firma Carraro angeführt, welche u. A. in Traktoren der Marken Renault (heute Claas), Case/Steyr, MF und Landini zum Einsatz kommt. Abbildung 2.18 ist der US5931486 entnommen. Man erkennt eine Einzelradaufhängung per Doppel-Querlenkerführung, die an einem zentralen Achsträger befestigt ist. Jeweils auf der Innenseite des unteren Querlenkers ist eine Torsionsfeder koachsial mit der entsprechenden Lagerachse untergebracht, welche die mechanische Vorspannung des Systems bewirkt. U. A. durch die Abmessungen der Torsionsfeder kann die Federung auf verschiedene Fahrzeugtypen angepasst werden.

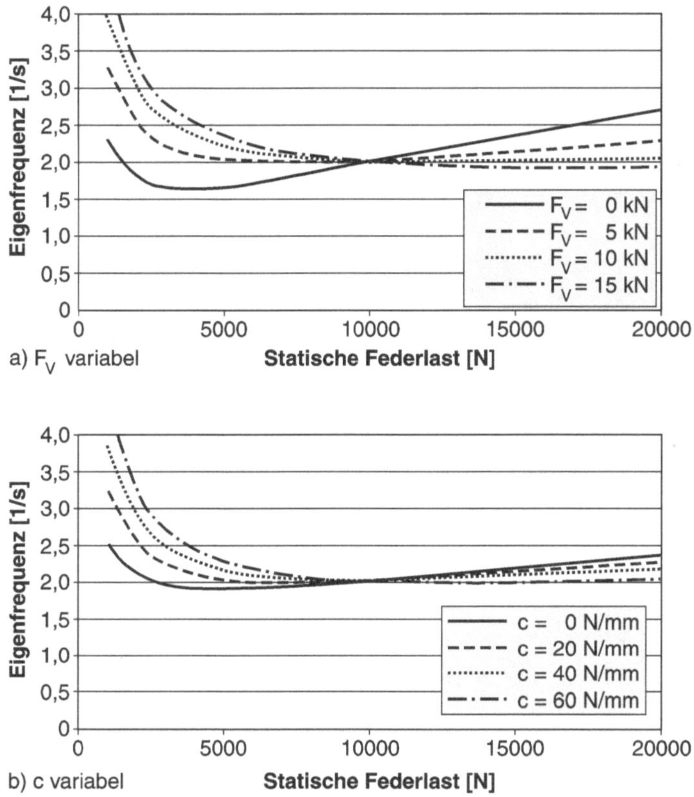

Abb. 2.17. Eigenfrequenz vs statische Federkraft für die mechan. vorgespannte hydropn. Federung

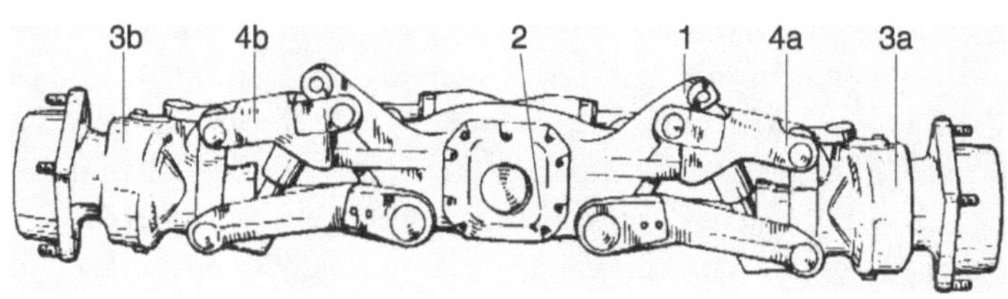

Abb. 2.18. Traktor-Vorderachsenfederung der Fa. Carraro

2.2.5 Systeme mit konstanter hydraulischer Vorspannung

In vielen Fällen ist es schwierig, eine mechanische Vorspannung darzustellen. Dies liegt unter anderem an dem oftmals großen Bauraumbedarf der zusätzlichen mechanischen Feder, welche ja den gesamten Federweg abdecken muss. Aus diesem Grund greift man oftmals auf einen doppeltwirkenden Zylinder zurück, der nur geringfügig mehr Bauraum benötigt als ein einfachwirkender. Der damit zusätzlich zur Verfügung stehende Ringraum dieses Zylinders kann durch Aufbringen von Druck auf die Ringfläche ebenfalls zur Vorspannung des Federungssystems genutzt werden. Da auch auf der Ringseite Öl verschoben wird, wenn sich der Kolben bewegt, muss auch an diese Seite ein Druckspeicher angeschlossen werden, der diesen Ölvolumenstrom aufnehmen bzw. abgeben kann. Damit hat man nun ein Federungssystem, das aus zwei miteinander verspannten, einfachwirkenden hydropneumatischen Federungen besteht. Die entsprechende schematische Darstellung ist in Abb. 2.19 gezeigt. Zur besseren Darstellung der hydraulischen Vorspannung ist jeweils die Kolbenseite und die Ringseite des doppeltwirkenden Zylinders einzeln durch einen einfachwirkenden Zylinder symbolisiert.

Damit berechnet sich die Steifigkeit des Gesamtsystems aus der Summe der Steifigkeiten der kolbenseitigen Feder $c_{hydr,K}$ und der ringraumseitigen Feder $c_{hydr,R}$.

$$c = c_{hydr,K} + c_{hydr,R} \tag{2.35}$$

Die Federraten der hydropneumatischen Federn können einfach aus Kap. 2.2.3 übernommen werden. Es muss jedoch die Vorspannkraft berücksichtigt werden, die aus dem Vorspanndruck der Ringraumseite und der dort wirksamen Ringfläche resultiert.

$$F_V = p_V \cdot A_R \tag{2.36}$$

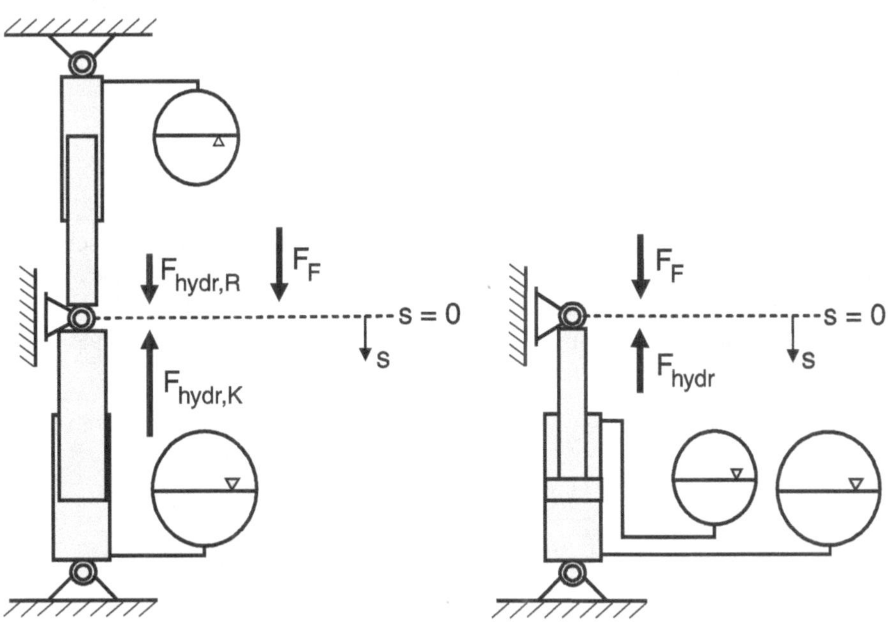

Abb. 2.19. Schematische Darstellung der hydraulisch vorgespannten hydropn. Federung

Damit erhält man für die wirksame Federrate c:

$$c = \frac{n \cdot (F_{F1} + p_V \cdot A_R)^2}{p_{0,K} \cdot V_{0,K}} + \frac{n \cdot p_V{}^2 \cdot A_R{}^2}{p_{0,R} \cdot V_{0,R}} \tag{2.37}$$

und somit kann die Eigenfrequenz berechnet werden zu:

$$f = \frac{1}{2 \cdot \pi} \cdot \sqrt{\frac{\left(\frac{n \cdot (F_{F1} + p_V \cdot A_R)^2}{p_{0,K} \cdot V_{0,K}} + \frac{n \cdot p_V{}^2 \cdot A_R{}^2}{p_{0,R} \cdot V_{0,R}} \right) \cdot g}{F_{F1}}} \tag{2.38}$$

Blickt man nun wieder auf Abb. 2.19 ergibt sich durch das Kräftegleichgewicht:

$$F(s) = F_{hydr,K}(s) - F_{hydr,R}(s) \tag{2.39}$$

Unter Beachtung der Formeln für das nicht vorgespannte System erhält man für die Einzelkräfte:

$$F_{hydr,K}(s) = (F_{F1} + F_V) \cdot \frac{\left(\frac{p_{0,K} \cdot V_{0,K}}{F_{F1} + F_V} \right)^n}{\left(\frac{p_{0,K} \cdot V_{0,K}}{F_{F1} + F_V} - s \right)^n} \tag{2.40}$$

$$F_{hydr,R}(s) = F_V \cdot \frac{\left(\frac{p_{0,R} \cdot V_{0,R}}{F_V} \right)^n}{\left(\frac{p_{0,R} \cdot V_{0,R}}{F_V} + s \right)^n} \tag{2.41}$$

Zu beachten ist hier, dass vor dem Weg s in den beiden Formeln verschiedene Vorzeichen stehen. Dies rührt daher, dass ein positives s auf der Kolbenseite zu einer Kompression (Krafterhöhung), auf der Ringseite hingegen zu einer Expansion und damit Verringerung der Kraft führt. Mit Einsetzen der Gleichung für F_V folgt:

$$F(s) = (F_{F1} + p_V \cdot A_R) \cdot \frac{\left(\frac{p_{0,K} \cdot V_{0,K}}{F_{F1} + p_V \cdot A_R} \right)^n}{\left(\frac{p_{0,K} \cdot V_{0,K}}{F_{F1} + p_V \cdot A_R} - s \right)^n} - p_V \cdot A_R \cdot \frac{\left(\frac{p_{0,R} \cdot V_{0,R}}{p_V \cdot A_R} \right)^n}{\left(\frac{p_{0,R} \cdot V_{0,R}}{p_V \cdot A_R} + s \right)^n} \tag{2.42}$$

Sind beim mechanisch vorgespannten System gegenüber der nicht vorgespannten hydropneumatischen Federung nur die beiden Parameter F_V und c_{mech} hinzugekommen, so wird die Anzahl der Variablen beim hydraulisch vorgespannten System nochmals größer. Zur Verfügung stehen hier $p_{0,R}$, $V_{0,R}$, A_R und p_V um die Eigenschaften der Federung in der gewünschten Weise zu beeinflussen. Nun treten aber jeweils zwei dieser Variablen immer nur als Produkt in den Gleichungen auf. Dies sind A_R und p_V, welche als Produkt die (hydraulische) Vorspannkraft F_V repräsentieren sowie $p_{0,R}$ und $V_{0,R}$, welche gleichsam die im Druckspeicher eingeschlossene Gasmasse repräsentieren und damit (zusammen mit F_V) für die Federrate $c_{hydr,R}$ der Ringseite verantwortlich sind. Im Endeffekt sind es also hier wie beim mechanisch vorgespannten System nur zwei Ein-flussgrößen, die beachtet werden müssen. Diese können dann selber wiederum durch geeignete Wahl der ihnen untergeordneten Einflussgrößen eingestellt werden.

In den folgenden Abb. 2.20, 2.21 und 2.22 sind daher nun die charakteristischen Kurven für die **hydraulisch** vorgespannte hydropneumatische Federung dargestellt, wobei jeweils der Einfluss von $A_R \cdot p_V = F_V$ in [N] sowie $c_{hydr,R} = (n \cdot F_V^2)/(p_{0,R} \cdot V_{0,R})$ in [N/mm] gezeigt wird. Um eine Vergleichbarkeit mit

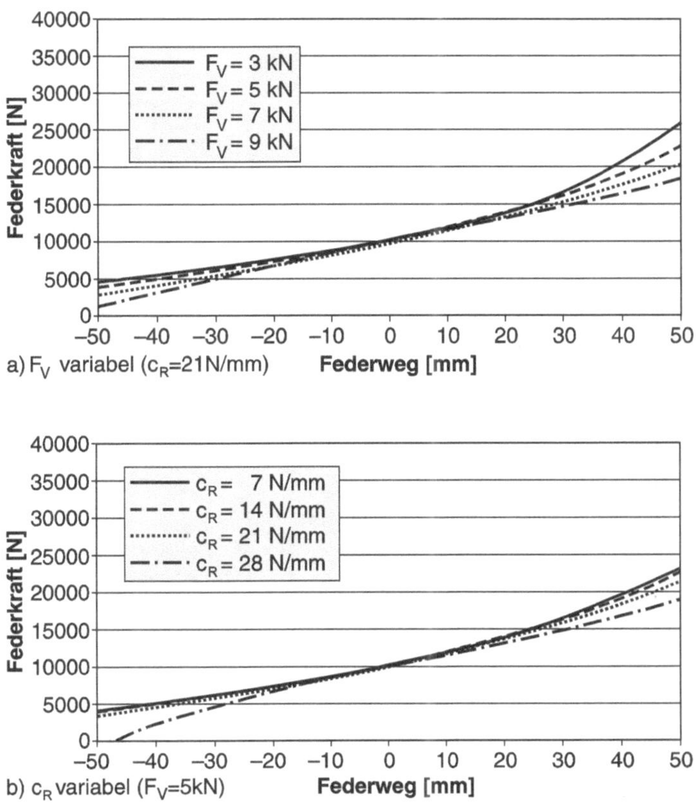

Abb. 2.20. Kraft-Weg-Kennlinien für die hydraulisch vorgespannte hydropn. Federung

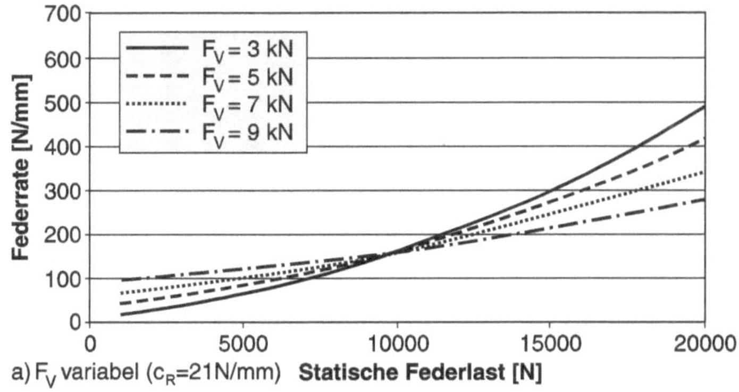

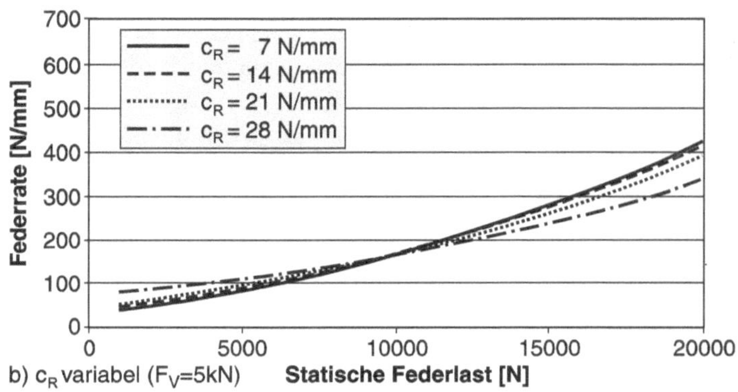

Abb. 2.21. Federrate vs. statische Federlast für die hydraul. vorgespannte hydropn. Federung

der mechanisch vorgespannten Federung zu bekommen, wird als Basis ein System gewählt, welches bei 10000 N statischer Federlast auf 2 Hz abgestimmt ist. Zur Definition der Vorspannungscharakteristik wurden folgende Werte gewählt:

- $A_R = 500\,mm^2$
- $p_V = 10\,MPa$
- $p_{0,R} = 5\,MPa$
- $V_{0,R} = 300000\,mm^3$

Durch diese Wahl ergibt sich zur besseren Vergleichbarkeit wie bei dem vorhergehenden Beispiel eine Vorspannkraft von 5000 N und eine Federrate der „Vorspannfeder“ (Ringraum) von ca. 21 N/mm. Auch das Verhältnis von p_V zu $p_{0,R}$ ist besonders günstig, wie im folgenden Kapitel noch gezeigt wird.

Zunächst erkennt man, dass man generell beim hydraulisch vorgespannten System ähnliche Kurvenverläufe erhalten kann wie beim mechanisch vorgespannten System. Eine besondere Eigenschaft ist für beide charakteristisch: Die Eigenfrequenz sackt für niedrige statische Federlasten nicht wie beim nicht vorgespannten

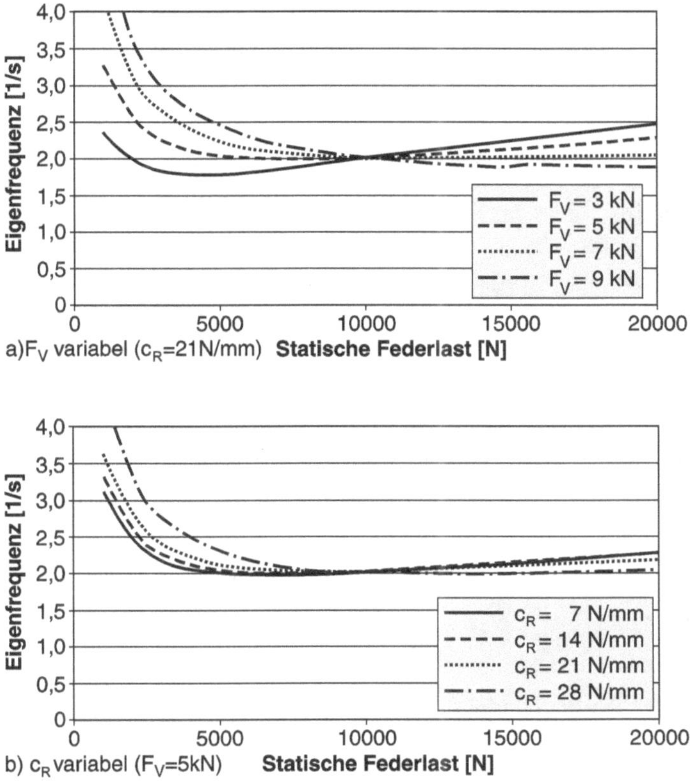

System ab, sondern bleibt auf dem gewünschten Niveau und steigt nahe Null sogar wieder an. Dies ist auf die Vorspannung der Systeme zurück zu führen, welche bewirkt, dass sogar bei $F_{F1} = 0$ N noch eine Federrate vorhanden ist.

Variiert man nun diese Vorspannkraft F_V durch Variation des Vorspanndruckes, so zeigt sich wie beim mechanisch vorgespannten System, dass mit steigendem Vorspanndruck die Charakteristik des nicht vorgespannten Systems „verschliffen" wird. Die Einstellung $p_V = 0$ bar würde hier das nicht vorgespannte System repräsentieren. Weiterhin erkennt man, dass die Abhängigkeit der Federrate von der statischen Federlast geringer wird. Dies wirkt sich beim Eigenfrequenz-Verlauf so aus, dass das Minimum der Eigenfrequenz mit steigendem p_V ansteigt und zu höheren statischen Federlasten hin wandert. Geringfügig zeigt sich bei hohen Vorspanndrücken auch noch eine weitere Eigenschaft: Die Progression der Kraft-Weg-Kurve der hydropneumatischen Feder auf der Ringseite bewirkt einen starken Kraftabfall zum Ende des Ausfederanschlags hin.

Dieser Effekt wird noch stärker beobachtet, wenn man die Gasmasse im ringseitigen Druckspeicher verändert. Dies wird in den Diagrammen durch die Veränderung der Federrate des Ringraums $c_{hydr,R}$ gezeigt. Bei hohem $c_{hydr,R}$ ist die Kompression des Gasvolumens gegen Ende des Federweges so groß, dass eine starke Progression bei der Kraft einsetzt. Dies kann man für Federungssysteme derart ausnutzen, dass die Federrate in Mittellage niedrig ist und die Federung damit im Hauptarbeitsbereich weich reagiert. Durch die Progression wird nun mit zunehmendem Weg in Richtung der Endanschläge die Federung zunehmend härter und ein Durchschlagen wird verhindert. Allgemein ist bei ansteigender Federrate $c_{hydr,R}$ der gleiche Effekt zu sehen wie bei steigender Vorspannkraft. Dies lässt sich auch gut in der Gleichung für die Eigenfrequenz erkennen, wo der Speicherfülldruck stets im Nenner, die Vorspannkraft hingegen im Zähler desselben Bruches steht.

Noch besser nutzen lässt sich o. g. Effekt, wenn die Vorspannkraft reduziert wird und gleichzeitig eine relativ hohe Federrate gewählt wird. Damit erreicht man dann eine Progression sowohl für die Ausfeder- als auch die Einfederrichtung. Dieser Effekt kann z. B. mit der folgenden Vorspannungscharakteristik dargestellt werden:

- $A_R = 500\,mm^2$
- $p_V = 4\,MPa$
- $p_{0,R} = 1{,}4\,MPa$
- $V_{0,R} = 100000\,mm^3$

Abbildung 2.23 zeigt die Kraft-Weg-Kennline für diese Konfiguration. Im Diagramm ist zum Vergleich auch der Verlauf für eine lineare, mechanische Feder mit einer dünnen Linie abgebildet. Ohne allzu großen negativen Einfluss auf den Verlauf der Eigenfrequenz kann man sich so diesen Effekt zu Nutze machen. Darüberhinaus ist dies auch die kostengünstigere Lösung, da wegen des geringeren Speichervolumens ein günstigerer, weil kleinerer Druckspeicher verwendet werden kann.

Als Beispiel für die hydropneumatische Federung mit konstanter hydraulischer Vorspannung können z. B. die Vorderachsenfederungssysteme aller Fendt-Traktoren sowie das System John Deere TLS I der Traktoren der Serie 6010 sowie 7010 angeführt werden. Während Fendt jedoch seine Steuerung so auslegt, dass

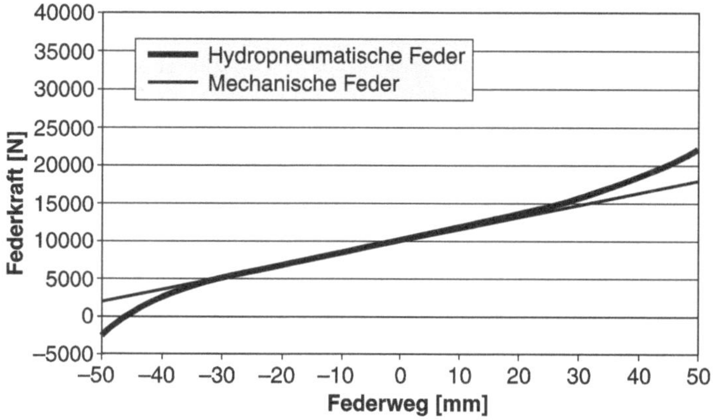

Abb. 2.23. Kennlinie mit ausgeprägter Kraft-Progression auf Ring- und Kolbenseite

stets der volle Pumpendruck von ca. 200 bar auf die Ringseite gegeben wird, haben die John Deere Hydrauliksteuerblöcke ein Druckregelventil integriert, welches den Ringraumdruck auf einen bestimmten Wert einregelt, der deutlich niedriger liegt als der Pumpendruck. Dies hat den Vorteil, dass die Pumpe während des Regelvorganges nicht immer auf vollen Druck hochfahren muss. Der Effekt der ringseitigen Vorspannung ist jedoch der gleiche, wenn die Ringfläche entsprechend größer gewählt wird. Durch den höheren ringseitigen Druck und den größeren abzudichtenden Stangendurchmesser ist beim Fendt-System allerdings eine höhere Reibung zu erwarten und auch die ringseitigen Druckspeicher müssen stärker ausgelegt werden.

2.2.6 Systeme mit variabler hydraulischer Vorspannung

Ausgehend vom Federungssystem mit konstanter hydraulischer Vorspannung ist dies der nächste logische Entwicklungsschritt. Betrachtet man sich Gleichung 2.37, so erkennt man, dass man über einen einfach veränderlichen Parameter, den Vorspanndruck p_V, die Vorspannung und damit die Federrate variieren kann. Über diese Möglichkeit kann man die Federung gesteuert (in Abhängigkeit anderer Parameter wie z. B. der statischen Federlast) oder sogar geregelt den Bedürfnissen der jeweiligen Rahmenbedingungen anpassen.

Im Falle der gesteuerten Anpassung gibt es das Beispiel der John Deere Vorderachsfederung TLS II, welche in Abhängigkeit der statischen Federlast die Federrate anpasst. Hierzu wird der Druck auf der Kolbenseite zur Steuerung des Druckes auf der Ringseite herangezogen. Unterhalb einer bestimmten Grenze $p_{K,grenz}$ wird der Ringraumdruck auf ein hohes Niveau $p_{R,h}$ eingestellt, oberhalb dieser Grenze wird ein niedrigerer Ringraumdruck $p_{R,n}$ eingestellt. Durch den hohen Ringraumdruck bei niedrigen kolbenseitigen Drücken ergibt sich eine erhöhte Federrate bei niedrigen Achslasten. Die Steuerung des Ringraumdruckes erfolgt rein hydraulisch innerhalb des Hydrauliksteuerblockes durch ein Druckumschalt- und ein Druckregelventil. Abbildung 2.24 zeigt schematisch die Abhängigkeit der Federrate von

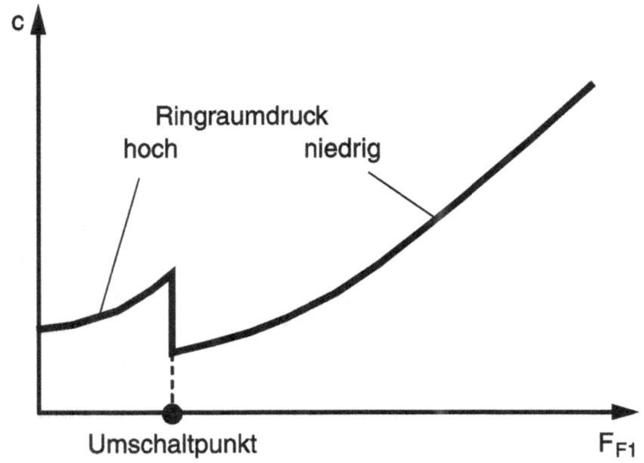

Abb. 2.24. Federrate vs statische Federlast beim System TLS II der Fa. John Deere

der statischen Federlast. In der Realität ergibt sich durch die Beeinflussung des kolbenseitigen Druckes durch den Ringraumdruck ein schwer definierbarer Übergangsbereich. Die senkrechte Linie im Bereich des Umschaltpunktes ist also idealisiert dargestellt.

Für diese Einstellung gibt es mehrere Gründe:

- Die positive Auswirkung der hydraulischen Vorspannung auf den Verlauf der Eigenfrequenz über der statischen Federlast wird hierdurch nochmals verstärkt.
- Es wird der Tatsache Rechnung getragen, dass niedrige Vorderachslasten durch große, weit auskragende Anbaulasten im Fahrzeugheck verursacht werden. Da diese das Nickträgheitsmoment stark erhöhen, wird durch eine erhöhte Federsteifigkeit verhindert, dass die Nickeigenfrequenz des Traktors zu stark absinkt, woraus ein schwammiges Fahrverhalten resultieren würde und die Federung häufig in den Anschlag ginge.
- Da in diesem System Membranspeicher verwendet werden, wird der Arbeitsbereich der kolbenseitigen Druckspeicher bei niedrigen statischen Federlasten eingehalten (siehe hierzu auch Kap. 3.1.3).

Eine Regelung des Ringraumdruckes bietet die Möglichkeit, die Federsteifigkeit den jeweiligen Bedürfnissen ideal anzupassen. Hierzu wird als Eingangsgröße der Regelung ein Parameter gewählt, der ein Maß für die Federungsqualität darstellt. Verschlechtert sich nun aufgrund veränderter Rahmenbedingungen (z. B. schlechtere Wegoberfläche) die Federungsqualität, so wird die Federsteifigkeit solange angepasst, bis die Eingangsgröße sich wieder verbessert. Dies stellt den Schritt von einem passiven hin zu einem adaptiven Federungssystem dar. In diesem Fall kann üblicherweise nicht auf ein rein hydraulisches System zurückgegriffen werden, sondern es ist zusätzlich eine Elektronik zur Regelung des Ringraumdruckes erforderlich. Diese kann eine Vielzahl von Eingangsgrößen beobachten und bei Bedarf den Ringraumdruck und damit die Federsteifigkeit über die elektrische Schaltung hydraulischer Ventile und den gezielten Zu- bzw. Abfluss von Öl aus dem ringseitigen Federkreis beeinflussen. Damit hat man nun ein System, welches innerhalb der durch die Hardware – insbesondere die Speicher – gegebenen Grenzen beliebige Federsteifigkeiten einstellen kann. Aus der Kennlinie des konstant vorgespannten Systems bzw. des Systems mit Ringraumdruckumschaltung wird damit nun ein Kennfeld. Abbildung 2.25 vergleicht die drei letztgenannten Systeme miteinander.

Der besondere Vorteil des geregelten Systems ist auch, dass es einfach auf verschiedene Fahrzeuggrößen oder neue Randbedingungen abgestimmt und damit plattformübergreifend eingesetzt werden kann. Ohne den Wechsel von Hardwarekomponenten kann rein über die Anpassung der Software eine neue Federungscharakteristik erzeugt werden.

Mit dem System TLS Plus setzt John Deere die oben genannten Ansätze um und damit die konsequente Entwicklung der hydropneumatischen Federung weiter fort.

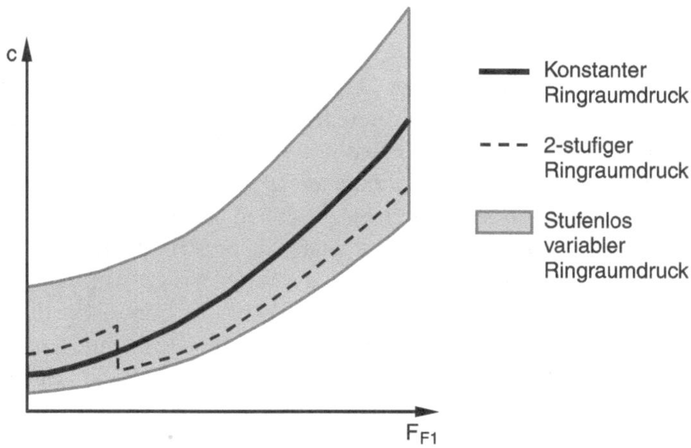

Abb. 2.25. Vergleich der Federraten des konstant vorgesp. Systems, des Systems mit Ringraumdruckumschaltung und des Systems mit stufenlos variablem Ringraumdruck.

2.3 Dämpfungseigenschaften

Um die Energie, die der Federung durch Anregungen von außen zugeführt wird, wieder abzubauen, sind Elemente erforderlich, welche eine Umwandlung der Bewegungs- bzw. Lageenergie vornehmen. Vorwiegend wird hier die Bewegungsenergie in Wärme umgewandelt, indem während der Bewegung eine abbremsende Kraft aufgebracht wird. Diese Dämpfungskraft basiert üblicherweise auf dem Prinzip der Reibung. Dabei gibt es zwei wesentliche Prinzipien, die dafür ausgenutzt werden:

- Die Festkörperreibung, auch trockene Reibung genannt. Zwei mit einer Normalkraft aufeinander gepresste Festkörper reiben aufeinander und erzeugen durch ihre Adhäsionskräfte eine der Bewegung entgegengesetzte Reibungskraft.
- Die Flüssigkeitsreibung, auch hydrodynamische Reibung genannt. Hierbei wird einem Flüssigkeitsstrom ein Strömungswiderstand entgegengesetzt, wodurch der Flüssigkeitsstrom gebremst wird. Diese Abbremsung erzeugt einen Druckaufbau in Strömungsrichtung vor dem Strömungswiderstand und über die Wirkflächen des Zylinders wirkt dieser Druck als bremsende Kraft, als Dämpfungskraft.

Neben den o. g. Prinzipien gibt es weitere Prinzipien, die aber in der Federungstechnik seltener genutzt werden. Hier wäre beispielsweise das Wirbelstromprinzip, welches oftmals in Fahrzeugen als verschleißfreie Dauerbremse zum Einsatz kommt und auf dem Prinzip der Induktion eines Stromes basiert, wenn ein elektrischer Leiter durch ein Magnetfeld bewegt wird. Weiterhin gibt es auch die sogenannten Gas-Feder-Dämpfer-Elemente [GOL84], welche völlig ohne Öl auskommen und sowohl die Federungs- als auch die Dämpfungsfunktion allein durch eine Gasfüllung bewerkstelligen.

In allen Fällen versucht man die Dämpfungskräfte so gering wie möglich zu halten, damit die Entkoppelung der gefederten Masse auf der Sekundärseite von den Bewegungen auf der Primärseite so gut wie möglich erfüllt werden kann. Ist die Dämpfung allerdings für die normalen Betriebsbedingungen optimal ausgelegt, so kann es bei extremen Betriebszuständen zu einer Unterdämpfung und damit zu einem Überschreiten der vorhandenen Federwege führen, was sich in einem harten Anschlagen am Ende des Federweges äußert. Um dieses harte Anschlagen zu vermeiden gibt es eine weitere Form der Dämpfung die nur in der Nähe der Extrempositionen der Federung wirkt – die sogenannte Endlagendämpfung. Über zusätzliche Elemente wird hier Bewegungsenergie abgebaut, bevor diese zum Anschlagen der Federung in den mechanischen Anschlag führt.

Im folgenden werden nun die Festkörperreibung, die Flüssigkeitsreibung und, als spezielles aber ausgesprochen wichtiges Gebiet, die Endlagendämpfung behandelt.

2.3.1 Dämpfung durch Festkörperreibung

Die Festkörperreibung wirkt als Widerstandskraft zwischen zwei mit der Normalkraft F_N aufeinandergepressten Festkörpern. Dabei wirkt die Normalkraft senkrecht zur beabsichtigten Bewegungsrichtung, die Widerstandskraft respektive Reibungskraft wirkt entgegengesetzt zur Bewegungsrichtung (Abb. 2.26).

Solange die Zugkraft F_Z eine bestimmte Grenze, die Haftreibungskraft $F_{\mu,H}$ nicht überschreitet findet keine Bewegung statt. Im Falle der Haftreibung ist die Reibungskraft F_μ stets so groß wie die Zugkraft F_Z, es herrscht Kräftegleichgewicht am betrachteten Festkörper. Die Haftreibungskraft $F_{\mu,H}$ ist zum einen von der Art der beiden Körper abhängig, insbesondere Material und Oberflächenbeschaffenheit, welche den Haftreibungskoeffizienten μ_H bestimmt, zum anderen ist sie auch von der Normalkraft F_N abhängig:

$$F_{\mu,H} = \mu_H \cdot F_N \tag{2.43}$$

Die Haftreibungskraft spielt damit eine zentrale Rolle bei Federungssystemen. Sie bestimmt, ab welcher Stärke der Anregung ein Federungssystem überhaupt wirksam ist. Bis zu dem Moment, ab dem die Haftreibung überschritten wird, stellt diese eine starre Kopplung zwischen Primär- und Sekundärseite des Federungssystems dar. Man spricht hierbei vom Ansprechverhalten einer Federung, d. h. ob diese sensibel auf kleinste Stöße reagiert und diese ausbügelt, oder diese Anregungen ungefedert durchgeleitet werden. Besonders hohe Haftreibungskräfte wirken an Elastomerdichtungen nach längerer Ruhezeit bei Kontakt mit Metall oder Keramik. Die hohen Adhäsionskräfte können dabei auch zur partiellen Zerstörung der Dichtung führen [MUE]. Wichtig: Da die Haftreibung nur dann wirksam ist, wenn keine Relativbewegung stattfindet, trägt diese auch nicht zur Dämpfung des Federungssystems bei!

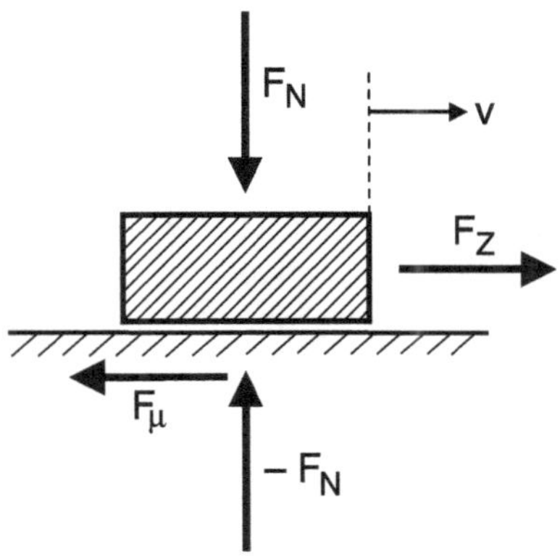

Abb. 2.26. Kräfte bei der Festkörperreibung

Überschreitet nun die Zugkraft die Haftreibungskraft, so fangen die beiden Festkörper an, aufeinander zu gleiten. Dann stellt sich die sog. Gleitreibungskraft $F_{\mu,G}$ ein, die dem Betrag nach teilweise deutlich unter der Haftreibungskraft liegt. Auch der Gleitreibungskoeffizient μ_G hängt im wesentlichen von der Art der Reibpaarung ab, darüberhinaus kann noch eine Geschwindigkeitsabhängigkeit hinzukommen.

$$F_{\mu,G} = \mu_G \cdot F_N \tag{2.44}$$

Durch die gleichzeitige und entgegengesetzt gerichtete Wirkung von Bewegung und Gleitreibungskraft wird nun also Bewegungsenergie in Wärme umgewandelt und damit dem Federungssystem entzogen. Je größer die im Federungssystem gespeicherte Energie, umso größer ist auch der Federweg, die Amplitude des Federungsvorganges. Dadurch ist auch die Energie umso größer, die dem Federungssystem pro Schwingung durch die Reibung entzogen wird. Man kann also davon sprechen, dass ein Dämpfer, der auf dem Prinzip der Festkörperreibung aufbaut, zumindest ansatzweise bedarfsgerecht arbeitet – dass dies noch besser geht wird im Unterkapitel „Dämpfung durch Flüssigkeitsreibung" gezeigt.

Die ersten Dämpfer, die in Federungssystemen eingesetzt wurden, basierten rein auf dem Prinzip der Festkörperreibung. Dazu gehören die bekannten Blattfedern ebenso wie die unbekannteren Torsions-Reibungsdämpfer, welche sogar in ihrer Dämpfungskraft über die Vorspannung eines Tellerfederpaketes eingestellt werden konnten. Dennoch hat sich dieses Prinzip nicht durchsetzen können, da die reinen Reibungsdämpfer stets den Nachteil des schlechten Ansprechverhaltens mit sich brachten.

Festkörperreibung tritt in Federungssystemen vor allem in Lagerstellen auf, die zur Bereitstellung des Federweges zwingend erforderlich sind. Dazu kommt dann bei hydropneumatischen Federungssystemen noch die Reibung in den Federungszylindern. Diese Reibung entsteht sowohl in den Führungselementen der Zylinder als auch in den Dichtelementen.

Die Reibung in den Führungselementen kann sehr gering gehalten werden, wenn man darauf achtet, dass man die Zylinder möglichst frei von Querkräften hält. Dies betrifft sowohl äußere Querkräfte F_Q, die bei einer festen Einspannung einer Seite des Zylinders auftreten können, als auch innere Querkräfte, die durch eingeleitete Biegemomente innerhalb des Zylinders generiert werden. Die Kraft in der Stangenführung F_{SF} und die Kraft in der Kolbenführung F_{KF} wirken jeweils als Normalkräfte, welche die Führungselemente auf ihre Reibpartner pressen und dadurch entsprechende Reibungskräfte verursachen (Abb. 2.27).

Wie man erkennt wird der Stützabstand e zwischen Stangen- und Kolbenführungselement immer kleiner, je weiter der Zylinder ausfedert. Neben einer möglichen Knickgefahr der Kolbenstange, werden so (bei konstanter äußerer Querkraft bzw. konstantem Biegemoment) auch die Kräfte in Stangen- und Kolbenführung größer, wodurch auch die Reibungskräfte ansteigen.

Demgegenüber ist die Reibung in den Dichtelementen der Federungszylinder prinzipbedingt unvermeidlich. Die Dichtelemente müssen einen hydraulischen Druck abdichten und benötigen dafür eine Anpresskraft, welche die Dichtkante auf die entsprechende Gegenfläche drückt. Durch diese Normalkraft entsteht als Nebenprodukt der Dichtwirkung auch eine Festkörperreibung. Da bei hydropneumatischen Federungssystemen sehr hohe Drücke abgedichtet werden müssen, ist entsprechend auch mit hohen Reibungskräften zu rechnen. Umso wichtiger ist eine optimale Gestaltung der Dichtungselemente bei diesen Systemen ([TRA90], [GES97], [FIS06]). Hierzu gehört neben der richtigen Wahl der Geometrie der Dichtlippe(n) bei der Auslegung des Federungssystems auch die richtige Auswahl der abzudichtenden Drücke und der abzudichtenden Durchmesser. Auch letzterer hat einen leicht zu veranschaulichenden Einfluss: Je größer der abzudichtende Durchmesser, umso größer ist die Länge der Dichtkante(n) und umso größer sind damit also auch die Reibkräfte.

Interessant ist hier die Betrachtung der folgenden Aufgabe: Es ist ein hydraulisch vorgespanntes hydropneumatisches Federungssystem auszulegen, welches

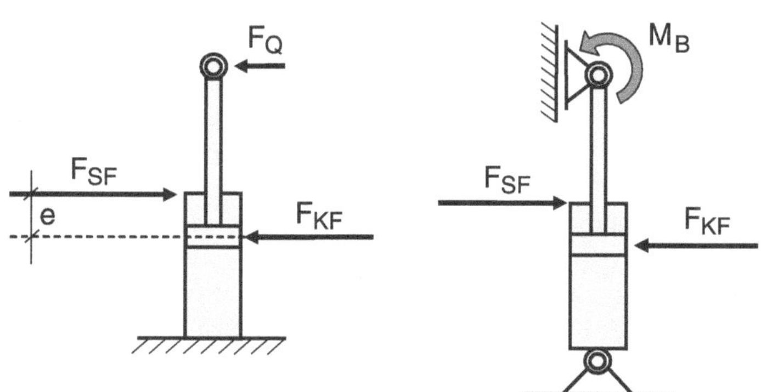

Abb. 2.27. Querkräfte in den Führungselementen eines Federungszylinders

bei einem festgelegten Kolbendurchmesser eine bestimmte hydraulische Vorspannkraft aufweist. Entsprechend Gleichung (2.36) ist

$$F_V = p_V \cdot A_R \,.$$

D. h. man kann ein und dieselbe Vorspannkraft mit niedrigem Vorspanndruck und großer Ringfläche (und damit kleinem Stangendurchmesser) oder mit hohem Vorspanndruck und kleiner Ringfläche (und damit großem Stangendurchmesser) erreichen. Aufgrund der oben angeführten Argumente ist es daher bei genauer Betrachtung gleich doppelt sinnvoll, p_V klein und A_R groß zu wählen: Der abzudichtende Druck und die Länge der Dichtkante sind geringer – beides hat geringere Dichtungs-Reibungskräfte zur Folge. Der in Abschnitt 2.2.5 angestellte Vergleich der beiden konstant hydraulisch vorgespannten Systeme TLS I von John Deere (geregelter, niedriger Ringraumdruck) mit der Vorderachsfederung von Fendt (konstant hoher Ringraumdruck = maximaler Systemdruck) ist vor diesem Hintergrund besonders interessant.

Weiterhin von Bedeutung ist aber auch die mechanische Auslegung des Federungssystems: Geht man einmal davon aus, dass das System auf dem Prinzip einer Schwingenlagerung basiert, so hat man verschiedene Möglichkeiten, den Federungszylinder zu platzieren. Je weiter entfernt der Zylinder vom Schwingendrehpunkt eingebaut wird, umso größer ist die erforderliche Hublänge zur Bereitstellung des gewünschten Federweges. Geht man sinnvollerweise von einem konstanten Druck im Federungssystem aus, so muss der Kolbendurchmesser umso größer werden, je näher der Zylinder an den Schwingendrehpunkt rückt, wenn die gleiche gefederte Last zugrunde gelegt wird (Abb. 2.28).

Setzt man nun voraus, dass pro mm Dichtkantenlänge eine bestimmte Reibungskraft entsteht, so kann man rechnerisch nachweisen, dass sich ein umso günstigeres Verhältnis von Federkraft zu Reibungskraft ergibt, je näher man den Zylinder am Schwingendrehpunkt platziert. Dies hängt damit zusammen, dass sich die hydraulisch tragende Fläche quadratisch mit dem Kolbendurchmesser erhöht, der Umfang und damit die nötige Dichtkantenlänge aber nur linear! In der Realität muss jedoch beachtet werden, dass durch geometrische Sprünge innerhalb einer

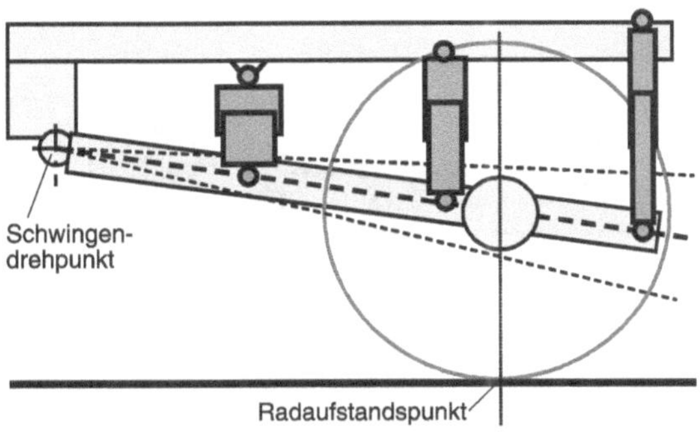

Abb. 2.28. Zylinderabmessungen in Abhängigkeit der Lage zum Schwingendrehpunkt

Dichtungsbaureihe die obige Voraussetzung nicht immer gegeben ist. Weiterhin muss auch berücksichtigt werden, dass die Kräfte im Schwingenlager ebenfalls ansteigen, wenn man den Federungszylinder sehr nahe an es heranrückt – dies kann wiederum hier zu einem Anstieg der Reibung führen. Letztenendes wird immer wieder das Experiment genauen Aufschluss darüber geben, wie gut ein Federungssystem ausgelegt ist.

2.3.2 Dämpfung durch Flüssigkeitsreibung

In einem hydropneumatischen Federungssystem dient Öl als Medium zur Übertragung des Druckes von den Zylinderwirkflächen zum Druckspeicher. Aufgrund der Federbewegung strömt dieses Öl zwischen Zylinder und Druckspeicher hin und her. Setzt man nun dem Flüssigkeitsstrom einen Widerstand entgegen, so wird die Bewegungsenergie des Öls aufgrund interner Scherströmungen in diesem Strömungswiderstand in Wärme umgewandelt. Der Strömungswiderstand erzeugt dabei einen Druckverlust Δp, welcher über die Zylinderwirkflächen als Dämpfungskraft wirksam wird (Abb. 2.29).

$$F_{D,hyd} = \Delta p \cdot A_Z \tag{2.45}$$

$$P_{D,hyd} = F_{D,hyd} \cdot v = \Delta p \cdot \dot{V} \tag{2.46}$$

Charakteristisch für die Flüssigkeitsreibung ist nun, dass der Druckverlust vom Volumenstrom abhängig ist, der durch den Strömungswiderstand fließt. Folglich ist hier die Dämpfungskraft im Gegensatz zur Festkörperreibung auch geschwindigkeitsabhängig. Somit findet die Energie, die im Federungssystem gespeichert ist, bei der Dämpfungsenergie gleich zweifach Berücksichtigung: einmal über die Amplitude der Schwingung und dadurch zum zweiten indirekt auch über die Geschwindigkeit der Federbewegung.

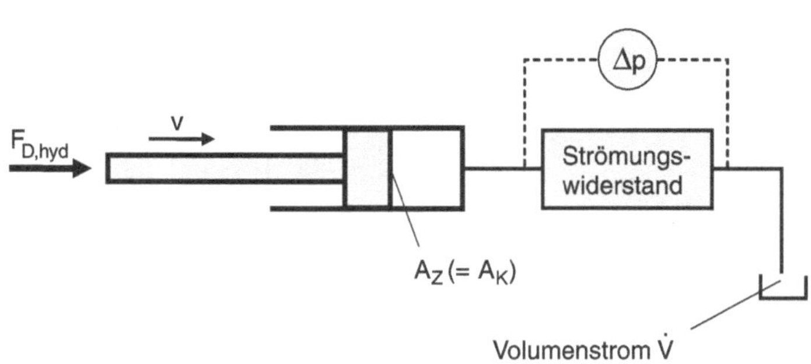

Abb. 2.29. Wirkprinzip der Dämpfung durch Flüssigkeitsreibung

Dabei gibt es zwei Grundarten von Strömungswiderständen, die jeweils eine unterschiedliche Abhängigkeit des Druckverlustes vom Volumenstrom zeigen:

- Drossel: Hier wird die Strömung über einen langsamen Übergang des Strömungsquerschnittes von weit auf eng wieder auf weit abgebremst. Im engen Querschnitt liegt dabei eine hohe Strömungsgeschwindigkeit vor, welche aufgrund des starken Geschwindigkeitsabfalles zur Wand hin hohe Scherkräfte und damit den Druckverlust erzeugt. Dieser ist daher theoretisch bzw. idealerweise proportional abhängig vom Volumenstrom. Weiterhin ergibt sich durch die vergleichsweise große benetzte Oberfläche der Drossel eine direkte Abhängigkeit von der Viskosität des Hydraulikfluids. Dies ist insbesondere wichtig, weil die meisten Hydraulikflüssigkeiten eine stark temperaturabhängige Viskosität besitzen (Abb. 2.30) und die Dämpfung damit temperaturabhängig ist. Eine durchaus beachtenswerte Tatsache ist auch die Änderung der Ölviskosität mit dem Druck. Wie dem Diagramm entnommen werden kann, steigt die kinematische Viskosität ν bei der ISO-Bezugstemperatur 40°C bei 200 bar um etwa 50% gegenüber dem Wert bei 0 bar. Die durch höhere Lasten verursachten höheren Drücke tragen dadurch, wenn auch nur geringfügig, automatisch zu einer höheren Dämpfung bei.
  Der Druckverlust an einer Drosselbohrung ist also:

$$\Delta p = \dot{V} \cdot \nu \cdot \rho \cdot K_D \tag{2.47}$$

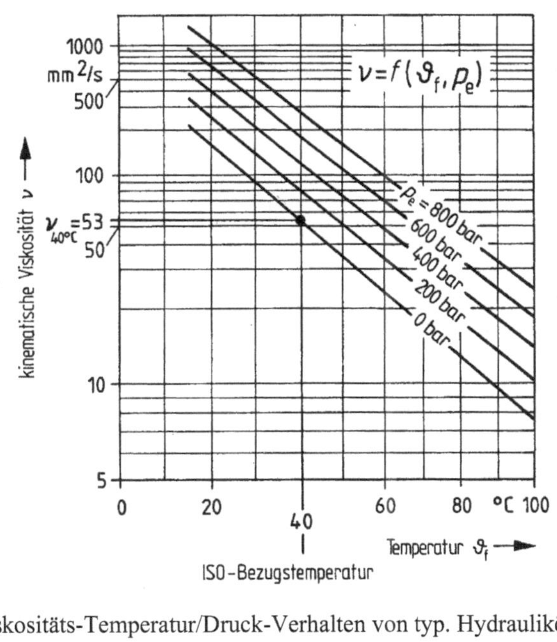

Abb. 2.30. Viskositäts-Temperatur/Druck-Verhalten von typ. Hydrauliköl nach [FIN06]

wobei ρ die Dichte des Hydraulikfluids ist und sich die Drosselkonstante K_D aus den geometrischen Abmessungen der Drossel ergibt.

$$K_D = \frac{128 \cdot l_D}{\pi \cdot d_D^4} \tag{2.48}$$

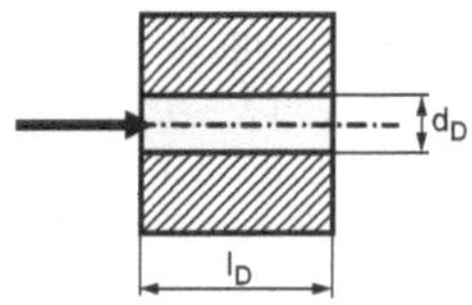

Typische Strömungswiderstände mit Drosselcharakter sind z. B. Rohr- und Schlauchleitungen, Schlaucharmaturen, Bohrungen in Steuerblöcken oder auch gerade Einschraub-Verschraubungen mit abgestimmtem Querschnitt.

- Blende: Die Strömung erfährt einen bzw. mehrere plötzliche Übergänge weit/eng/weit. Dadurch kommt es zur Bildung von starken Verwirbelungen in der Hydraulikflüssigkeit, welche über innere Reibung die Entstehung von Wärme und damit einen Entzug der Energie aus dem Federungssystem bewirken. Diese Art von Strömungswiderstand hat im Idealfall eine quadratische Abhängigkeit des Druckverlustes vom Volumenstrom und arbeitet aufgrund der sehr geringen benetzten Oberfläche im Idealfall viskositäts- und damit nahezu temperaturunabhängig.

$$\Delta p = \dot{V}^2 \cdot K_B \tag{2.49}$$

Die Blendenkonstante K_B ist neben der Geometrie der Blende auch von der Dichte der Hydraulikflüssigkeit abhängig:

$$K_B = \frac{8 \cdot \rho}{\alpha_D \cdot d_B^4} \tag{2.50}$$

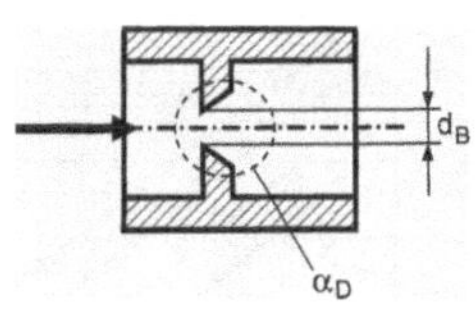

Der Wert α_D wird als Durchflusskoeffizient bezeichnet und ist insbesondere von der Geometrie der Einströmkante abhängig.

Typische Strömungswiderstände mit Blendencharakter sind z. B. gebohrte Winkelverschraubungen, 90°-Umlenkungen in Bohrungen von Steuerblöcken sowie Querschnittssprünge aller Art wie z. B. die Strömung durch eine Zylinderwandbohrung in/aus Kolben- oder Ringraum. Abbildung 2.31 vergleicht nun das Verhalten von Drossel und Blende und zeigt auch den Viskositätseinfluss.

Mehr zu den Strömungswiderständen Blende und Drossel findet sich in der hydraulischen Grundlagenliteratur (z. B. [MUR01], [FIN06], [EBE74]) und wird daher hier nicht weiter behandelt. Dort finden sich auch Details über Strömungswiderstände in den Verbindungselementen (z. B. Rohre und Schläuche). Diese gelten für hydropneumatische Federungssysteme gleichermaßen wie für alle anderen hydraulischen Schaltungen.

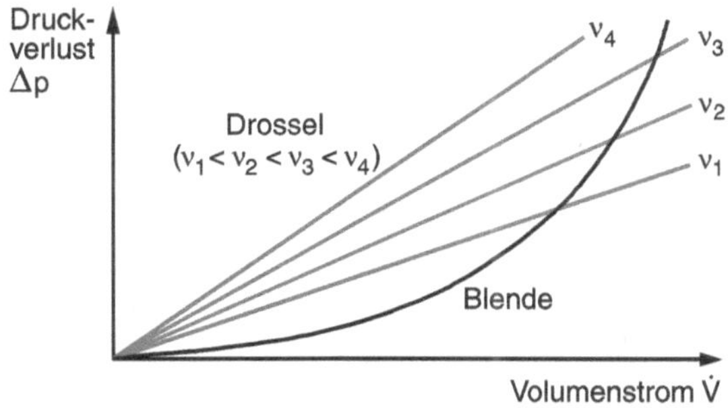

Abb. 2.31. Δp als Funktion des Volumenstromes und der Temperatur

In der Praxis hat man fast nie einen Strömungswiderstand in Reinform vorliegen, sondern stets eine Mischform aus den beiden oben genannten Grundarten. Man kann dann höchstens von einem Strömungswiderstand mit „Drosselcharakter" oder mit „Blendencharakter" sprechen, je nachdem welcher Einfluss überwiegt.

Generell bevorzugt man eine im wesentlichen temperaturunabhängige Funktion der Dämpfung. Auf den ersten Blick scheint daher ein Strömungswiderstand mit möglichst starkem Blendencharakter erste Wahl zu sein. Allerdings muss man hier vorsichtig sein: Aufgrund seines Verhaltens bedämpft dieser Widerstand kleine Schwingungen nur sehr schwach und bewirkt dadurch langes, leichtes Nachschwingen, sowie bei kleinen Anregungen ein Gefühl der „losen Anbindung" von Sekundär- zu Primärseite. Zum anderen werden kurze starke Stöße aufgrund der quadratischen Abhängigkeit extrem stark bedämpft, wodurch diese nahezu ungemindert von der Primär- auf die Sekundärseite weitergegeben werden. Das Federungsverhalten eines solchen Systems ist also nur begrenzt zufriedenstellend.

Aus diesem Grund hat man in der Dämpfertechnik Strömungswiderstände ausgeklügelt, die von ihrem Verhalten her häufig eine vergleichsweise starke Grunddämpfung bereits bei niedrigen Federgeschwindigkeiten über einen der o. g. Widerstände erzeugen. Hierdurch wird gewährleistet, dass insbesondere beim Einsatz in Fahrwerken eine „gute Rückmeldung" vom Fahrwerk gegeben und die Fahrsicherheit bei schnellen Ausweichmanövern verbessert wird. Damit diese erhöhte Grunddämpfung aber im Bereich hoher Federgeschwindigkeiten keine extremen Ausmaße annimmt, wird dem Strömungswiderstand eine Art Druckbegrenzungsventil zur Seite gestellt, das sich bei zu hohen Druckverlusten öffnet und den Druckverlust und damit die Dämpfungskraft auf einem aus Sicht des Komforts akzeptablen Niveau hält (Abb. 2.32, siehe auch Kap. 4.3.2). Man erkennt die beginnende Wirkung des Druckbegrenzungsventils als Knick in der Dämpferkennlinie. Dieses Ventil hat weiterhin den Vorteil, dass die Druckbegrenzung temperaturunabhängig einsetzt, d. h. der Knick in der Kennlinie liegt stets in etwa demselben Bereich. Zu beachten ist, dass **nur** in dieser Darstellung im Gegensatz zur bisherigen Definition, aber entsprechend der Konventionen der Stoßdämpfertechnik, Kraft und Weg in der Druckstufe (Einfedern) negativ und Kraft und Weg in der Zugstufe (Ausfedern) positiv definiert sind.

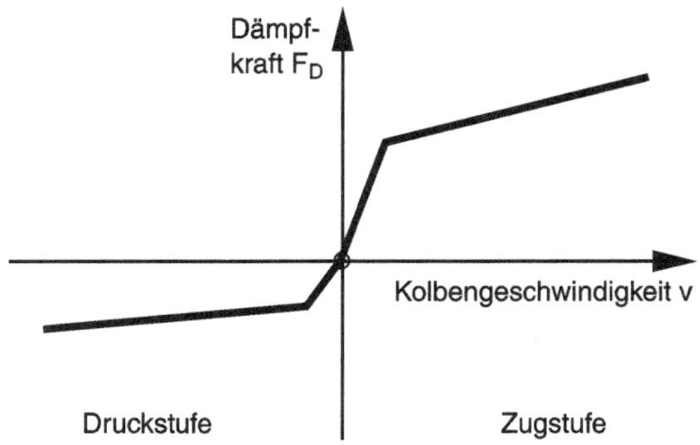

Abb. 2.32. Dämpferkraft als f(v) bei einem Automobil-Schwingungsdämpfer

In obiger Abbildung ist zu erkennen, dass die Dämpferkräfte in der Druckstufe geringer sind als in der Zugstufe. Diese auf den ersten Blick ungleichmäßige Aufteilung berücksichtigt, dass Einfedervorgänge (z. B. aufgrund des Überfahrens eines Hindernisses) üblicherweise schneller vonstatten gehen als Ausfedervorgänge und beim Einfedern ohnehin schon die Zunahme der Federkraft eine bremsende Wirkung hat. Durch die gezeigte Aufteilung (üblicherweise Zugstufe zu Druckstufe = 2 : 1) erhält man eine wirkungsvollere Reduzierung der Beschleunigungen auf der Sekundärseite als dies durch gleich starke Strömungswiderstände bei Zug- und Druckstufe möglich wäre.

In hydropneumatischen Federungssystemen ist durch den Weg des Öles von der Wirkfläche im Zylinder bis zum Druckspeicher und die dazwischen liegenden hydraulischen Leitungskomponenten bereits eine gewisse Grunddämpfung vorgegeben, die im wesentlichen von den Abmessungen dieser Komponenten abhängt. In vielen Federungssystemen wird die Dämpfung durch Flüssigkeitsreibung allein durch diese Leitungselemente bestimmt. Diese wurden im Idealfall im Versuch auf die richtige Dimensionierung hin getestet und ggf. angepasst. Manche Systeme lassen jedoch vermuten, dass dies nicht, oder nicht hinreichend durchgeführt wurde. Insbesondere Systeme mit sehr langen Wegen zwischen Federungszylinder und Druckspeicher zeigen nur einen Teil ihres Potentials, das mit kürzeren Leitungswegen möglich wäre. Daher ist schon bei der grundlegenden Konstruktion des Federungssystems darauf zu achten, dass Federungszylinder und Druckspeicher nahe zusammen liegen. Je niedriger die Grunddämpfung liegt, umso mehr Einflussmöglichkeiten hat man, die Dämpfungscharakteristik des Systems zu verbessern, indem man gezielt weitere Dämpfungselemente mit einbringt.

Diese Einflussmöglichkeit lässt sich dann gezielt ausnutzen, um die Dämpfung der Federrate jeweils anzupassen. Insbesondere beim hydropneumatischen Federungssystem mit seiner starken Veränderung der Federrate ist dies von Vorteil. Es reicht nicht allein, bei einer Veränderung der statischen Federlast die Federrate anzupassen und damit die Eigenfrequenz näherungsweise konstant zu halten. Vielmehr ist auch eine Anpassung der Dämpfungskräfte nötig, um die auf der Primärseite eingebrachte Energie auch wieder aus dem Federungssystem herauszunehmen. Bei LKW mit Luftfederung gibt es dies bereits: Die Dämpfer werden in Abhängigkeit vom mittleren Druck im Luftbalg verstellt und damit der statischen Federlast angepasst (ZF Sachs PDC – Pneumatic Damping Control [MUR98]).

Zu diesem Zweck benötigt man einen gezielt einstellbaren Strömungswiderstand, der entweder direkt hydraulisch vom kolbenseitigen Druck verstellt wird oder elektrisch verstellbar ist und über eine entsprechende Elektronik angesteuert wird. Letztere Methode bietet auch die Möglichkeit weitere Informationen gezielt mit in die korrekte Wahl der nötigen Dämpfungskräfte einzubeziehen. Aussagekräftige Parameter sind hier z. B. die Öltemperatur (und damit -viskosität), bestimmte Betriebszustände oder Fahrereinstellungen. Mit einem ausreichend schnell verstellbaren System kann auch eine semi-aktive Federung über den Skyhook-Algorithmus oder eine Endlagendämpfung (siehe folgender Abschnitt) realisiert werden. Dabei muss die Verstellung des Strömungswiderstandes nicht zwangsweise kontinuierlich erfolgen wie beispielsweise beim ZF Sachs CDC-System (Continuous Damping Control) – [REI05] und [EUL03]. Auch eine gestufte Verstellbarkeit kann schon zu guten Ergebnissen führen, wie dies beim in Zug- und Druckstufe jeweils zweistufig verstellbaren Dämpfungssystem ADS (Adaptives Dämpfungs System) von Bilstein der Fall ist [SCM00].

2.3.3 Endlagendämpfung

Eine diesbezüglich sehr wichtige Regel in der Federungstechnik lautet:

„Ein passives Federungssystem, das im Betrieb niemals seine Endlagen erreicht, ist wahrscheinlich zu hart ausgelegt“.

Was steckt hinter diesem Satz? Jedes Federungssystem hat nur einen bestimmten Federweg zur Verfügung, um die von der Primärseite kommenden Anregungen auszugleichen. Je weicher man ein Federungssystem auslegt, umso komfortabler arbeitet es, umso größer wird allerdings auch der Verfahrweg der Feder bei bestimmten Anregungen. Überschreiten die Anregungen nun eine bestimmte Grenze, wird der Verfahrweg größer als der zur Verfügung stehende Federweg und die Federung geht mechanisch auf Anschlag. Dadurch kommt es zeitweise zu sehr hohen Beschleunigungen und Kräften, welche als unkomfortabel empfunden werden und auch die Komponenten überlasten können.

Verhärtet man nun also Federung und Dämpfung, so dass selbst bei extremen Anregungen nie der zur Verfügung stehende Federweg überschritten wird, vermeidet man dieses Problem. Nur handelt man sich damit im gleichen Zug auch eine Komfortverschlechterung in allen anderen Fahrsituationen ein. Wichtig ist daher auch, die Häufigkeit der verschiedenen Anregungen zu betrachten, um ein Optimum für die Härte von Federung und Dämpfung zu finden. Dabei findet man dann heraus, dass es durchaus akzeptabel sein kann, dass die Federung gelegentlich etwas durchschlägt, wenn gleichzeitig der Komfort insgesamt durch eine weichere Einstellung gesteigert werden kann. Unter Zuhilfenahme einer Endlagendämpfung kann das Federungssystem in seiner Grundabstimmung nochmals deutlich weicher ausgelegt werden, da die (seltenen) Situationen des Endanschlags nun weicher abgefedert werden. Insgesamt ergibt sich dadurch ein merklicher Komfortgewinn.

Um die Härte der mechanischen Anschläge am Ende des Federweges zu verringern ist es erforderlich, die Geschwindigkeit des Kolbens gegenüber dem Zylinder abzubremsen. Günstigerweise handelt es sich hier um eine gleichmäßige bis leicht progressive Abbremsung, d. h. die Beschleunigung ist konstant bzw. nimmt mit zunehmender Nähe zur Endlage leicht zu. Ideal ist dabei ein System, welches die bis zum mechanischen Anschlag abzubauende kinetische (Überschuss-) Energie erkennt und seine Eigenschaften derart anpasst, dass energieunabhängig eine gleichmäßige Abbremsung über den gesamten Weg der Endlagendämpfung ermöglicht wird und am Ende die Geschwindigkeit vollständig abgebaut ist.

Viele Federungssysteme arbeiten zur **Endlagendämpfung mit Elastomerblöcken**, welche die Federbewegung kurz vor Erreichen des Anschlages abbremsen, indem sie der Bewegung eine zusätzliche Federsteifigkeit mit geringfügiger Dämpfung entgegenstellen. Streng genommen ist dieses System also mehr eine Endlagenzusatzfeder als eine Endlagendämpfung. Die Federkraft und somit auch die Verzögerung der Bewegung nimmt vom ersten Kontakt zum Elastomer bis zum mechanischen Anschlag nahezu linear bzw. überproportional zu. Letzteres Verhalten kann v. a. mit der Form des Elastomerblockes beeinflusst werden. Diese Auslegung ermöglicht es, dass das System weniger starke Stöße mit geringer Federkraft weich abfängt und dennoch extreme Schläge ertragen kann, ohne mechanisch „auf Block“ zu gehen. Durch die dabei auftretenden hohen Beschleunigungen ist diese Art der Endlagendämpfung dann allerdings teils deutlich spürbar. Beim Zurückfedern in Richtung Mittellage entspannt sich das Elastomer dann wieder und gibt den Großteil der zugeführten Energie wieder ab. Der Rest verbleibt über die Dämpfungswirkung als Wärme im Elastomer – charakterisiert durch den sogenannten Verlustwinkel des Elastomers.

Ein großer Nachteil der Elastomerblöcke ist, dass der Werkstoff selbst je nach Häufigkeit der Beanspruchung und Umgebungsbedingungen auch einer starken Alterung und Setzung unterworfen ist und daher ggf. regelmäßig ausgetauscht werden muss. Um die Elastomerelemente nicht zu überlasten, wird in vielen Fällen nicht das Element selbst zur Wegbegrenzung benutzt, sondern es wird ein zusätzlicher mechanischer Anschlag vorgesehen, der die Verformungen des Elastomers auf ein dauerhaft verträgliches Maß begrenzt.

Beim hydropneumatischen Federungssystem bietet sich eine weitere Form der Endlagendämpfung an, die innerhalb des Zylinders untergebracht ist. Auch hier kann theoretisch mit Elastomerelementen gearbeitet werden, viel häufiger wird jedoch die **hydraulische Endlagendämpfung** gewählt. Im Gegensatz zu den Elastomerelementen wird hier also in den Endlagen keine zusätzliche Federkraft mit geringfügiger Dämpfungswirkung, sondern eine reine zusätzliche Dämpfungskraft aufgebracht.

Die Wirkung der hydraulischen Endlagendämpfung wird dadurch erreicht, dass in einem beliebig definierbaren Abstand vor Erreichen der Endlage der Querschnitt verkleinert wird, durch welchen das Öl aus dem jeweiligen Zylinderraum abfließt – beim Einfedern also aus dem Kolbenraum, beim Ausfedern aus dem Ringraum. Dadurch wird eine Druckdifferenz über dem Querschnitt und damit ein

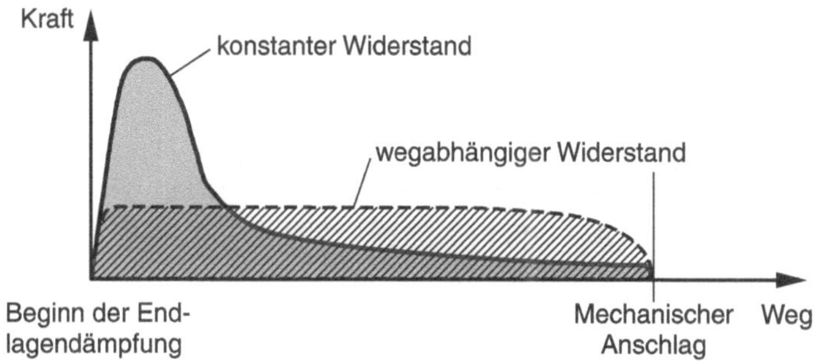

Abb. 2.33. Kraft-Weg-Verlauf bei konstantem und wegabhängigem Strömungswiderstand

Druckanstieg in dem jeweiligen Zylinderraum erreicht. Über die wirksame Fläche und die Druckdifferenz ergibt sich damit die zusätzliche Dämpfungskraft.

Gestaltet man nun den Durchflussquerschnitt variabel über dem Federweg, so hat man eine Möglichkeit, die Stärke des Strömungswiderstandes in Abhängigkeit der Position zu bestimmen. Damit kann ein gleichmäßigeres, niedrigeres Kraftniveau erreicht werden, als mit einem konstanten Strömungswiderstand. Durch die reduzierten Kraftspitzen werden auch die Beschleunigungen reduziert (Abb. 2.33). Zu beachten: Über dem Weg bis zum mechanischen Anschlag muss jeweils derselbe Energiebetrag abgebaut werden, das Kraft-Weg-Integral beider Kurven muss also identisch sein.

Zur Berechnung der Stärke des Strömungswiderstandes in Abhängigkeit des Weges geht man also davon aus, dass die Kraft auf die abzubremsende Masse und damit auch die auf sie wirkende Beschleunigung möglichst **konstant** bleiben muss. Die Veränderung der Federkraft über dem Weg der Endlagendämpfung sowie die Grunddämpfung des Systems sollen unberücksichtigt bleiben. Ihr Einfluss ist vergleichsweise gering und wirkt sich zusätzlich günstig (abbremsend) aus. Schematisch dargestellt wird damit folgendes System betrachtet:

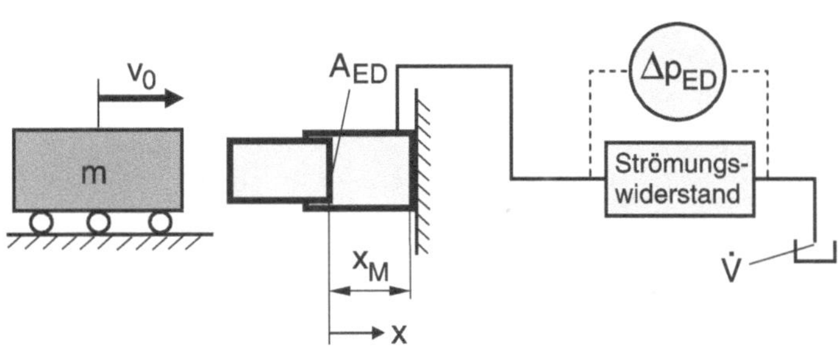

Abb. 2.34. Abbremsung einer Masse durch Zylinder und Strömungswiderstand

Damit kann man ansetzen:

$$F_{ED} = m \cdot a = const. \tag{2.51}$$

Da sich F_{ED} aus dem nötigen Druckverlust am Strömungswiderstand Δp_{ED} mal der während der Endlagendämpfung wirksamen Kolbenfläche A_{ED} ergibt, gilt also:

$$\Delta p_{ED} = \frac{F_{ED}}{A_{ED}} = \frac{m \cdot a}{A_{ED}} = const. \tag{2.52}$$

Unter der Annahme, dass es sich bei dem Strömungswiderstand um eine Blende handelt, kann man entsprechend Abschnitt 2.3.2 ansetzen:

$$\Delta p_{ED} = \dot{V}^2(x) \cdot K_B(x) \tag{2.53}$$

und mit

$$\dot{V}(x) = v(x) \cdot A_{ED} \tag{2.54}$$

ergibt sich durch Auflösen nach $K_B(x)$

$$K_B(x) = \frac{\Delta p_{ED}}{v^2(x) \cdot A_{ED}^{\;2}} \tag{2.55}$$

Für die Geschwindigkeit v kann man entsprechend der allg. Formeln der Kinematik (z. B. in [KUC87]) ansetzen:

$$v(x) = \sqrt{v_0^{\;2} + 2 \cdot a \cdot x} \tag{2.56}$$

wobei v_0 die Ausgangsgeschwindigkeit ist und a als wirksame Beschleunigung aufgrund der Abbremsung der Bewegung negativ (!) ist.

Durch Einsetzen von Gl. 2.52 und Gl. 2.56 in Gl. 2.55 erhält man

$$K_B(x) = \frac{m \cdot a}{A_{ED}^{\;3} \cdot (v_0^{\;2} + 2 \cdot a \cdot x)}$$

$$\text{(nur definiert für } 0 < x < -\frac{v_0^{\;2}}{2 \cdot a}\text{)} \tag{2.57}$$

Für eine Drossel erhält man dementsprechend

$$K_D(x) = \frac{m \cdot a}{A_{ED}{}^2 \cdot \nu \cdot \rho \cdot \sqrt{v_0^2 + 2 \cdot a \cdot x}}$$

$$\text{(nur definiert für } 0 < x < -\frac{v_0^2}{2 \cdot a}) \tag{2.58}$$

Die Abbremsung a muss dabei stets auf das in der Praxis maximal auftretende $v_{0,max}$ und bei variabler Masse auch auf die maximale Masse m_{max} ausgelegt werden. Letztere muss dann durch die Endlagendämpfung innerhalb des verfügbaren Weges x_M bis zum mechanischen Anschlag auf $v = 0$ abgebremst werden.

$$a_{max} = -\frac{v_{0,max}{}^2}{2 \cdot x_M} \tag{2.59}$$

Es lässt sich darüberhinaus nachweisen, dass bei Anwendung der Gleichung 2.57 (Blende) für die bei der Auslegung zugrunde gelegte Masse unabhängig von v_0 eine gleichmäßige Abbremsung gewährleistet ist und stets der gesamte Weg der Endlagendämpfung ausgenutzt wird. Dadurch wird ein weicher Stoß und ein langsames Erreichen der Endlage deutlich weniger stark bedämpft als ein harter Schlag. Das System nimmt also immer nur soviel und so langsam Energie auf, wie erforderlich, damit der mechanische Anschlag nur sehr sanft erreicht wird (Abb. 2.35).

In der Praxis wird man zu Beginn der Endlagendämpfung den Durchflusswiderstand allmählich auf den laut Formel berechneten Sollwert steigern, damit die Abbremsung mit einem sanften Übergang auf das konstante Niveau gesteigert wird.

Wegen dieses Vorteils und der Tatsache, dass der Widerstand einer Blende nicht viskositätsabhängig ist, sollte für eine derartige Endlagendämpfung immer ein blendenartiger Widerstand vor einem drosselartigen bevorzugt werden. Wichtig an

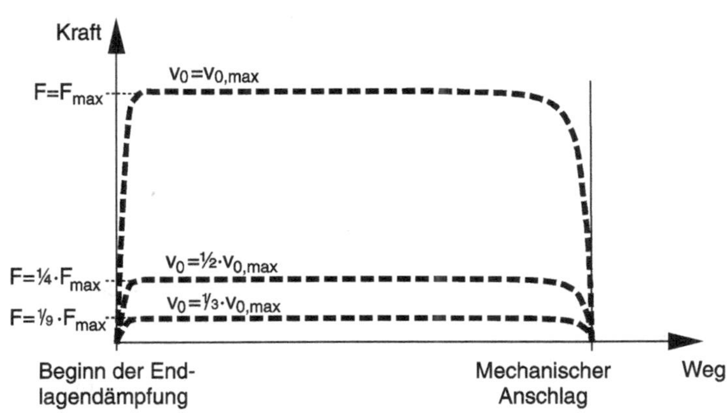

Abb. 2.35. Kraft-Weg-Verlauf für einen ideal ausgelegten, wegabhängigen Blendenwiderstand bei verschiedenen v_0

der hydraulischen Endlagendämpfung ist darüberhinaus, dass sie in der Gegenrichtung, wenn die Federung sich also wieder von der Endlage in Richtung Federwegmitte bewegt, möglichst keine zusätzliche Dämpfungskraft bewirkt. Damit wird erreicht, dass die Federung schnell wieder in den normalen Arbeitsbereich mit normalen Dämpfungs- und Komfortwerten gelangt.

Die hydraulische Endlagendämpfung arbeitet weitgehend verschleißfrei, es tritt lediglich eine zusätzliche Belastung des Öles aufgrund der Strömungsverhältnisse im Dichtspalt bzw. der Blende auf. Im Rahmen des normalen Ölservices kann dies jedoch mit abgedeckt werden. Insgesamt wird mit einer hydraulischen Endlagendämpfung eine deutliche Funktionsverbesserung gegenüber Elastomerelementen erreicht.

2.4 Kombinierte Wirkung von Federung und Dämpfung

Nachdem in den vorangegangenen Kapiteln jeweils die einzelnen Kraftkomponenten des Federungssystems hergeleitet wurden, werden diese nun zusammengesetzt und ganzheitlich betrachtet. Basis für die Betrachtung ist die Anregung der Primärseite mit einer Sinusschwingung, während die Sekundärseite festgehalten wird.

Die Versuchsbedingungen lehnen sich an die Methodik an, die für die Bestimmung von Kennlinien, z. B. für handelsübliche Automobil-Schwingungsdämpfer, Verwendung findet. Dabei wird die Kraft-Weg-Kennlinie des Dämpfers bei einer Amplitude von 100 mm jeweils für verschiedene Anregungsfrequenzen f_A gemessen. Da die Anregungsfrequenz (bei konstanter Amplitude) die (maximale) Verfahrgeschwindigkeit des Dämpfers im Nulldurchgang bestimmt, erhält man über diese Versuche also Aufschluss über das Verhalten der Dämpfkraft in Abhängigkeit von der Verfahrgeschwindigkeit. Entnimmt man nun diesen Diagrammen jeweils die maximale Kraft (Zugstufe) und minimale Kraft (Druckstufe) im Nulldurchgang und trägt diese in einem Diagramm über der entsprechenden Verfahrgeschwindigkeit im Nulldurchgang auf, so erhält man die charakteristische Dämpferkennlinie (Abb. 2.36).

Dieser Versuch lässt sich auch auf ein hydropneumatisches Federungssystem übertragen. Dabei soll im folgenden aber das Hauptaugenmerk auf die Kraft-Weg-Kennlinie gerichtet werden. Diese Kennlinie kann nun nur aufgrund der theoretischen Betrachtungen aus den Einzelkennlinien der Federwirkung, der Festkörperreibung, der Flüssigkeitsreibung sowie ggf. der Endlagendämpfung synthetisiert werden. Betrachtet werden soll ein Federungssystem ohne Vorspannung, welches reibungsbehaftet und über eine einfache Drossel flüssigkeitsbedämpft ist. Dieses System soll mit einer Sinusschwingung einer festen Amplitude auf der Primärseite angeregt werden, während die Sekundärseite festgehalten wird. Dadurch ergeben sich aus den vorangegangenen theoretischen Betrachtungen die in Abb. 2.37 dargestellten Einzelkennlinen:

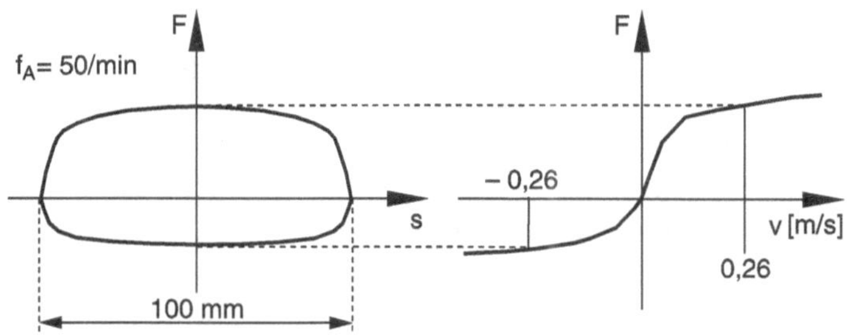

Abb. 2.36. Kraft-Weg-Kennline eines Dämpfers und daraus abgeleitetes Kraft-Geschwindigkeits-Diagramm

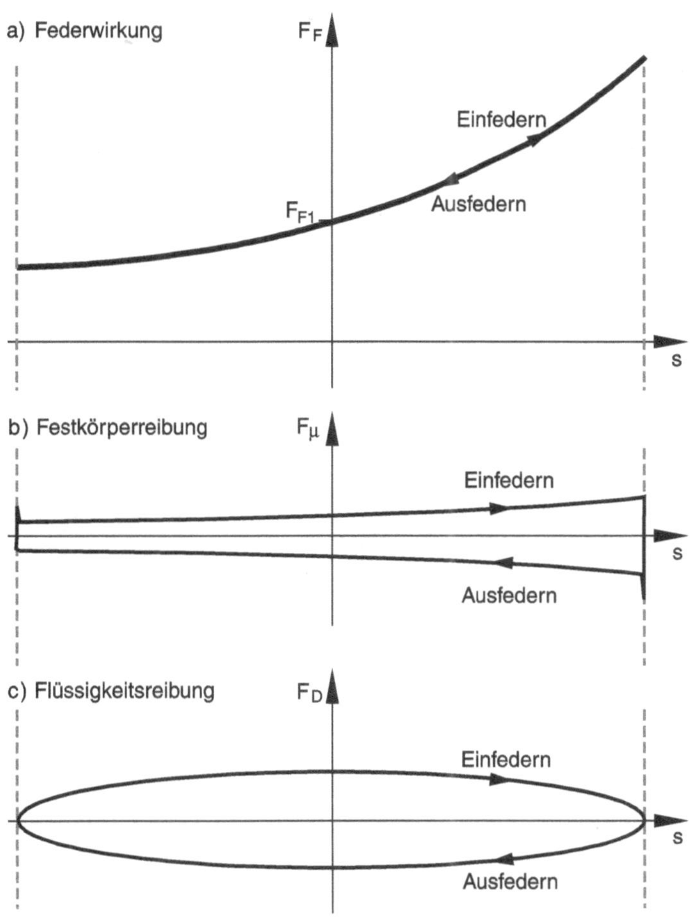

Abb. 2.37. Kennlinie der Federwirkung (a) , der Festkörperreibung (b) und der Flüssigkeitsreibung (c)

Die Federwirkung ist idealisiert sowohl beim Einfedern als auch beim Ausfedern gleich, damit verlaufen die Kennlinien ohne Hysterese auf einer Linie, im Gegensatz zu den Kennlinien b) und c), bei denen eine deutliche Hysterese zu erkennen ist. Die Kurve für die Reibung ist im Diagramm übertrieben dargestellt – so groß sollten die Reibungskräfte in der Praxis nicht sein. Jeweils an den Endpunkten (rechts und links) mit $v = 0$ m/s kommt es zum Übergang von Gleit- zu Haft- zu Gleitreibung. Wichtig bei den Reibungskräften ist auch, dass sie abhängig vom Öldruck im ausgefederten Zustand (links) geringer sind als im eingefederten Zustand (rechts). Die Dämpfungskräfte durch die Flüssigkeitsreibung erreichen wie im o. g. Dämpferversuch im Nulldurchgang ihr Maximum. Setzt man die Einzelkennlinien nun zusammen, so ergibt sich das für die hydropneumatische Federung charakteristische Kraft-Weg-Diagramm (Abb. 2.38):

Dieses Diagramm wird in dieser oder ähnlicher Form in jedem Versuch mit einem hydropneumatischen Federungssystem bei Messung der Kraft-Weg-Kurve auftreten. Solche Messungen geben Aufschluss über die Ausprägung der einzelnen Charakteristika wie Federrate, Festkörperreibung und Flüssigkeitsdämpfung. Man kann diese Informationen dadurch herausfiltern, indem man die Kurve entsprechend der eben gezeigten Methode wieder in ihre Einzelbestandteile zerlegt.

Noch mehr Information erhält man, wenn man die Messungen bei verschiedenen Amplituden, Federlasten, Ölviskositäten (bzw. -temperaturen) bzw. mit unterschiedlichen Frequenzen durchführt. Dann lassen sich Rückschlüsse ziehen wie z. B.:

a) Welcher Adiabatenexponent für die Rechnung unter den gegebenen Bedingungen gültig ist (aus dem Verlauf der reinen Federkennlinie und dem Vergleich mit den berechneten Werten).
b) Ob die Flüssigkeitsdämpfung eher einen Drossel- oder einen Blendencharakter hat (aus Temperaturabhängigkeit und Abhängigkeit der Dämpfungswirkung von der Amplitude und der Frequenz).
c) Wie groß die Haft- und die Gleitreibung sind und wie stark beide von den Zylinderdrücken beeinflusst werden (aus dem Vergleich der Messungen bei unterschiedlichen Amplituden und Federlasten).

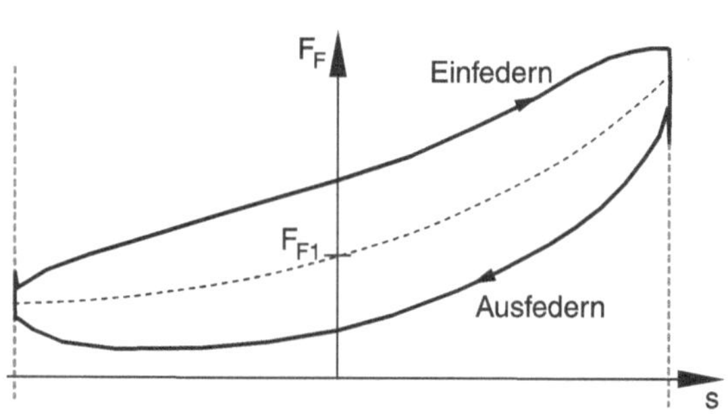

Abb. 2.38. Charakteristisches Kraft-Weg-Diagramm für die hydropneumatische Federung

Abbildung 2.39 zeigt ein real gemessenes Kraft-Weg-Diagramm einer hydropneumatischen Federung. Es konnten daraus unter anderem die Rückschlüsse a) und c) gewonnen werden. Es ist hier denkbar, dass die tatsächliche Höhe der Haftreibung aufgrund einer nicht ausreichenden Abtastfrequenz nicht erfasst wurde. Generell sollten zur Ermittlung der Reibung besondere Versuche bei geringer Anregungsfrequenz (typ. 0,01 Hz) erfolgen. Auch Simulationsergebnisse z. B. aus [HYV01] kommen zu einer nahezu identischen Diagrammform wie der unten gezeigten.

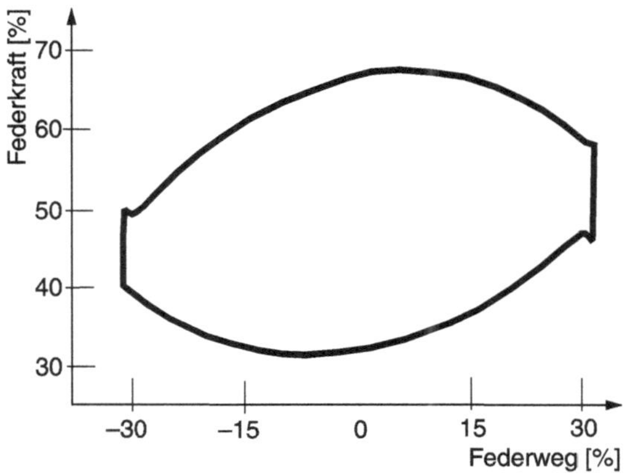

Abb. 2.39. Durch Messungen ermitteltes Kraft-Weg-Diagramm

3 Auslegung der hydropneumatischen Federungs- und Dämpfungselemente

Es sei zu Beginn dieses Kapitels nochmals explizit erwähnt, dass hier nicht die Bestimmung der optimalen Systemeigenschaften behandelt wird – dazu gibt es für konventionelle Federungssysteme bereits viele Hinweise in der Literatur (z. B. [REI89], [REI05], [CAU01], [KOC]). Vielmehr soll hier hergeleitet werden, wie Federungselemente ausgelegt werden sollen, um bereits bekannte, berechnete Systemeigenschaften wie z. B. die Federrate mit dem hydropneumatischen Federungssystem umsetzen zu können.

3.1 Auslegung der Federungselemente

Der vorherrschende hydraulische Druck im Federungssystem ist hier von überragender Bedeutung. Je nach Höhe des Druckes müssen die Elemente bzgl. ihrer Wirkflächen und auch ihrer mechanischen Stabilität gegenüber Innendruck ausgelegt werden.

Eine Vielzahl von Faktoren bestimmt nun diesen Druck, der erforderlich ist, bzw. der gewählt werden kann. Bestimmte Faktoren sind von außen vorgegeben, andere wiederum lassen sich noch frei wählen. Um einen Überblick zu verschaffen, sind in Abb. 3.1 zunächst die Faktoren zusammenfassend dargestellt, die den statischen kolbenseitigen Druck in Federungsmittellage bestimmen.

Links im Diagramm sind die Größen gelistet, die oftmals von außen vorgegeben sind:

- Da die Federung einen bestimmten Zweck erfüllen muss, ist dadurch automatisch auch der abzudeckende Bereich für die zu tragende statische Federlast vorgegeben.
- Auch die Federungsgeometrie, speziell die Position des Federungszylinders innerhalb der Aufhängung ist oftmals durch Bauraumbedingungen vorgegeben, was damit also auch das Hebelverhältnis i definiert (Übersetzungsverhältnis der Federungskinematik).
- Häufig existiert (z. B. in einem Baufahrzeug) bereits eine Hydraulikversorgung. Will man diese – wie normalerweise üblich – auch für die Federung verwenden ist der maximal verfügbare Versorgungsdruck bereits definiert.

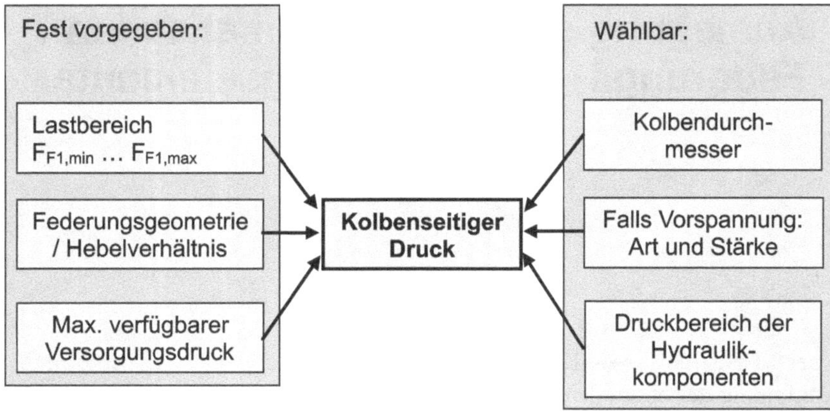

Abb. 3.1. Einflussfaktoren für den statischen Kolbendruck in Federungsmittellage

Rechts im Diagramm hingegen findet man die Größen, die üblicherweise vom Systementwickler noch gewählt werden können:

- Innerhalb des gegebenen Bauraumes kann der Kolbendurchmesser entsprechend den Anforderungen gewählt werden.
- Art und Stärke der Vorspannung definieren insbesondere die Veränderung der Federungseigenschaften bei unterschiedlichen Federlasten. Da die Vorspannung sich auf die Federlast addiert muss bei gegebenem Versorgungsdruck der Kolbendurchmesser umso größer gewählt werden, je größer die Vorspannung ist.
- Die Standard-Hydraulikkomponenten sind üblicherweise abgestuft für bestimmte Druckbereiche verfügbar. Zwischen diesen sind deutliche Preisunterschiede zu finden. Ist nun ein bestimmter Druckbereich bevorzugt für das Federungssystem zu wählen (z. B. weil dieser am gesamten Fahrzeug zur Anwendung kommt), so kann entsprechend der Kolbendurchmesser angepasst werden, um das Potential dieser Komponenten maximal auszuschöpfen.

Für die richtige Dimensionierung der Komponenten ist jedoch unbedingt zu beachten, dass sich auf den Druck im statischen Zustand (Federung in Mittellage) noch die dynamischen Druckschwankungen aufaddieren, welche durch die Federbewegung zustande kommen. Je nachdem, wieviel Öl dabei zwischen Zylinder und Druckspeicher verschoben wird und in welchem Betriebszustand sich der Speicher befindet (Gasvolumen bei statischem Druck) sind diese zusätzlich auftretenden Druckerhöhungen sehr ausgeprägt und müssen auch z. B. über ein Druckbegrenzungsventil abgefangen werden.

Damit hängt der dynamische Anteil des kolbenseitigen Druckes im wesentlichen vom Federweg und von der Wahl des kolbenseitigen Speichers ab. Mit steigendem Federweg steigen auch die dynamischen Druckschwankungen, mit steigender Gasmasse im Speicher hingegen fallen sie. Entsprechendes ist natürlich auch für den Druck im Ringraum zu beachten.

3.1.1 Zylinder

Wenn, wie häufig der Fall, bereits ein Hydrauliksystem am Fahrzeug vorhanden ist, beginnt man bei der Auslegung der Komponenten üblicherweise mit dem Kolbendurchmesser des Federungszylinders. Diesen bestimmt man anhand der maximalen Ausnutzung des verfügbaren Versorgungsdruckes des Hydrauliksystems. Bei nicht hydraulisch vorgespannten Systemen mit doppeltwirkendem Zylinder wird stattdessen entsprechend der Stangendurchmesser bestimmt.

Folgende Informationen werden hierfür benötigt:

- Verfügbarer maximaler Versorgungsdruck p_{sys}
- Maximale statische Federlast $F_{F1,max}$, bei der noch die Mittellage eingeregelt werden soll
- Auf den Zylinder wirkende Vorspannkraft F_V in Mittellage (bei variablen Systemen maximale Vorspannkraft)

Basis für die Berechnung des nötigen Kolbendurchmessers ist ein weiteres Mal das Kräftegleichgewicht am Kolben:

$$F_K = F_{F1,\max} + F_V \tag{3.1}$$

Setzt man nun die Kolbenfläche und den darauf wirkenden Druck ein, so erhält man:

$$\frac{\pi \cdot d_K^{\,2}}{4} \cdot p_{sys} = F_{F1,\max} + F_V \tag{3.2}$$

Damit erhält man d_K zu:

$$d_K = \sqrt{\frac{4 \cdot \left(F_{F1,\max} + F_V\right)}{\pi \cdot p_{sys}}} \tag{3.3}$$

Wenn zu Beginn der Auslegung die tatsächlich nötige Vorspannkraft F_V noch nicht bekannt ist, kann man diese zunächst so auslegen, dass sie 0,25 bis 0,33 der maximalen statischen Federlast beträgt. Dieser Erfahrungswert kann als Basis für hydropneumatische Federungssysteme mit Membrandruckspeichern dienen. Es kann allerdings sein, dass in anderen Fällen auch deutlich von ihm abgewichen werden muss, um das gewünschte Ergebnis zu erzielen.

Für $F_V = 0{,}25 \cdot F_{F1,max}$ kommt man auf den Kolbendurchmesser:

$$d_K = \sqrt{\frac{5 \cdot F_{F1,\max}}{\pi \cdot p_{sys,\max}}} \tag{3.4}$$

Wichtig zu beachten:

- Um eine endliche Zeit erreichen zu können, in der das System die Mittellage erreicht, darf normalerweise nicht der maximale Systemdruck vollumfänglich angesetzt werden. Es muss beachtet werden, dass in dem Ventilsystem, das zur Regelung der Niveaulage eingesetzt wird, Druckverluste auftreten. Diese sind bewusst eingeführt, um eine Begrenzung des Volumenstromes und damit eine kontrollierte Bewegung beim Regelungsvorgang zu erreichen. Je nach Art der Beeinflussung des Volumenstromes z. B. Blende/Drossel, Stromregelventil, proportionales Magnetventil (siehe Kap. 5) und dem Abfluss weiterer Volumenströme (z. B. zur Weiterleitung eines Loadsense-Signals) muss eine mehr oder weniger große „Druckreserve" vorgehalten werden. Für ein System mit Steuerblenden kann z. B. ein Wert von ca. 2 MPa üblicherweise als ausreichend angesehen werden. Dieser Wert muss dann von p_{sys} abgezogen werden.
- Zur besseren Übersichtlichkeit ist das Übersetzungsverhältnis i der Kinematik der Federung (Zylinderanlenkpunkt vs. Position der gefederten Masse und Schwingendrehpunkt) im Beispiel gleich 1. Oftmals ist dies allerdings nicht der Fall, dann muss dies in den obigen Gleichungen bei den Kräften entsprechend Berücksichtigung finden.

Damit kann nun für den Fall einer hydraulisch vorgespannten Federung der erforderliche Stangendurchmesser gewählt werden. Hierfür ist es allerdings zunächst erforderlich, zu bestimmen, welcher hydraulische Vorspanndruck auf der Ringseite wirken soll.

Je höher der gewählte Vorspanndruck, umso geringer ist bei gleicher Vorspannkraft die nötige Ringfläche und umso größer ist damit der Stangendurchmesser. Die geringere Ringfläche bedeutet einerseits, dass beim Federungsvorgang weniger Ölvolumen verschoben wird und damit der ringseitige Druckspeicher kleiner ausfallen kann. Andererseits muss dieser Druckspeicher aber auch für höhere Drücke ausgelegt sein und auch die Reibung der Stangendichtung wird aufgrund des höheren Druckes und des größeren Stangendurchmessers höher ausfallen. Die letztendliche Wahl des Vorspanndruckes wird daher je nach den verschiedenen Randbedingungen unterschiedlich ausfallen. Allgemein gilt:

$$F_V = p_V \cdot (d_K{}^2 - d_S{}^2) \cdot \frac{\pi}{4} \tag{3.5}$$

Und damit:

$$d_S = \sqrt{d_K{}^2 - \frac{4 \cdot F_V}{\pi \cdot p_V}} \tag{3.6}$$

Über die Geometrie der Federungskinematik speziell das Übersetzungsverhältnis i und den geforderten Gesamtfederweg im Federungsbezugspunkt s_B

(Angriffspunkt der gefederten Masse) kann nun auch noch der erforderliche Zylinderhub h berechnet werden:

$$h = s_B \cdot i \tag{3.7}$$

Damit sind nun die wesentlichen geometrischen Daten für den Zylinder definiert. Zusammen mit den Daten für das Druckniveau auf Kolben- und Ringseite kann man nun daran gehen, die Druckspeicher auszulegen. Diese Auslegung ist in zwei Schritte unterteilt: Zunächst einmal werden die erforderlichen Gasfüllmengen in den Speichern nach den Formeln in Kap. 2.2 berechnet. Im zweiten Schritt wird dann die ideale Kombination von p_0 und V_0 ermittelt, welche unter den gegebenen Bedingungen optimal funktioniert.

3.1.2 Erforderliche Druckspeicher-Gasfüllung

Zur Berechnung der Gasfüllmengen $p_0 \cdot V_0$ greift man auf die Gleichungen aus Kap. 2 zurück in welchen die Eigenfrequenzen für die verschiedenen Federungssysteme berechnet werden.

Nicht vorgespanntes und mechanisch vorgespanntes System

Für die nicht vorgespannte hydropneumatische Federung sowie für die mechanisch vorgespannte Variante ist dies vergleichsweise einfach, da hier nur *eine* Gasmasse berechnet werden muss – die Füllmenge für die Kolbenseite.

Beim nicht vorgespannten System löst man Gleichung 2.27 auf nach $p_0 \cdot V_0$ und erhält somit:

$$p_0 \cdot V_0 = \left(\frac{1}{2 \cdot \pi \cdot f} \right)^2 \cdot n \cdot F_{F1} \cdot g \tag{3.8}$$

Beim mechanisch vorgespannten System erhält man durch Auflösen von Gleichung 2.31:

$$p_0 \cdot V_0 = \frac{n \cdot (F_{F1} + F_V)^2}{\frac{F_{F1} \cdot (2 \cdot \pi \cdot f)^2}{g} - c_{mech}} \tag{3.9}$$

Durch Einsetzen der gewünschten Eigenfrequenz für eine bestimmte Federlast F_{F1} erhält man also die dafür nötige Gasfüllmenge. Variiert die Federlast sollte man sich bei der Bestimmung der Gasfüllmenge auf eine typische Federlast beziehen, bei der das System normalerweise arbeitet. Eine andere Methode ist, die mittlere Federlast aus minimal und maximal auftretendem Wert zu berechnen und diese zur Bestimmung der Gasfüllmenge heranzuziehen.

Beim mechanisch vorgespannten System sind die Vorspannkraft und die mechanische Federsteifigkeit so zu wählen, dass der Verlauf der charakteristischen Kurven

(Kraft-Weg-, Federsteifigkeit-Federlast- und Eigenfrequenz-Federlast-Kennlinie, siehe Kap. 2) möglichst den Anforderungen im Betrieb entspricht. Hier bietet es sich an, Diagramme zu erstellen und deren Veränderungen zu beobachten, die aus der Variation von F_V und c_{mech} resultieren. Eine gewisse iterative Vorgehensweise muss also hier in Kauf genommen werden, da zur Erstellung der Kurven ja auch bereits ein bestimmtes $p_0 \cdot V_0$ eingesetzt werden muss.

Hydraulisch vorgespanntes System

Hier besteht nun die Schwierigkeit, dass zwei Gasfüllmengen gleichzeitig bestimmt werden müssen, nämlich die der Kolbenseite und die der Ringseite. Es steht allerdings zur Bestimmung der beiden nur eine Gleichung zur Verfügung – Gleichung 2.38. Dies bedeutet also, dass erst eine der beiden Gasfüllmengen auf einem anderen Weg bestimmt werden muss, um die andere berechnen zu können.

Durch die zusätzlichen Variationsmöglichkeiten mit den ringseitigen Einstellungen gilt wie bei der mechanisch vorgespannten Variante auch hier, dass ein Parametersatz gefunden werden muss, der die Anforderungen an die charakteristischen Kurven möglichst gut erfüllt.

Die Federungswirkung wird im wesentlichen durch die Kolbenseite bestimmt – sie trägt schließlich die Federlast. Daher wird zunächst die Gasfüllmenge der Ringseite grob festgelegt, welche einen deutlich geringeren Einfluss auf die Federrate hat. Anschließend wird die Füllmenge der Kolbenseite berechnet.

Das Volumen des Ringraumdruckspeichers muss ausreichend sein, um dem Öl, welches von der Ringseite des Zylinders zufließt ausreichend Platz zu geben. Wäre dies nicht der Fall so wäre ein Erreichen der Zylinder-Endlagen rein physikalisch nicht möglich ohne entweder den Druckspeicher zu zerstören (Zylinder vollständig ausgefahren, d. h. Ringraum völlig entleert) oder in Kavitation zu gehen (Zylinder vollständig eingefahren). Das Volumen des Druckspeichers müsste also zumindest gleich dem Ringraumvolumen des Federungszylinders sein, wenn man davon ausgeht, dass der Druckspeicher halb gefüllt ist, wenn sich der Zylinder in seiner Mittellage befindet. Um noch etwas Reserve zu haben (v. a. bei Membrandruckspeichern) und auch damit die Federsteifigkeit der Ringseite nicht zu groß ist, kann man das Volumen $V_{0,R}$ des Ringraumdruckspeichers daher zunächst als groben Richtwert mit dem Dreifachen des Ringraumvolumens ansetzen. Bei Systemen mit variablem Ringraumdruck muss dies evtl. weiter vergrößert werden.

$$V_{0,R} = 3 \cdot h \cdot (d_K^2 - d_S^2) \cdot \frac{\pi}{4} \tag{3.10}$$

Zur Berechnung des Ringraum-Speicherfülldruckes $p_{0,R}$ geht man zunächst davon aus, dass das Druckspeichergasvolumen unter dem Vorspanndruck p_V auf die Hälfte seines Ursprungswertes komprimiert ist. So hat man ausreichend Reserve für den Zu- und Abfluss von Öl bei Federbewegung in beiden Richtungen – dabei gilt die Annahme: Konstruktionslage ist mittig zwischen Ein- und Ausfederanschlag.

Daher sollte der Speicherfülldruck in erster grober Näherung etwa halb so groß sein wie der Vorspanndruck:

$$p_{0,R} = 0,5 \cdot p_V \tag{3.11}$$

Da man nun die Parameter für den Ringraum-Druckspeicher bestimmt hat, kann man Gleichung 2.38 auflösen nach

$$p_{0,K} \cdot V_{0,K} = \frac{n \cdot (F_{F1} + p_V \cdot A_R)^2}{\frac{F_{F1}}{g} \cdot (2 \cdot \pi \cdot f)^2 - \frac{n \cdot p_V{}^2 \cdot A_R{}^2}{p_{0,R} \cdot V_{0,R}}}. \tag{3.12}$$

Da $p_{0,R}$ und $V_{0,R}$ nicht im Hinblick auf die Federrate sondern aufgrund anderer Kriterien ausgewählt wurden, muss nun, wie schon beim mechanisch vorgespannten System, anhand der charakteristischen Kurven überprüft werden, ob der gewählte Parametersatz die gewünschten Eigenschaften bringt. Ist dies nicht der Fall, so müssen auch hier auf iterativem Wege die Parameter $p_{0,R}$ und $V_{0,R}$ solange variiert werden, bis die charakteristischen Kurven das gewünschte Verhalten zeigen.

3.1.3 Detaillierte Bestimmung von p_0 und V_0

Was nun noch frei gewählt werden kann ist die Art, wie die im vorangegangenen Abschnitt bestimmten Gasfüllmengen bereit gestellt werden sollen: Die Wahl von p_0 und V_0.

Generell ist in diesem Abschnitt zu beachten, dass davon ausgegangen wird, dass sich die Konstruktionslage der Federung genau zwischen Ein- und Ausfederanschlag befindet.

Üblicherweise werden für hydropneumatische Federungssysteme geschweißte Membrandruckspeicher eingesetzt – näheres hierzu in Kap. 5. Diese Bauform von Druckspeichern zeichnet sich jedoch dadurch aus, dass sie nur in einem bestimmten Druckbereich betrieben werden dürfen.

Dieser Druckbereich wird bestimmt durch zwei Grundsätze:

- Maximaldruck-Kriterium: Die Ausführung der Außenschalen bestimmt den für den Speicher zulässigen Maximaldruck, der nicht überschritten werden darf, wenn der Speicher dauerfest betrieben werden soll.
- Membranverformungs-Kriterien: Die Membran hat einen maximal zulässigen Verformungsweg innerhalb des Speichers der bei Dauerbelastung in beiden Richtungen nicht überschritten werden darf. Als Richtlinie ist für die Anwendung bei hydropneumatischen Federungssystemen die 10%-Regel zu nennen. Es gilt, dass immer mindestens 10% Öl bzw. mindestens 10% Gas das Volumen des Druckspeichers ausfüllen müssen, um diese maximal zulässige Verformung nicht zu überschreiten (Abb. 3.2). Damit wird eine weitere obere, sowie auch

eine untere Druckgrenze festgelegt. Diese Grenzen müssen eingehalten werden, damit die Membran auf Dauer keinen Schaden nimmt. Da bei Federungen nur selten tatsächlich diese Extremwerte erreicht werden, darf mit der 10%-Regel etwas großzügiger gerechnet werden als in anderen Anwendungsgebieten üblich ([MAT03], [FIN06]). In jedem Fall ist mit dem Hersteller der Druckspeicher zu besprechen, ob das verwendete Membranmaterial dementsprechend ausgelegt ist. Ggf. gelten für bestimmte Materialien und für den Fall des Einsatzes in einem Federungssystem andere Grenzen als die hier genannten.

Aus Kriterium 2 kann abgeleitet werden, dass die daraus entstehenden Druckgrenzen vom Fülldruck des Druckspeichers abhängig sind. Zur Berechnung der Druckgrenzen wird von einer isothermen Zustandsänderung ausgegangen, da dies die kritischere Bedingung für die Mindest-Volumenanteile Öl bzw. Gas darstellt.

Ein Druckspeicher mit einem Speicherfülldruck p_0 und einem Volumen V_0 muss also zwischen $V = 0{,}1 \cdot V_0$ und $V = 0{,}9 \cdot V_0$ betrieben werden. Damit ergibt sich über die isotherme Zustandsänderung:

$$p_{\min} = \frac{p_0 \cdot V_0}{0{,}9 \cdot V_0} = 1{,}11 \cdot p_0 \tag{3.13}$$

$$p_{\max} = \frac{p_0 \cdot V_0}{0{,}1 \cdot V_0} = 10 \cdot p_0 \tag{3.14}$$

Das zulässige Druckverhältnis p_{max} / p_{min} beträgt entsprechend 9.

Diese Rechnung gilt allerdings nur für Zustandsänderungen bei Raumtemperatur. Wenn das Federungssystem einer **breiten Temperaturspanne** ausgesetzt ist, muss unbedingt der temperaturabhängige Speicherfülldruck $p_{0,T}$ berücksichtigt werden. Durch hohe Temperaturen wird der Mindestdruck weiter angehoben, tiefe Temperaturen senken den Maximaldruck.

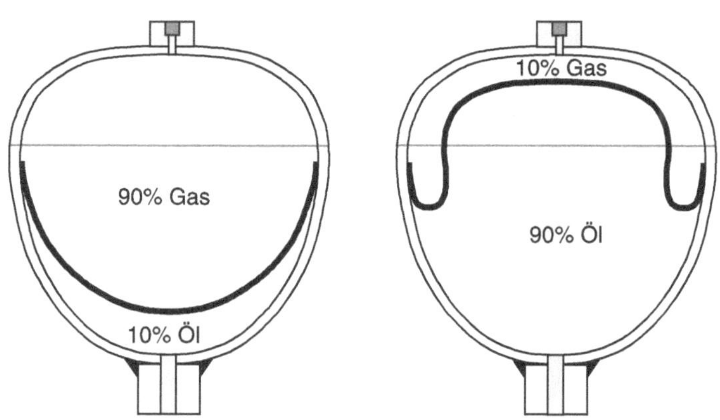

Abb. 3.2. Membran-Verformungsgrenzen bei Verwendung in einem Federungssystem

Entsprechend Gleichung 2.3 engt sich für eine Temperaturspanne von −20 bis +60°C der Druckbereich ein:

$$p_{\min} = 1{,}11 \cdot p_0 \cdot \frac{333{,}15K}{293{,}15K} = 1{,}26 \cdot p_0 \tag{3.15}$$

$$p_{\max} = 10 \cdot p_0 \cdot \frac{253{,}15K}{293{,}15K} = 8{,}64 \cdot p_0 \tag{3.16}$$

Die Veränderung sieht zunächst nach wenig aus, tatsächlich wurde jedoch das zulässige Druckverhältnis p_{max} zu p_{min} von 9 auf einen Wert von 6,85 reduziert.

Dies bedeutet erhebliche Einbußen bei der Nutzung des Federungssystems. In der Praxis ist es daher sehr wichtig, möglichst realistische Abschätzungen über die Temperaturspanne zu machen, wie oft die Extremtemperaturen auftreten und ob in diesen Fällen dann auch noch tatsächlich der maximale Federweg und damit die maximale Verformung der Membran eintritt. Rechnet man hier zu konservativ, verliert man an nutzbarer Leistungsfähigkeit des Systems und muss dies, falls überhaupt möglich, durch teure Gegenmaßnahmen wieder ausgleichen. Rechnet man zu großzügig, wird dies mit einem vorzeitigen Versagen der Druckspeichermembranen, Gasdruckverlust und damit schlechterem Federungsverhalten bestraft.

Ein weiteres Kriterium ist zu beachten, welches aus dem Produktionsprozess der Speicher resultiert: Der **Speicherfülldruck** hat nicht immer exakt den gewünschten Wert, sondern ist **toleranzbehaftet**. Geht man von einer Toleranz von 5% aus so werden sich die Druckgrenzen weiter verschieben. Dabei hebt eine Plustoleranz den Mindestdruck, eine Minustoleranz senkt den Maximaldruck.

$$p_{\min} = 1{,}26 \cdot p_0 \cdot 1{,}05 = 1{,}32 \cdot p_0 \tag{3.17}$$

$$p_{\max} = 8{,}64 \cdot p_0 \cdot 0{,}95 = 8{,}21 \cdot p_0 \tag{3.18}$$

Dies reduziert das Druckverhältnis nochmals auf 6,2.

Noch eine Eigenart des Druckspeichers muss bei der Auslegung beachtet werden: Das Gas diffundiert durch die Membran ins Öl und geht damit als federndes Medium teilweise verloren. Der Druckspeicher unterliegt also einem **Diffusions-Druckverlust** (siehe Kap. 5). Dies ist zwar kein Problem für die Auslegung des Mindestdruckes, allerdings muss es bei der Berechnung des Maximaldruckes Berücksichtigung finden. Geht man davon aus, dass der Druckspeicher zwischen den Wartungsintervallen 10% seines ursprünglichen Speicherfülldruckes verlieren darf, dann reduziert sich der Maximaldruck auf:

$$p_{\max} = 8{,}21 \cdot p_0 \cdot 0{,}9 = 7{,}39 \cdot p_0 \tag{3.19}$$

Das zulässige Druckverhältnis beträgt dann nur noch 5,6.

Damit ist das ursprünglich gute Druckverhältnis von 9 auf einen Wert von 5,6 geschrumpft. Dies zeigt ganz nebenbei, warum eine nicht vorgespannte hydropneumatische Federung für Systeme mit hohen Lastschwankungen nicht geeignet ist: Die Druckspeicher würden ständig an ihre Grenzen kommen.

Wichtig: Bei dieser Betrachtung darf das zulässige Druckverhältnis des Speichers nicht mit dem Lastverhältnis $F_{F1,max}$ zu $F_{F1,min}$ gleichgesetzt werden! Letzteres ist nochmals wesentlich kleiner, da ja nicht nur die variable gefederte Last sondern auch die Federbewegung zu Druckveränderungen beitragen – siehe folgender Abschnitt.

Es bleibt zu erwähnen, dass die Auslegung eines Kolbenspeichers einfacher ist, da der Kolben über den gesamten möglichen Weg verschoben werden darf – die 10%-Regel wie beim Membranspeicher gilt hier nicht. Entsprechend wäre also der Mindestarbeitsdruck eines Kolbenspeichers dessen Fülldruck, korrigiert um die jeweilige Temperaturveränderung und die Fülltoleranz. Wird dieser unterschritten, tritt Kavitation im System auf. Der maximale Arbeitsdruck entspricht dann dem Maximaldruck, der für die Außenschale noch zulässig ist, bzw. der bei vollständig eingefahrenem Kolben resultiert. Dieser ist, wie beim Membranspeicher auch, durch ein Druckbegrenzungsventil abzusichern. Trotzdem finden Kolbenspeicher insbesondere wegen ihres hohen Preises und der inneren Reibung eher selten Anwendung. Die weiteren Ausführungen beziehen sich daher weiterhin auf den Membran-Druckspeicher.

Ringraum-Druckspeicher

Die Auslegung des ringseitigen Druckspeichers ist relativ einfach, wenn man von einem System ausgeht, welches einen konstanten Ringraumdruck aufweist. Nimmt man die **Membranverformungs-Kriterien** als Grundlage, so bewegt sich die Membran idealerweise um die Mittellage. Damit bleiben zu beiden Seiten hin große Reserven für die Verformung. Mittellage der Membran bedeutet:

$$V = 0,5 \cdot V_0 \tag{3.20}$$

Damit ist der ideale Speicherfülldruck $p_{0,R}$ also abhängig vom gewählten Ringraum-Vorspanndruck p_V:

$$p_0 = \frac{p_V \cdot 0,5 \cdot V_0}{V_0} = 0,5 \cdot p_V \tag{3.21}$$

Entsprechend ergibt sich dann das optimale $V_{0,R}$ für den Druckspeicher. In der Praxis ist nun allerdings nicht jede Speichergröße erhältlich, sondern nur bestimmte Abstufungen. Obwohl es Möglichkeiten gibt, V_0 innerhalb der Abstufungen durch Tricks weiter zu variieren (z. B. durch teilweise Ölfüllung der Gasseite oder Einbringung von festen Einsätzen) muss dann oftmals doch ein Kompromiss eingegangen werden, der sich ggf. auch wieder auf die Auslegung des Vorspanndruckes und damit auch der erforderlichen Ringfläche auswirkt.

Nun überprüft man, ob das zu- bzw. abfließende Volumen während eines Federungsvorganges mit vollem Hub zum Überschreiten der Verformungsgrenzen der Membran führt. Dabei gelten die **Membran-Verformungskriterien**:

- Das Gasvolumen darf beim Einfedern des Federungszylinders und damit Ausfließen (Ringseite!) von Öl aus dem Druckspeicher nicht mehr als 90% des Druckspeichervolumens einnehmen. Der ungünstigste Fall ist hier die maximale Einsatztemperatur, die Befüllung des Speichers bis zur oberen Toleranzgrenze wobei noch kein Druckverlust durch Gasdiffusion aufgetreten ist. Alle letztgenannten Bedingungen sind im Druck $p_{0,T,korr}$ berücksichtigt, welcher in diesem Falle seinen Maximalwert annimmt.

$$V_0 \cdot \frac{p_{0,T,korr}}{p_V} + A_R \cdot \frac{h}{2} \leq 0{,}9 \cdot V_0 \tag{3.22}$$

- Das Gasvolumen darf beim Ausfedern des Federungszylinders und damit Zufließen von Öl in den Druckspeicher nicht weniger als 10% des Druckspeichervolumens einnehmen. In diesem Falle sind die ungünstigsten Bedingungen die minimale Einsatztemperatur, die untere Toleranzgrenze der Gasfüllung und maximaler Druckverlust durch Gasdiffusion bis zur Wartungsgrenze. Auch hier sind die letztgenannten Bedingungen im Druck $p_{0,T,korr}$ berücksichtigt, er ist nun bis auf sein Minimum abgesenkt.

$$V_0 \cdot \frac{p_{0,T,korr}}{p_V} - A_R \cdot \frac{h}{2} \geq 0{,}1 \cdot V_0 \tag{3.23}$$

Wichtig ist an dieser Stelle, sich vor Augen zu halten, dass dieses zu- bzw. abfließende Volumen $A_R \cdot h/2$ unabhängig von der Position des Zylinders in der Federungskinematik ist! Mit dem Hebelverhältnis i verändert sich zwar der Hub des Zylinders, jedoch verändert sich auch entsprechend entgegengesetzt die Ringfläche – vorausgesetzt die Vorspannkraft in der Bezugsebene soll unverändert bleiben.

Für ein System mit konstantem Ringraumdruck können die o.g. Grenzen üblicherweise problemlos eingehalten werden. Hat man hingegen ein System mit variablem Ringraumdruck, so muss anders vorgegangen werden. Je nach eingestelltem Ringraumdruck befindet sich die Membran des Ringraum-Druckspeichers bei Federungsmittellage in verschiedenen Ausgangspositionen. Wenn diese zu nahe an den Grenzen der Verformung liegen, kann es dann durch Federbewegung zu einer unzulässig hohen Verformung der Membran kommen. Generell könnte man entsprechend der Vorgehensweise bei Gleichung 3.21 den mittleren Druck des angepeilten Druckbereiches ($p_{V,min}$ bis $p_{V,max}$) einsetzen, um eine erste Kombination aus p_0 und V_0 zu ermitteln. Dies ist allerdings etwas ungenau, da Druck und Volumen keinen linearen Zusammenhang haben und für die optimale Auslegung letztenendes das richtige mittlere **Volumen** zählt.

Aus diesem Grund berechnet man zunächst die Gasvolumina bei $p = p_{V,min}$ und $p = p_{V,max}$.

$$V(p_{V,\min}) = V_0 \cdot \frac{p_0}{p_{V,\min}} \tag{3.24}$$

$$V(p_{V,\max}) = V_0 \cdot \frac{p_0}{p_{V,\max}} \tag{3.25}$$

Der Mittelwert dieser beiden Volumina muss dann gleichgesetzt werden mit $0{,}5 \cdot V_0$, da sich hier ja die Membran in Mittelposition befinden soll.

$$\frac{V_0 \cdot \frac{p_0}{p_{V,\min}} + V_0 \cdot \frac{p_0}{p_{V,\max}}}{2} = \frac{V_0}{2} \tag{3.26}$$

und über

$$p_0 = \frac{1}{\frac{1}{p_{V,\min}} + \frac{1}{p_{V,\max}}} \tag{3.27}$$

erhält man den optimalen Speicherfülldruck zu:

$$p_0 = \frac{p_{V,\min} \cdot p_{V,\max}}{p_{V,\min} + p_{V,\max}} \tag{3.28}$$

Entsprechend der bereits ermittelten erforderlichen Gasfüllmengen wird nun das nötige V_0 bestimmt. Dann erfolgt wieder eine Überprüfung anhand der Membran-Verformungskriterien. Die obigen Gleichungen 3.22 und 3.23 müssen dazu allerdings geringfügig erweitert werden zu:

1a) $$V_0 \cdot \frac{p_{0,T,korr}}{p_{V,\min}} + A_R \cdot \frac{h}{2} \leq 0{,}9 \cdot V_0 \tag{3.29}$$

1b) $$V_0 \cdot \frac{p_{0,T,korr}}{p_{V,\max}} - A_R \cdot \frac{h}{2} \geq 0{,}1 \cdot V_0 \tag{3.30}$$

Damit kann nun für die gewählte Kombination aus p_0 und V_0 exakt der tatsächlich zulässige Bereich für die Variation des Ringraum-Vorspanndruckes berechnet werden:

$$p_{V,\min} = \frac{V_0 \cdot p_{0,T,korr}}{0{,}9 \cdot V_0 - A_R \cdot \dfrac{h}{2}}$$

(max. T, obere Fülltoleranz, kein Diffusions-Δp) (3.31)

$$p_{V,\max} = \frac{V_0 \cdot p_{0,T,korr}}{0{,}1 \cdot V_0 + A_R \cdot \dfrac{h}{2}}$$

(min. T, untere Fülltoleranz, max. Diffusions-Δp) (3.32)

Stellt sich heraus, dass dieser Variationsbereich vor allem nach unten zu gering ist, kann durch Vergrößerung von V_0 und entsprechender Verringerung von p_0 noch etwas justiert werden. Ist dies nicht ausreichend muss ggf. eine Vergrößerung der Gasfüllmenge in Betracht gezogen werden, auch wenn dadurch die Federrate der Ringseite verringert wird. Abbildung 3.3 zeigt die Zusammenhänge für die oben genannten Bedingungen.

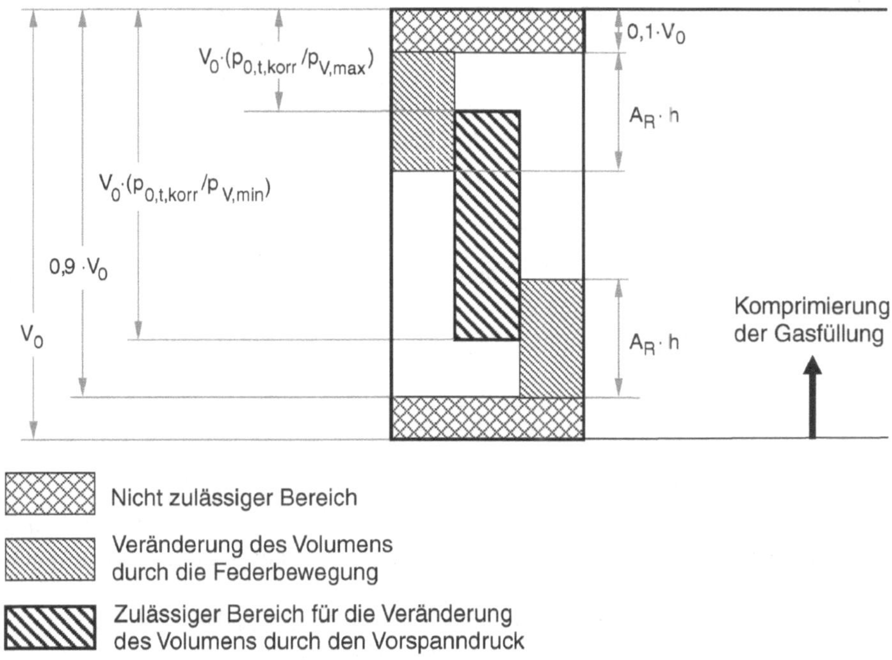

Abb. 3.3. Optimale Ausnutzung der Druckspeichergrenzen der Ringseite nach dem Membranverformungs-Kriterium

Man darf also den Ringraum Vorspanndruck nur so weit variieren (dick schraffierter Bereich), dass auch ein Ein- und Ausfedern des Zylinders (dünn schraffierter Bereich) die Membran nicht über ihre Grenzen hinaus belastet (gekreuzt schraffierter Bereich).

Darüberhinaus muss nun überprüft werden, ob durch die Federbewegung, bei maximaler Auslenkung der Membran bis auf 10 % des Gasvolumens, ein Druck entsteht, der die Belastbarkeit der Außenschale des Speichers übersteigt (**Maximaldruck-Kriterium**).

Es gilt:

$$p_{V,\max} \cdot \left(\frac{V_0 \cdot p_{0,T,korr}}{p_{V,\max}} \right)^n = p_{\max} \cdot \left(\frac{V_0 \cdot p_{0,T,korr}}{p_{V,\max}} - A_R \cdot \frac{h}{2} \right)^n \tag{3.33}$$

Damit ist

$$p_{\max} = p_{V,\max} \cdot \frac{\left(\frac{V_0 \cdot p_{0,T,korr}}{p_{V,\max}} \right)^n}{\left(\frac{V_0 \cdot p_{0,T,korr}}{p_{V,\max}} - A_R \cdot \frac{h}{2} \right)^n} \tag{3.34}$$

Dabei bezieht sich $p_{0,T,korr}$ auf den Zustand, bei dem das Gasvolumen bei Mittellage des Federungszylinders minimal ist. Demnach also bei minimaler Temperatur, unterer Fülltoleranz und maximalem Gasverlust durch Diffusion.

Ist p_{max} größer als p_{zul} muss also $p_{V,max}$ entsprechend reduziert werden, um die Dauerfestigkeit der Außenschalen zu gewährleisten. Wie bereits erwähnt kann auch eine Absicherung des Maximaldruckes z. B. über ein Druckbegrenzungsventil sinnvoll sein.

Kolbenraum-Druckspeicher

Günstigerweise ruft man sich hier nochmals das Kräftegleichgewicht am Kolben in Erinnerung:

$$F_K = F_{F1} + F_V \qquad \text{bzw.} \tag{3.35}$$

$$p_1 \cdot A_K = F_{F1} + p_V \cdot A_R \tag{3.36}$$

Nun erkennt man, dass es hier zwei Fälle zu unterscheiden gilt:

1. Das nicht vorgespannte System bzw. das System mit konstanter Vorspannung. Hier hat man nur eine variable Größe, die Einfluss auf p_1 nimmt: Die statische Federlast in Mittellage.
2. Das System mit variabler hydraulischer Vorspannung. Hier wird p_1 zusätzlich zur Federlast auch noch durch die veränderliche Vorspannkraft beeinflusst.

Im Fall 1 kann die Auslegung ähnlich dem Ringraumspeicher bei variabler Vorspannung erfolgen. Im Gegensatz zum variablen Ringraumdruck wird der Druck im kolbenseitigen Speicher bei Federungsmittellage hier allerdings nicht aktiv beeinflusst (z. B. durch eine elektronische Steuerung), sondern er wird von außen durch die statische Federlast vorgegeben.

Man startet also dementsprechend mit der Berechnung der Drücke im kolbenseitigen Druckspeicher bei minimaler und maximaler statischer Federlast.

$$p_{1,\min} \cdot A_K = F_{F1,\min} + F_V \tag{3.37}$$

$$p_{1,\max} \cdot A_K = F_{F1,\max} + F_V \tag{3.38}$$

und damit

$$p_{1,\min} = \frac{F_{F1,\min} + F_V}{A_K} \tag{3.39}$$

$$p_{1,\max} = \frac{F_{F1,\max} + F_V}{A_K} \tag{3.40}$$

Gemäß der Gleichung 3.28 für den Ringraumdruckspeicher kann hier dieselbe Herleitung für den optimalen Fülldruck des kolbenseitigen Speichers gemacht werden und man kommt zu:

$$p_0 = \frac{\frac{F_{F1,\min} + F_V}{A_K} \cdot \frac{F_{F1,\max} + F_V}{A_K}}{\frac{F_{F1,\min} + F_V}{A_K} + \frac{F_{F1,\max} + F_V}{A_K}} \tag{3.41}$$

und weiter aufgelöst zu:

$$p_0 = \frac{(F_{F1,\min} + F_V) \cdot (F_{F1,\max} + F_V)}{A_K \cdot (F_{F1,\min} + F_{F1,\max} + 2 \cdot F_V)} \tag{3.42}$$

Entsprechend der zuvor festgelegten Gasfüllmenge im Druckspeicher ergibt sich dann V_0.

Anhand der Membran-Verformungskriterien errechnet man dann den tatsächlich zulässigen Mindest- und den Maximaldruck unter statischer Federlast in Federungsmittellage.

$$p_{1,\min} = \frac{V_0 \cdot p_{0,T,korr}}{0{,}9 \cdot V_0 - A_K \cdot \frac{h}{2}}$$

(max. T, obere Fülltoleranz, kein Diffusions-Δp) (3.43)

$$p_{1,\max} = \frac{V_0 \cdot p_{0,T,korr}}{0{,}1 \cdot V_0 + A_K \cdot \frac{h}{2}}$$

(min. T, untere Fülltoleranz, max. Diffusions-Δp) (3.44)

Durch Auflösen der Gleichung 3.35 nach F_{F1} erhält man mit Einsetzen des Mindest- und des Maximaldruckes den tatsächlich möglichen Lastbereich.

$$F_{F1,\min} = \frac{V_0 \cdot p_{0,T,korr}}{0{,}9 \cdot V_0 - A_K \cdot \frac{h}{2}} \cdot A_K - p_V \cdot A_R \tag{3.45}$$

$$F_{F1,\max} = \frac{V_0 \cdot p_{0,T,korr}}{0{,}1 \cdot V_0 + A_K \cdot \frac{h}{2}} \cdot A_K - p_V \cdot A_R \tag{3.46}$$

Falls der eingangs geforderte Lastbereich nicht in den oben berechneten Bereich fällt kann man ihn analog zum bereits berechneten Ringraumspeicher auch hier in gewissen Grenzen nach unten erweitern, wenn V_0 erhöht wird.

Eine Erhöhung der Gasmasse im kolbenseitigen Druckspeicher durch Vergrößerung von V_0 bei konstantem p_0 ist ebenfalls eine Möglichkeit, wenn die damit verbundene Verringerung der Eigenfrequenz toleriert werden kann.

Weiterhin hat man auch die Möglichkeit, die Vorspannkraft $p_V \cdot A_R$ zu vergrößern. Da diese Kraft mit der Achslast gleichgerichtet ist, kann die statische Federlast dann weiter gesenkt werden. In diesem Fall sollte aber auch die Gasmasse in den Speichern erhöht werden, um die Federrate und damit die Eigenfrequenz des Systems auf dem gleichen Niveau zu halten. Mit oder ohne Erhöhung der Gasfüllmenge: Bei Vergrößerung der Vorspannung wird bei begrenztem Versorgungsdruck auch die maximale statische Federlast reduziert, bei der die Federung noch in Mittellage eingeregelt werden kann!

Hier kommen wir nun zu Fall 2, der variablen Vorspannkraft. Diese kann im Bereich niedriger Achslasten erhöht werden, was $F_{F1,\min}$ weiter verringert. Im Bereich hoher Achslasten kann die Vorspannung dann zurückgenommen werden, um ein möglichst großes $F_{F1,\max}$ zu erhalten.

In Anlehnung an Abb. 3.3 kann nun in einem Diagramm gezeigt werden, wie die drei druckbeeinflussenden Parameter Federbewegung, Vorspannkraft und

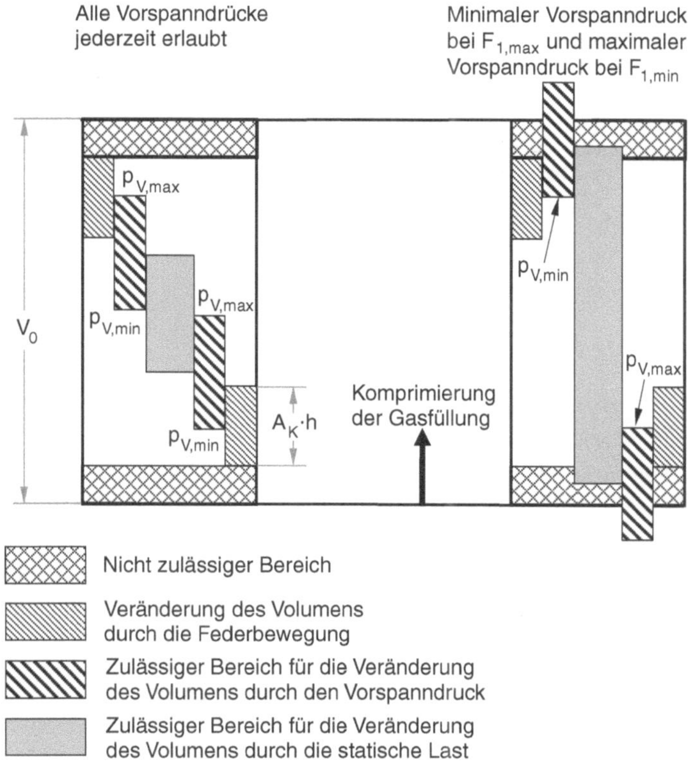

Abb. 3.4. Optimale Ausnutzung der Druckspeichergrenzen der Kolbenseite

Federlast zusammenwirken und wie dadurch der Bereich für die Federlast verringert oder erweitert wird (Abb. 3.4).

Man erkennt deutlich, dass man mit idealem Einsatz des Vorspanndruckes den zulässigen Bereich für die Federlast stark erweitern kann, signalisiert durch die Länge des grauen Balkens. Man stößt damit in Bereiche vor, die einem System mit konstanter Vorspannung verwehrt bleiben. Das Lastverhältnis kann damit extrem gesteigert werden.

In allen Fällen muss auch hier, wie bei jedem Druckspeicher, der für den Dauerbetrieb durch die Stabilität der Außenschale begrenzte, zulässige Innendruck p_{zul} beachtet werden. In Anlehnung an Gleichung 3.34 gilt folgender Zusammenhang für den Druck auf der Kolbenseite:

$$p_{max} = p_{1,max} \cdot \frac{\left(\frac{V_0 \cdot p_0}{p_{1,max}} \right)^n}{\left(\frac{V_0 \cdot p_0}{p_{1,max}} - A_K \cdot \frac{h}{2} \right)^n} \tag{3.47}$$

Nach Einsetzen von $p_{1,max}$ entsprechend Gleichung 3.40 und Kürzen von A_K ergibt sich:

$$p_{\max} = \frac{F_{F1,\max} + F_V}{A_K} \cdot \frac{\left(\dfrac{V_0 \cdot p_0}{F_{F1,\max} + F_V}\right)^n}{\left(\dfrac{V_0 \cdot p_0}{F_{F1,\max} + F_V} - \dfrac{h}{2}\right)^n}$$

Ist p_{max} größer als p_{zul} muss also $F_{F1,max}$ oder auch F_V entsprechend reduziert werden, um die Dauerfestigkeit der Außenschalen des kolbenseitigen Druckspeichers zu gewährleisten. Auf der (lasttragenden) Kolbenseite ist der Einsatz eines Druckbegrenzungsventils auf jeden Fall zu empfehlen. In der Praxis treten vom erhöhten Gas-Druckverlust über Anwendungsfehler bis hin zu absichtlichen Systemveränderungen durch den Anwender vielfältige Fehlermöglichkeiten auf, die zu überhöhten kolbenseitigen Drücken führen können. Auf Dauer würde die Außenschale des Speichers diesen nicht widerstehen können. Folge wäre im schlimmsten Falle eine plötzliche Explosion der Druckspeicher. Die dadurch entstehenden Schäden sowie die Folgeschäden einer plötzlich ausfallenden Federung sind nicht absehbar und müssen auf jeden Fall verhindert werden!

Abbildung 3.5 veranschaulicht in einem p-V-Diagramm noch einmal anhand des Druckes im Druckspeicher und des Gasvolumens, wie sich die Zustandsänderungen durch Einstellung der Federlast (isotherm) und durch die Federbewegung selbst (polytrop) auswirken. Besonders anschaulich werden dabei die Betriebsgrenzen des Druckspeichers.

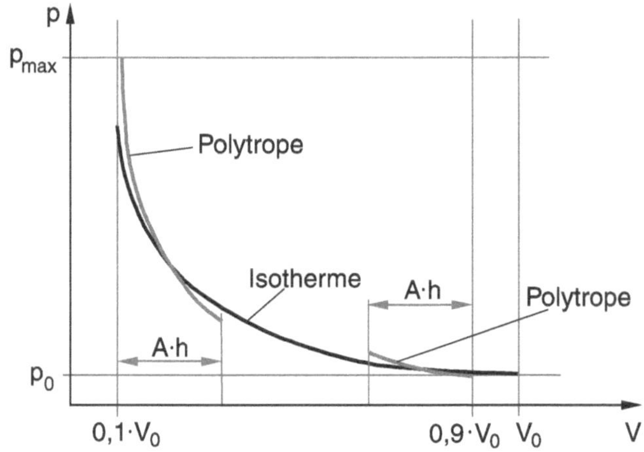

Abb. 3.5. Veranschaulichung der Betriebsgrenzen des Druckspeichers im pV-Diagramm

3.2 Auslegung der hydraulischen Dämpfungselemente

Wie bereits in Kap. 2 erwähnt wird die hydraulische Dämpfung durch Strömungswiderstände erreicht, welche einen Druckverlust erzeugen. Dieser wirkt dann auf die jeweiligen Wirkflächen innerhalb des Zylinders und baut die entsprechenden Dämpfungskräfte auf. Diese Dämpfungskräfte sind abhängig von der Ein-/Ausfedergeschwindigkeit, da auch die Druckverluste von den Strömungsgeschwindigkeiten in den Strömungswiderständen abhängen. Die Dämpfungskraft ist dabei stets der Bewegungsrichtung entgegengesetzt.

Kann man nur eine feste hydraulische Dämpfung bestimmen, so muss insbesondere bei Federungssystemen, die einen großen Bereich an statischen Federlasten abdecken sollen, ein Kompromiss für die Dämpfungskraft gefunden werden. Sie muss groß genug sein, um hohe Federlasten ausreichend zu bedämpfen, soll allerdings bei geringen Federlasten keine zu hohen Komforteinbußen wegen der hohen Dämpfungskräfte hervorrufen.

Wichtig bei der Bestimmung der erforderlichen Strömungswiderstände ist, dass durch den Druckverlust am Strömungswiderstand zu keiner Zeit Kavitation im System auftritt. Abgesehen von den Geräuschen und einer möglichen Zerstörung der inneren Zylinderkomponenten, begrenzt die Kavitation auch die möglichen Dämpfungskräfte. Je nach Art der hydropneumatischen Federung erfolgt eine unterschiedliche Auslegung der Dämpfungselemente damit keine Kavitation auftreten kann.

3.2.1 Einfachwirkender Zylinder im nicht hydraulisch vorgespannten System

Die Dämpfungskraft resultiert hier aus dem Druckverlust Δp am Strömungswiderstand, der auf die hydraulisch wirksame Zylinderfläche, die Stangen- bzw. Plungerfläche A_S wirkt. Entsprechend der Vorgaben für die Dämpfungskraft ist demnach der Strömungswiderstand auszulegen.

$$F_{D,hyd} = \Delta p \cdot A_S \tag{3.48}$$

Der Auslegung sind allerdings, wie oben bereits erwähnt, Grenzen gesetzt, welche durch zu große Druckverluste und damit einer drohenden Kavitation bestimmt werden. In Abb. 3.6 wird die Situation erläutert.

Während der **Druckstufe** – beim Ausströmen der Druckflüssigkeit aus dem Zylinder – ist die Kavitation kein Problem, da der Druck, der die Flüssigkeit durch den Strömungswiderstand bewegt, direkt vom Zylinder erzeugt wird. Es gilt also:

$$\Delta p = p_Z - p_{Sp} \tag{3.49}$$

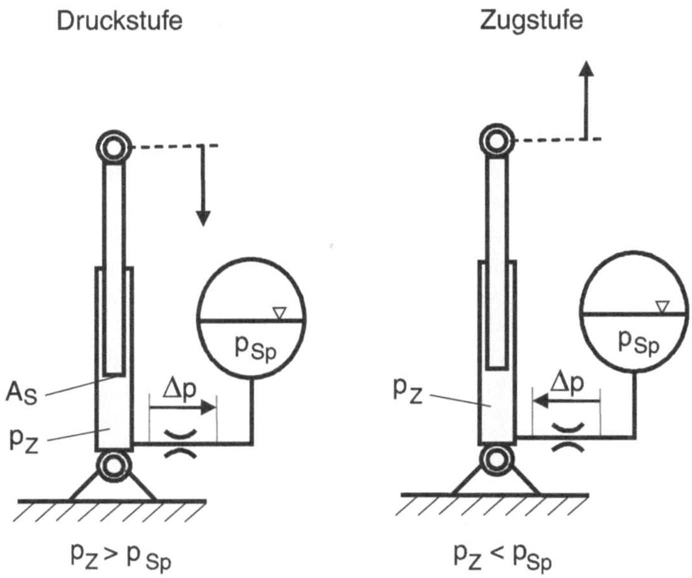

Abb. 3.6. Verhalten des einfachwirkenden Zylinders beim Ein- und Ausfedern

$p_Z > p_{Sp}$ und da $p_{Sp} >> p_{Kav}$ ist auch gewährleistet, dass

$p_Z >> p_{Kav}$

Während der **Zugstufe** – beim Einströmen der Druckflüssigkeit in den Zylinder – ist allerdings der Druckverlust beschränkt, da im jeweiligen Druckspeicher nur ein bestimmter Überdruck zur Verfügung steht, der die Flüssigkeit durch den Strömungswiderstand zwingt. Der verfügbare Druck p_{Sp} limitiert den möglichen Volumenstrom aus dem Druckspeicher in den Zylinder und damit auch die mögliche Ein-/Ausfedergeschwindigkeit.

$$\Delta p = p_{Sp} - p_Z \tag{3.50}$$

und da wegen Kavitationsgefahr die Forderung gilt: $p_Z > p_{Kav}$
lässt sich ableiten:

$$\Delta p < p_{Sp} - p_{Kav} \tag{3.51}$$

Für eine Drossel gilt entsprechend Abschnitt 2.3.2:

$$\Delta p = \dot{V} \cdot \upsilon \cdot \rho \cdot K \tag{3.52}$$

Setzt man für den Volumenstrom das Produkt aus Stangenfläche mal Ausfahrgeschwindigkeit, so erhält man nach Auflösen die Ausfahrgeschwindigkeit v_{Kav}, bei welcher der Druck im Zylinder gleich dem Kavitations-Grenzdruck p_{Kav} wird.

$$v_{Kav} = \frac{p_{Sp} - p_{Kav}}{\nu \cdot \rho \cdot K \cdot A_S} \tag{3.53}$$

Durch eine entsprechende Auslegung des Strömungswiderstandes (= der Summe aller Strömungswiderstände auf dem Weg des Öles zwischen Zylinder und Druckspeicher!) ist zu gewährleisten, dass stets ein ausreichender Abstand des Zylinderdruckes vom Kavitations-Grenzdruck gegeben ist.

Abbildung 3.7 zeigt deutlich, wie sich die Kavitation im Experiment im Kraft-Weg-Diagramm äußert. Man erkennt, dass die Kraft-Weg-Kurve ihren typischen, auf der hydraulischen Dämpfung beruhenden Bauch verliert und sich stattdessen eine Abflachung einstellt. Die Dämpfkraft liegt hier konstant auf dem Maximalniveau von $A_Z \cdot (p_{Sp} - p_{Kav})$, obwohl die Verfahrgeschwindigkeit des Zylinders noch bis zum Scheitelpunkt ($s = 0\%$) zunimmt. Erst, wenn die Verfahrgeschwindigkeit wieder unterhalb des Grenzwertes liegt, stellt sich wieder der übliche Verlauf der Kraft-Weg-Kurve ein.

Diese Begrenzung der möglichen Dämpfung gilt nun ausgerechnet für die Zugstufe, die, wie bereits erwähnt, für guten Fahrkomfort stärker bedämpft sein sollte als die Druckstufe (Faustregel 2 : 1). Ist die mit einem einfachwirkenden Zylinder entsprechend Abb. 3.6 mögliche Zugstufendämpfungskraft nicht für alle Betriebsbedingungen ausreichend, so muss, wie im folgenden Abschnitt beschrieben, auf einen doppeltwirkenden Zylinder zurückgegriffen werden.

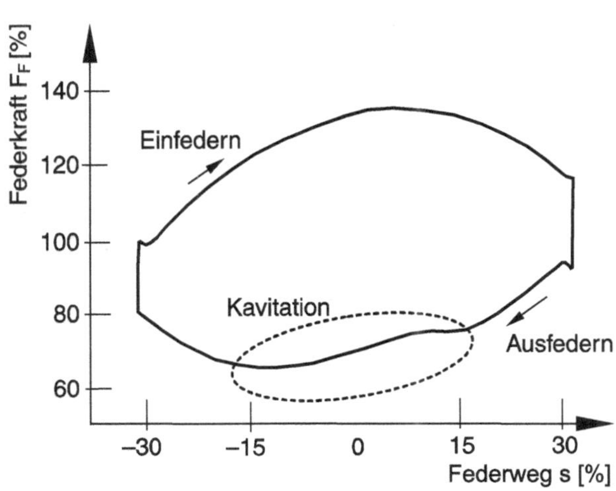

Abb. 3.7. Verlauf der Kraft-Weg-Kurve bei Kavitation

3.2.2 Doppeltwirkender Zylinder im nicht hydraulisch vorgespannten System

Der doppeltwirkende Zylinder wird nun mit zwei getrennten Strömungswiderständen betrieben: einer ist der Ring- und einer der Kolbenraumseite zugeordnet. Durch eine entsprechende Verschaltung der Strömungswiderstände wird nun eine deutlich höhere Zugstufendämpfkraft ermöglicht. Abbildung 3.8 zeigt beispielhaft die naheliegendste Möglichkeit der hydraulischen Schaltung.

Da dieses System jedoch aufgrund der äußeren Überströmleitung aufwändig ist, ist es sinnvoll, den ringraumseitigen Strömungswiderstand in den Kolben zu integrieren und im folgenden einen zweiten Widerstand zwischen Kolbenraum und Druckspeicher zu schalten. Man hat dadurch ebenfalls den Vorteil der erhöhten Zugstufendämpfung, der Zusatzaufwand hält sich gegenüber dem einfachwirkenden Zylinder in vertretbaren Grenzen (Abb. 3.9). **Dieses System soll im weiteren betrachtet werden.**

Zur Berechnung der Dämpfungskräfte ist in diesem Fall der direkte Weg über Drücke und Flächen mühsam und unübersichtlich. Dies gelingt hier besser über die Betrachtung der in den Strömungswiderständen umgesetzten Wärmeleistung die gleich der hydraulischen Dämpfungsleistung $P_{D,hyd}$ ist:

$$P_{D,hyd} = \Delta p_K \cdot \dot{V}_S + \Delta p_R \cdot \dot{V}_R \tag{3.54}$$

Wichtig bei dieser Betrachtung ist, dass aufgrund der regenerativen Schaltung des Federungszylinders im obigen Beispiel durch den kolbenseitigen Strömungswiderstand nicht der Volumenstrom des Kolbenraumes fließt, sondern nur der von

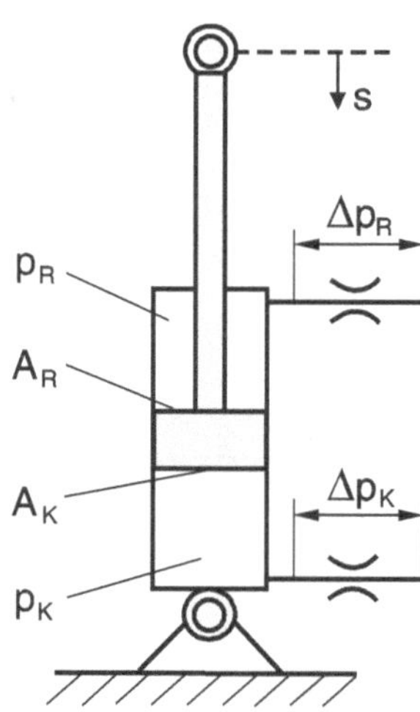

Abb. 3.8. Nutzung des doppeltwirkenden Zylinders für mehr Zugstufendämpfung

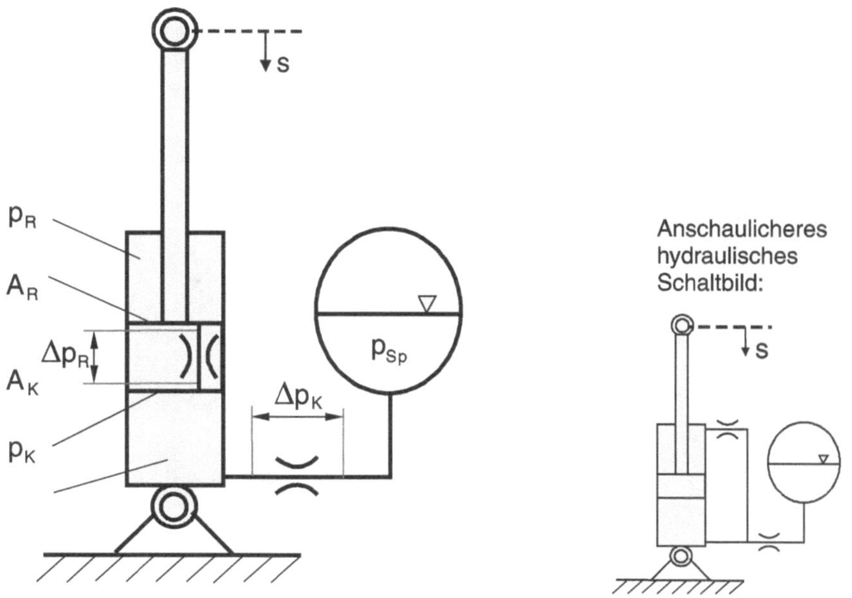

Abb. 3.9. Blende im Kolben zur Vereinfachung der Anordnung

der Stange verdrängte Volumenstrom $\dot{V}_S$! Setzt man nun:

$$\dot{V}_S = A_S \cdot \mathrm{v} \tag{3.55}$$

und

$$\dot{V}_R = A_R \cdot \mathrm{v} \tag{3.56}$$

sowie

$$F_{D,hyd} = \frac{P_{D,hyd}}{\mathrm{v}} \tag{3.57}$$

so erhält man durch Auflösen nach $F_{D,hyd}$:

$$F_{D,hyd} = \Delta p_K \cdot A_S + \Delta p_R \cdot A_R \tag{3.58}$$

Diese Gleichung kann zur Auslegung der Strömungswiderstände herangezogen werden. Wichtig ist allerdings, dass die Strömungswiderstände optimal aufeinander abgestimmt sind, denn sonst kann auch hier Kavitation auftreten. Wird der ringseitige gegenüber dem kolbenseitigen Widerstand deutlich zu groß gewählt, so wird Kavitation im Ringraum während der Druckstufe die Folge sein. Umgekehrt wird bei zu großem kolbenseitigen Widerstand die Kavitation im Kolbenraum während der Zugstufe auftreten. Im folgenden werden die entsprechenden Druckverhältnisse und die Grenze zur Kavitation näher betrachtet:

Einfahren:
$$p_R = p_{Sp} + \Delta p_K - \Delta p_R \tag{3.59}$$

$$p_R = p_{Sp} + A_S \cdot \mathrm{v} \cdot \nu \cdot \rho \cdot K_K - A_R \cdot \mathrm{v} \cdot \nu \cdot \rho \cdot K_R \tag{3.60}$$

Ausfahren:
$$p_K = p_{Sp} - \Delta p_K \tag{3.61}$$

$$p_K = p_{Sp} - A_S \cdot \mathrm{v} \cdot \nu \cdot \rho \cdot K_K \tag{3.62}$$

Über die letzte Gleichung kann man direkt über $p_K = p_{Kav}$ den Grenzwert für den kolbenseitigen Strömungswiderstand $K_{K,grenz}$ berechnen:

$$K_{K,grenz} = \frac{p_{Sp} - p_{Kav}}{A_S \cdot \mathrm{v} \cdot \nu \cdot \rho} \tag{3.63}$$

Setzt man in Gl. 3.60 $p_R = p_{Kav}$ und löst nach K_R auf, so erhält man den Grenzwert für den ringseitigen Strömungswiderstand $K_{R,grenz}$:

$$K_{R,grenz} = \frac{p_{Sp} - p_{Kav} + A_S \cdot \mathrm{v} \cdot \nu \cdot \rho \cdot K_K}{A_R \cdot \mathrm{v} \cdot \nu \cdot \rho} \tag{3.64}$$

Mit Einsetzen von $K_{K,grenz}$ für K_K kommt man auf:

$$K_{R,grenz} = \frac{2 \cdot (p_{Sp} - p_{Kav})}{A_R \cdot \mathrm{v} \cdot \nu \cdot \rho} \tag{3.65}$$

Setzt man nun die beiden Grenzwerte ins Verhältnis, so erhält man das ideale Verhältnis der Grenzwiderstände und damit (für den Fall, dass keine extrem hohen Dämpfungskräfte benötigt werden) auch das ideale Verhältnis von kolbenseitigem zu ringseitigem Strömungswiderstand:

$$\frac{K_R}{K_K} = \frac{2 \cdot A_S}{A_R} \tag{3.66}$$

Will man sich durch die obigen Gleichungen in der Auslegung nicht zu sehr limitieren lassen, so bietet es sich an, den Strömungswiderständen jeweils ein Rückschlagventil parallel zu schalten. Durch ein freies Ansaugen durch das Rückschlagventil hat man einerseits das Kavitationsproblem beseitigt und ist zusätzlich dazu auch noch in der Lage, ein System aufzubauen, das in Zug- und Druckstufe unterschiedliche Dämpfungskräfte aufweist. Moderne Automobildämpfer sind derart aufgebaut (siehe auch Abschnitt 4.3.2).

3.2.3 Doppeltwirkender Zylinder im hydraulisch vorgespannten System

Da in diesem Fall Ring- und Kolbenraum voneinander völlig getrennt sind, können auch deren Volumenströme und die daraus resultierenden Druckverluste getrennt berechnet werden. Dabei kann man entsprechend der Berechnung in 3.2.1 vorgehen. Die gesamte hydraulische Dämpfungskraft berechnet sich dann zu:

$$F_{D,hyd} = \Delta p_K \cdot A_K + \Delta p_R \cdot A_R \tag{3.67}$$

Bei der Berechnung der Kavitationsgrenzen gilt es nun zwischen den Druckniveaus im Speicher des Ringraumes bzw. des Kolbenraumes zu unterscheiden.

$$v_{Kav,Ein} = \frac{p_{Sp,R}}{\nu \cdot \rho \cdot K_R \cdot A_R} \tag{3.68}$$

$$v_{Kav,Aus} = \frac{p_{Sp,K}}{\nu \cdot \rho \cdot K_K \cdot A_K} \tag{3.69}$$

Durch entsprechende Auslegung der Strömungswiderstände ist die Kavitation zu vermeiden. Dabei ist es interessant, dass nicht nur der Strömungswiderstand die maximal zulässige Geschwindigkeit der Federbewegung definiert, sondern dessen Veränderung durch die bremsende Wirkung der Dämpfungskräfte automatisch auch die tatsächlich auftretenden Ein- und Ausfedergeschwindigkeiten beeinflusst. Experimente zur Feinabstimmung der Dämpfungselemente sind daher unerlässlich.

Auch hier kann jeder Strömungswiderstand parallel mit einem Rückschlagventil ausgerüstet werden, so dass Kavitation von vorne herein vermieden wird und zusätzlich noch eine genaue und getrennte Einstellung der Zug- und Druckstufendämpfungskräfte möglich ist.

4 Konstruktionselemente im Federkreis

Der schematische Aufbau eines einfachen hydropneumatischen Federungssystems wurde bereits in Abschnitt 2.1 dargestellt. Im vorliegenden Kapitel sollen nun die hierfür erforderlichen Konstruktionselemente genauer erläutert werden.

4.1 Zylinder

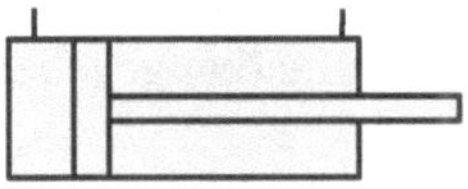

4.1.1 Funktion und Anforderungen

Die Zylinder dienen dem Federungssystem als tragendes Element, hier werden die Kräfte aufgenommen, welche die zu federnde Masse in der vorgesehenen Position halten. Gleichzeitig wird über die Zylinder auch ein Federweg bereitgestellt, welcher die gewünschte Isolationswirkung zwischen Primär- und Sekundärseite ermöglicht. Kräfte und Federwege im bzw. in den Federungszylinder(n) führen damit also zu einem Energieaustausch zwischen der mechanischen Aufhängung und dem hydraulischen Federungssystem.

Üblicherweise ist die Geometrie des Federungssystems so ausgelegt, dass die Zylinder auf Druck belastet werden. Dies bedeutet, dass die gesamte Kolbenfläche die zu federnde Masse tragen kann, der wirksame Querschnitt des Zylinders wird also optimal ausgenutzt.

Nur sehr selten übernimmt der Zylinder dabei Führungsaufgaben im Rahmen der mechanischen Aufhängung. Der Grund dafür liegt in der dadurch entstehenden Querkraft- und/oder Momentenbelastung, welche den bereits unter Druckkräften stehenden Zylinder durch zusätzliche Biegespannungen zerstören kann. Hinzu kommt, dass Querkräfte und Momente die Reibung in den zylinderinternen Führungselementen erhöhen, was, wie bereits in Kap. 2 erwähnt, zu verschlechterten Federungseigenschaften führt. Im Normalfall wird man daher sehr auf eine geradlinige Belastung entlang der Zylinderachse achten. Lassen sich Querkräfte aufgrund der gegebenen Federungsmechanik nicht vermeiden, so können diese oftmals durch andere geometrische Maßnahmen kompensiert werden. Ein gutes Beispiel ist hier die Schrägstellung der Wirklinie der Federkraft an einem McPherson-Federbein, wodurch die Querkräfte auf den Dämpfer verringert werden.

Die Betriebsdrücke des Federungssystems sind auf den Nenndruck des fahrzeugeigenen Hydrauliksystems ausgelegt. Letzterer soll auch bei maximaler Federungsbelastung noch eine Niveauregulierung in Mittellage ermöglichen. Von diesem Druckniveau ausgehend werden durch den Federungsvorgang selbst nochmals deutlich höhere Drücke erreicht. Entsprechend müssen die Zylinder insbesondere bzgl. ihrer Festigkeit und der Dichtungssysteme ausgelegt sein.

Neben der geometrischen Definition durch Zeichnung oder 3D-Modell sind die wesentlichen Spezifikationsmerkmale für Federungszylinder:

- Zulässige Betriebsdrücke
- Temperaturbereiche (Lagerung, Betrieb, kurzfristig, langfristig)
- Äußere Kräfte und Momente im Betrieb, Ein-/Ausfederanschlag extern oder zylinderintern
- Haft- und Gleitreibung bei verschiedenen Betriebsbedingungen (Drücke, Temperaturen, Geschwindigkeiten)
- Ggf. hydraulische Dämpfungskräfte (bei gegebener Ölviskosität und Kolbengeschwindigkeit)
- Max. Kolbengeschwindigkeit
- Qualifikationstests wie z. B. Dauerfestigkeit bezogen auf ein zu bestimmendes Lastkollektiv oder min. Festigkeit im Zerreißversuch
- Sauberkeit im Anlieferungszustand
- Allgemeine Betriebs- und Umgebungsbedingungen und ggf. entsprechende Schutzmaßnahmen (Korrosionsschutz, Steinschlagschutz etc.)

4.1.2 Zylinderbauarten

Der allgemeine Aufbau eines Federungszylinders ist in Abb. 4.1 dargestellt.

Zentrales Element ist das Zylinderrohr welches an alle anderen Elemente außer die Kolbenstange angrenzt. Das Zylinderrohr wird am einen Ende verschlossen vom Zylinderboden, welches meistens ebenfalls die Funktion der Krafteinleitung auf dieser Seite des Zylinders übernimmt. Das krafteinleitende Element kann unterschiedlich ausgebildet sein, hier ist beispielhaft ein Gleitlager angedeutet.

Auf der anderen Seite wird das Zylinderrohr verschlossen von der Stangenführung, welches seinerseits die Führung der Kolbenstange übernimmt. Letztere ist fest mit dem Kolben verbunden, der im Falle des dargestellten doppeltwirkenden Zylinders den Zylinder in zwei Räume trennt: Den Kolbenraum und den Ringraum. Zum Zweck der Trennung dieser Räume ist im Kolben eine Dichtung untergebracht. Darüberhinaus befinden sich hier auch Führungselemente, welche die Querkräfte zwischen Kolben und Zylinderwand möglichst reibungs- und spielarm übertragen sollen, wobei eine metallische Reibung Kolben/Zylinderrohr verhindert und ein definierter Spalt an der Dichtung erzeugt wird. In der Stangenführung befinden sich ebenfalls Dichtungselemente, die den Ringraum

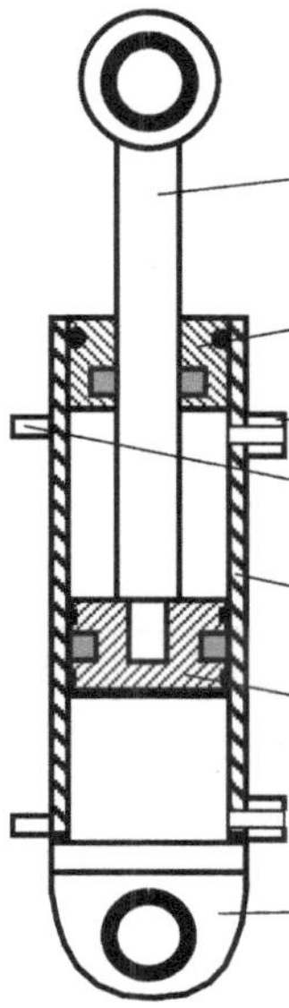

Abb. 4.1. Allgemeiner Aufbau eines Federungszylinders

von der Umgebung abdichten. Die Führung der Kolbenstange erfolgt dort entweder metallisch oder ebenfalls über eingelegte Führungselemente.

Weiterhin sind z. B. am Zylinderrohr hydraulische Anschlüsse befestigt, durch welche der Ölaustausch zu den Zylinderräumen stattfinden kann. Zum Teil sind, um den Zylinder z. B. bei Erstinbetriebnahme entlüften zu können, Entlüftungselemente möglichst nahe am Boden- sowie an der Stangenführung angebracht.

Darüberhinaus sind im Zylinder je nach dessen Aufgabe und Bauart weitere Elemente integriert (in Abb. 4.1 nicht dargestellt) wie z. B. Endlagendämpfung(en), Sensoren oder Anschlussflansche, um beispielsweise direkt einen Hydrospeicher anschrauben zu können.

Es gibt im wesentlichen zwei Möglichkeiten der Unterscheidung von Zylindern: Das Wirkprinzip und das Konstruktionsprinzip. Beim Wirkprinzip kennt man insbesondere die einfachwirkenden Zylinder mit Plunger oder auch mit Stange und Kolben, sowie die doppeltwirkenden Zylinder in Ausführung als Differenzialzylinder oder Gleichlaufzylinder. Für das Konstruktionsprinzip kennt man verschiedene Grundbauarten, welche sich im wesentlichen in der Verbindungsart der drei Zylinderhauptkomponenten Stangenführung, Zylinderrohr und Zylinderboden unterscheiden. Bekannt sind hier für die Verbindung Zylinderboden-Zylinderrohr v. a. die Schweißkonstruktion, für die Verbindung Stangenführung-Zylinderrohr v. a. die Schraub- und die Steckkonstruktion sowie für den Gesamtzylinder die Zugankerkonstruktion und die Bördelkonstruktion.

Wirkprinzip

In Abb. 4.2 sind die Zylinder entsprechend ihrer unterschiedlichen Wirkprinzipien aufgeführt.

Für Federungssysteme mit geringer Lastvariation bzw. auch mit äußerer mechanischer Vorspannung können einfachwirkende Zylinder verwendet werden. Wenn die Anforderungen an die hydraulische Dämpfung in der Zugstufe nicht zu groß sind, kann ein einfacher Plungerzylinder zum Einsatz kommen. Er zeichnet sich aus durch vergleichsweise geringe Herstellungskosten, gute Knicksicherheit und eine stabile Anbindung des stangenseitigen Krafteinleitungselementes. Demgegenüber steht allerdings bei massiver Bauweise ein relativ hohes Gewicht mit dem Nachteil einer Vergrößerung der ungefederten Massen. Soll dies vermieden werden, so kann die Stange des Plungerzylinders auch hohl ausgeführt werden. Eine andere Möglichkeit ist es, den aufwändigeren einfachwirkenden Zylinder mit Kolben und Stange zu verwenden, wobei die Ringseite belüftet bzw. mit dem Hydrauliktank verbunden ist und nur die Kolbenseite druckbeaufschlagt wird.

Letztgenannter Zylinder wird mit beidseitiger Druckbeaufschlagung auch dann verwendet, wenn in der Zugstufe eine höhere Dämpfung gewünscht wird. Durch eine Bohrung im Kolben oder eine außenliegende Leitung wird dann das Öl von der Stangen- auf die Kolbenseite verdrängt. Wird dieser Überströmquerschnitt

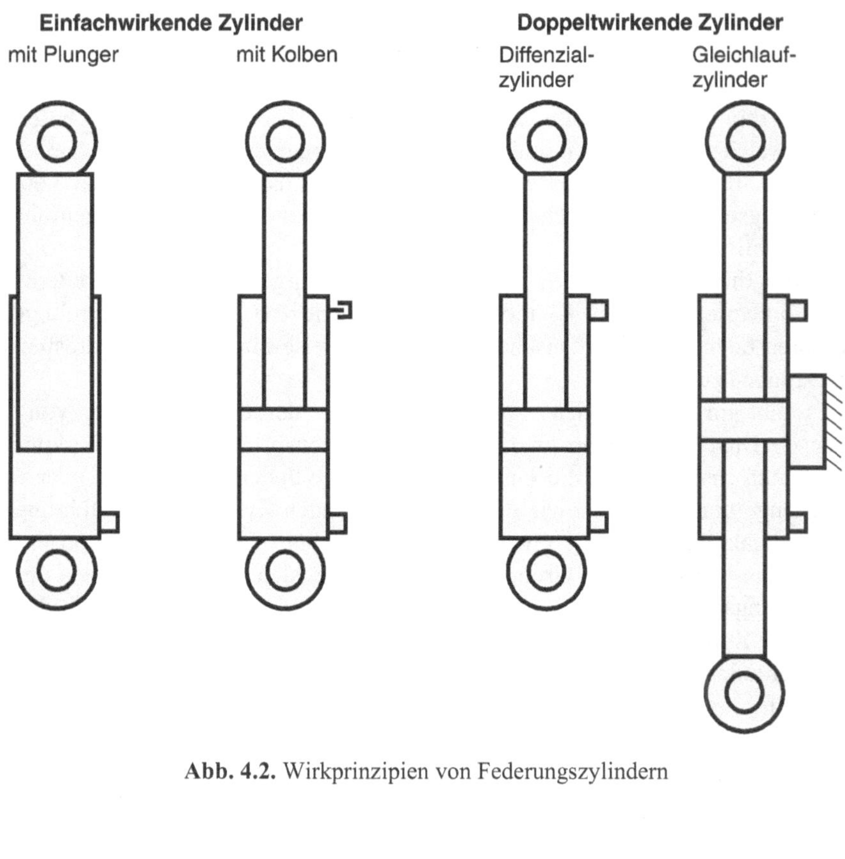

Abb. 4.2. Wirkprinzipien von Federungszylindern

durch Widerstandselemente begrenzt (z. B. eine Blende) so ergibt sich eine entsprechende Bedämpfung der Zugstufe. Wie in Kap. 3 bereits dargelegt, ist bei richtungsunabhängigen Strömungswiderständen aufgrund von Kavitationsgefahr allerdings Vorsicht geboten. Vom doppeltwirkenden Differenzialzylinder unterscheidet sich der Zylinder nur aufgrund der fehlenden Dichtungen am Kolben sowie des fehlenden Ölanschlusses auf der Stangenseite. Entsprechend teurer ist daher auch diese Zylinderbauart gegenüber dem Plungerzylinder.

Wird ein Federungssystem für große Lastvariationen benötigt greift man üblicherweise auf ein hydraulisch vorgespanntes System mit doppeltwirkendem Zylinder zurück. Der Differenzialzylinder ist hier erste Wahl: Auf seiner Stangenseite wird der erforderliche Vorspanndruck eingestellt, der Druck auf der Kolbenseite wird dann auf ein entsprechendes Niveau gebracht, um die Achslast und die Kräfte des Vorspanndruckes zu kompensieren und die Federung in Mittellage zu halten. Dies bedeutet automatisch, dass nun Kolben- und Stangenseite voneinander durch eine Dichtung auf dem Kolben getrennt werden müssen. Folglich benötigt der Zylinder einen separaten Ölanschluss für die Stangenseite.

Die vollständige Trennung von Kolben- und Stangenseite ermöglicht nun eine sehr wirksame Bedämpfung der Federbewegung durch Einsatz von Strömungswiderständen zwischen den jeweiligen Ölräumen und den dazugehörigen Speichern. Bedingt durch die Vorspannung sind die Basisdrücke hier höher als beim einfachwirkenden Zylinder. Entsprechend ist die Kavitationsgefahr bei schnellen Federbewegungen geringer.

Der in der Hydraulik ebenfalls bekannte Gleichlaufzylinder ist ein Zylinder mit einer durchgehenden Kolbenstange, welche gleiche Wirkflächen auf beiden Seiten des Kolbens ermöglicht. Er ist für hydropneumatische Federungen nur in Sonderfällen interessant (z. B. wenn Federungszylinder mit drei Arbeitsräumen nötig sind oder nur eine Wankstabilisierung gewünscht ist) und soll daher hier nicht näher betrachtet werden.

Konstruktionsprinzip

In Abb. 4.3 sind Zylinder nach drei verschiedenen Konstruktionsprinzipien dargestellt, die generell für die oben näher erläuterten Zylinder (Plunger, einfachwirkend mit Kolben, doppeltwirkender Differenzialzylinder) genutzt werden können.

Die Schweißkonstruktion ist das am weitesten verbreitete Konzept und zeichnet sich vor allem durch einen hohen Grad an Robustheit aus. Dabei ist der Zylinderboden an das Zylinderrohr geschweißt, die Stangenführung (falls vorhanden) in das Zylinderrohr zumeist eingeschraubt, manchmal auch eingesetzt und formschlüssig verbunden (z. B. mit Drahtring), die Abdichtung erfolgt hier mit üblichen Dichtungskomponenten wie z. B. O-Ringen. Solche Zylinder können hohe Zug- und auch Querkräfte aufnehmen, die Bauweise ist vergleichsweise kompakt.

Die Zugankerkonstruktion verzichtet völlig auf Schweißnähte indem hier die Bauteile Stangenführung, Zylinderrohr und Zylinderboden durch außenliegende Gewindestangen miteinander verspannt werden. Die Abdichtung der Komponenten zueinander erfolgt ebenfalls durch übliche Dichtungskomponenten. Dadurch sind die Probleme, die durch die Wärmeeinbringung beim Schweißen hervor-

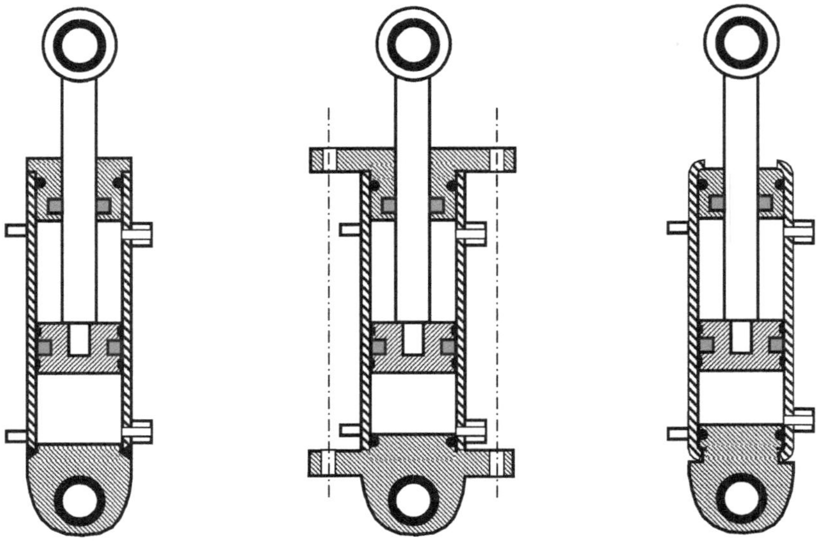

Abb. 4.3. Beispiele für Konstruktionsprinzipien von Federungszylindern

gerufen werden kein Thema mehr (Schweißverzug, Gefügeänderung, Schweißeigenspannungen). Auch entfällt die 100% Dichtheitsprüfung mit der die Schweißnähte auf Porosität getestet werden. Die Bearbeitung der Zylinderrohre fällt vergleichsweise gering aus, im einfachsten Fall reicht ein Zuschneiden, Entgraten und Anfasen (Dichtungsmontage!). Ölanschlüsse werden dann üblicherweise in die Stangenführung und den Zylinderboden integriert. Wichtig ist bei der Zugankerkonstruktion die genaue Ausrichtung der Komponenten zueinander, sowohl was die Fertigung der betreffenden Fügeflächen als auch die Endmontage betrifft. Prinzipbedingt können zugankerverschraubte Zylinder ohne besondere Maßnahmen keine großen Zug- und Querkräfte aufnehmen, hier muss also in der Federungsmechanik entsprechend Vorsorge getroffen werden. Beispielsweise sollten mechanische Endanschläge durch andere Komponenten übernommen werden. Der zusätzliche Bauraumbedarf durch die außenliegenden Zuganker und die seitlichen Nasen für die entsprechenden Ösen an Stangenführung und Zylinderboden stellt einen weiteren Nachteil dar.

Die Bördelkonstruktion hat sich vor allem in der Massenfertigung von Stoßdämpfern im Automobilbereich und bei Kleindämpfern durchgesetzt. Auch hier werden die Probleme der Schweißkonstruktion vermieden. Zugunsten des niedrigen Preises wird hier auf eine Wartungsmöglichkeit des Zylinders verzichtet. Zylinderboden und Stangenführung sind mit dem Zylinderrohr verbördelt. Die Abdichtung erfolgt wie bei der Zugankerkonstruktion durch elastomere

Dichtungselemente. Wegen der geringen möglichen Wanddicken ist dieses Konzept für hydropneumatische Federungssysteme nur bedingt umsetzbar.

4.1.3 Dichtungen

Die Dichtungstechnik spielt bei Federungszylindern eine besonders große Rolle. Man unterscheidet dabei statische und dynamische Dichtungen, letztere werden wieder in rotatorische und translatorische dynamische Dichtungen untergliedert. Die letztgenannten Dichtungen bestimmen am Federungszylinder mit ihrer Reibung, wie gut dieser arbeiten kann. Dabei ist vor allem das Stangendichtsystem als trennendes Element zur Umwelt hin von hoher Bedeutung, da sowohl ein Austreten von Öl in die Umgebung als auch ein Eindringen von Umgebungsschmutz in den Hydraulikkreis unbedingt vermieden werden müssen.

Die dynamische Abdichtung sollte von ihrer Natur her eher als kontrollierte Minimalleckage bezeichnet werden. Damit nämlich ein problemloses Gleiten der Dichtlippe auf der ihr zugeordneten Oberfläche möglich ist, benötigt man einen hauchdünnen Schmierfilm. In der Regel ist dieser dünner als 1 µm, was in etwa der Größenordnung der Rauheit und der Welligkeit der Dichtoberflächen entspricht [MUE]. Der Schmierfilm sorgt dafür, dass die Reibung gering gehalten wird, wodurch auch die Wärmeentwicklung an der Dichtlippe gering bleibt. Die Wärme, die dennoch entsteht, wird teilweise vom Schmierfilm aufgenommen und abgeleitet. Geringe Reibung sorgt an dieser Stelle auch für einen geringen Verschleiß der Dichtlippe.

Aufgrund des Schmierfilms wird bei Relativbewegung Öl durch den Dichtspalt hindurch transportiert. Damit daraus keine Leckage resultiert, muss bei der entgegengesetzten Bewegung dieses Öl wieder zurückgefördert werden. Insbesondere der Gradient des Anpressdruckes entlang der Dichtlippe bestimmt dabei, wie gut das Öl unter der Dichtlippe hindurchgefördert werden kann. Von besonderer Bedeutung ist das Maximum des Druckgradienten für die jeweilige Bewegungsrichtung: Je größer es ist, umso geringer ist die Förderwirkung. Müller gibt hierfür eine anschauliche Erklärung anhand eines Wagens, der von der Hochdruck- zur Niederdruckseite der Dichtung über die Kurve des Verlaufs der Flächenpressung fährt. Er verliert umso mehr Öl von seiner Ladefläche, je steiler er den Gradienten des Pressungsverlaufes hinauffährt und kommt daher mit weniger Öl auf der Niederdruckseite an [MUE].

Abbildung 4.4 zeigt, wie sich die Kontur der Dichtung (a) auf die die Ausbildung dieses Druckgradienten auswirkt. Generell gilt: Je flacher der Winkel, mit der die Dichtungsoberfläche auf die Gegenfläche (b) trifft, umso niedriger ist der Druckgradient des Pressungsverlaufes (c) und umso größer ist die Förderwirkung (d) in der jeweiligen Bewegungsrichtung. Auch der Radius der Dichtkante spielt dabei eine Rolle: Je größer der Radius, umso leichter kommt das Öl unter die Dichtkante, umso geringer wird also die Reibung, aber umso größer wird auch die Ölförderwirkung sein.

Da man bei einer Stangendichtung möglichst großen Wert auf Leckagefreiheit legt, wird man also die Dichtungskontur auf der Ölseite mit einem sehr großen

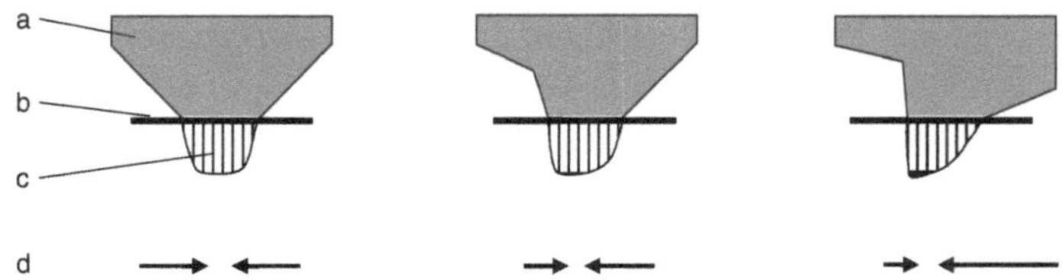

Abb. 4.4 Einfluss der Dichtungskontur auf den Druckgradienten

Winkel (geringe Förderwirkung) und auf der Luftseite mit einem geringen Winkel versehen (hohe Förderwirkung). Damit ist sichergestellt, dass immer mehr Öl zurückgefördert werden kann, als durch die Dichtung austritt. Beim Kolbendichtungssystem verlangt man dagegen, dass die Dichtung keine bevorzugte Förderrichtung hat, da sonst ständig Öl vom einen in den anderen Zylinderraum „gepumpt" würde. Aus diesem Grund sind Kolbendichtungen üblicherweise zu beiden Seiten hin symmetrisch ausgebildet.

Selbstverständlich spielt auch die Oberfläche der Gegenfläche eine bedeutende Rolle. Ist die Rauheit zu groß, so wird man einen größeren Ölfilm und auch Verschleiß an den Dichtlippen bemerken. Bei zu geringer Rauheit fehlen der Oberfläche die Räume in denen das Öl mitgefördert wird, welches auch die Schmierwirkung mit übernimmt. Hier wird also die Reibung ansteigen. Durch spezielle Oberflächenbeschichtungen können weitere Verbesserungen erreicht werden. Bei hochwertigen Stoßdämpfern wie z. B. Motorradgabeln (z. B. Fa. Öhlins) werden die Innenrohre mit dem goldglänzenden Titannitrid beschichtet, welches die Reibung nochmals herabsetzt.

Da auch dynamische Dichtungen in unbewegtem, statischem Zustand zuverlässig abdichten sollen, ist auch dies ein wichtiges Kriterium. Von Bedeutung ist vor allem der Übergang aus dem statischen in den dynamischen Zustand. Die Haftreibung spielt dabei eine wichtige Rolle: Da in diesem Moment noch kein Schmierfilm aufgebaut ist, liegt diese üblicherweise über der Gleitreibung. Die Haftreibung bestimmt dabei, ab welcher Stärke der Anregungen ein Federungssystem überhaupt wirksam werden kann. Bei der Auswahl der Dichtungen ist zudem darauf zu achten, dass Haft- und Gleitreibung nicht zu weit auseinanderliegen, da sonst der ungünstige Stick-Slip-Effekt auftreten kann (Haften-Gleiten-Haften-Gleiten-…).

Bei der Auswahl eines Dichtsystems für Federungszylinder zählen v. a. folgende Faktoren:

- Reibung!
- Leckagefreiheit (i.W. beim Stangendichtsystem)
- Maximal zulässige Relativgeschwindigkeit (Ein-/Ausfedern)
- Bauraumbedarf und verfügbare Größenstufen
- Robustheit und Toleranzausgleich
- Zulässige Einsatztemperaturen

Oftmals wird an einer dynamischen Dichtstelle nicht nur ein einzelnes Dichtelement, sondern ein ganzes Dichtsystem, bestehend aus mehreren Dichtelementen, eingesetzt. Auf diesem Weg kann man die positiven Eigenschaften jedes Dichtelementes gezielt ausnutzen und die Funktion an der entsprechenden Dichtstelle nochmals verbessern. Im Folgenden wird auf die Dichtstellen Kolbenstange-Stangenführung und Kolben-Zylinderwand genauer eingegangen.

Stangendichtsystem

Wie bereits erwähnt, wird von einem Stangendichtsystem verlangt, dass es statisch und dynamisch leckagefrei arbeitet. Um dies bei akzeptablen Reibungswerten zu gewährleisten setzt man üblicherweise hier sogar zwei Dichtelemente ein, die das Öl im Zylinder halten. Dazu wird auf der Niederdruckseite noch ein Abstreifer vorgesehen, welcher Schmutzpartikel, Wasser etc. von den empfindlichen Dichtkanten der Öldichtungen und aus dem Hydrauliksystem generell fernhält (Abb. 4.5).

Es ist nun Stand der Technik, die von der Ölseite her gesehen erste Dichtung (Primärdichtung) als reibungsarme Dichtung mit größerem Ölfilm auszuführen. Üblicherweise ist dies ein per O-Ring vorgespannter PTFE-Dichtring, der aufgrund seiner Stufenkontur auch als Stufendichtring bezeichnet wird. Diese Dichtung fängt im Regelfall bereits den gesamten Druck auf, der von der Ölseite zur Luftseite hin abgebaut werden muss. Dafür muss sie unbedingt so ausgeführt sein, dass sie bevorzugt Öl wieder in den Ölraum zurückfördert. Die zweite Dichtung, die Sekundärdichtung, wird dann konservativer ausgeführt, um den Ölfilm weiter zu reduzieren und Leckage zu vermeiden – hier kommt normalerweise ein Nutring zum Einsatz. Da der Nutring nurmehr wenig Druck abdichten muss sind dessen Reibungskräfte auch dementsprechend gering.

An der Reibung des Zylinders kann man daher auch indirekt die korrekte Funktion der Primärdichtung erkennen. Verliert letztere an Dichtwirkung, so steigt der sogenannte Zwischendichtungsdruck, der Nutring wird stärker druckbelastet und die Reibung vergrößert sich. Wird der Nutring mit dem vollen Öldruck beaufschlagt, führt dies zu einer deutlich spürbaren Reibungserhöhung.

Um eine noch geringere Reibung zu erzielen, kann man auch, wie z. B. an Zylindern servohydraulischer Prüfstände, gezielt eine sehr reibungsarme Stangen-

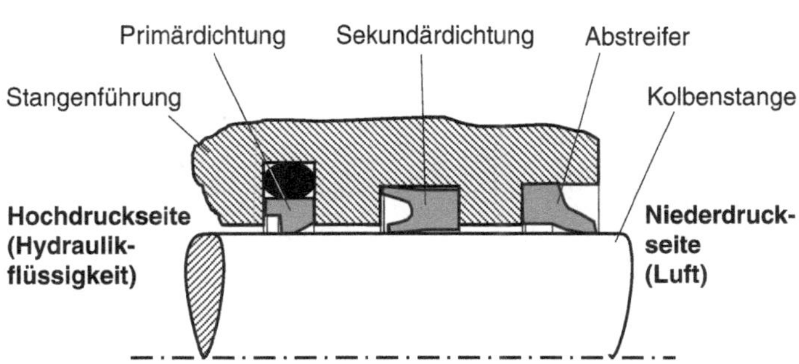

Abb. 4.5. Stangendichtsystem

dichtung – häufig nur einen geringen Dichtspalt – einsetzen, auch wenn bekannt ist, dass dies den Nachteil einer höheren Leckage mit sich bringt. Anstatt diese Leckage aber nun mit einem weiteren Dichtelement abzudichten, vor dem sich dann ein entsprechender Zwischendichtungsdruck aufbauen würde, kann man sie auch über eine Leckölleitung zurück zum Tank führen. Dadurch kann das zweite Dichtelement sehr einfach und reibungsarm ausfallen, da es quasi nur als Ölabstreifer dient. Anstelle des Abstreifers, der ebenfalls zu einem geringen Teil Reibung verursacht, kann auch ein Faltenbalg verwendet werden, der die gesamte Kolbenstange vor Verschmutzung schützt. All diese Eigenschaften haben die Federbeine in Citroen-Fahrwerken, um ein Optimum an Reibung zu erzielen.

Kolbendichtung

Da die Kolbendichtung nur intern abdichtet, muss hier nicht so sehr auf Leckagefreiheit geachtet werden. Zwar wird man im Stand, also im statischen Dichtfall, noch darauf achten, dass die Leckage möglichst gering ist, damit die Niveaulage erhalten bleibt. Aber während der Fahrt ist es kein Problem, wenn durch die Gleitvorgänge geringe Mengen an Lecköl an der Kolbendichtung überströmen. Auch wenn dadurch zeitweise eine Aktivierung der Niveauregulierung nötig ist, um die Federung wieder in Mittellage zu bringen, so wird man dies zugunsten geringerer Reibung und damit besseren Fahrkomforts gerne akzeptieren.

Die Kolbendichtung besteht bei einem Federungszylinder daher üblicherweise nur aus einem mittels O-Ring vorgespannten PTFE-Gleitring. Damit werden wie beim stangenseitig bereits erwähnten Stufendichtring die positiven Eigenschaften beider Werkstoffe ausgenutzt. An der Dichtstelle selbst sorgt reibungs- und verschleißarmes PTFE für die Ölabdichtung. Damit dies aber dauerhaft gewährleistet ist, muss eine Vorspannung aufgebracht werden, die auch über die Einsatzdauer nicht nachlässt. Diese Funktion übernimmt nun der Elastomer-O-Ring. Durch seine Verformung in der Nut wird bei Druckbelastung günstigerweise auch gleichzeitig mit steigendem Differenzdruck die Anpresskraft auf den PTFE-Gleitring erhöht (Abb. 4.6).

Dass auch hier noch Verbesserungen möglich sind, zeigt die jüngste Gemeinschaftsentwicklung der Firmen Merkel Freudenberg Fluidtechnik und Weber-Hydraulik: Durch eine spezielle, abgerundete Kontur des Gleitringes wird der

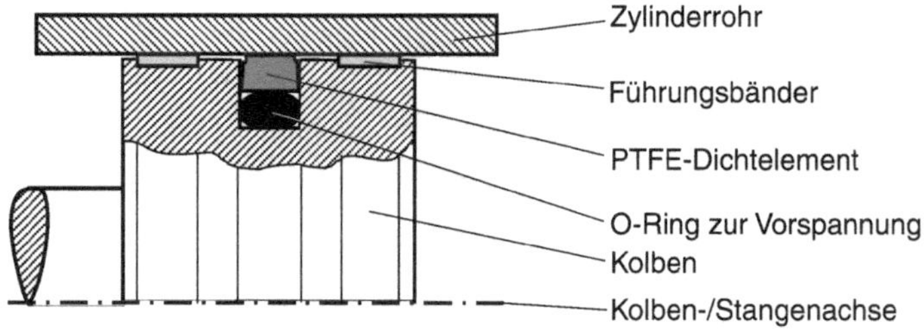

Abb. 4.6. Gleitring als Kolbendichtung

Druckgradient verringert, wodurch das Dichtelement leichter aus der Mischreibung in den Zustand der Hydrodynamik gelangt. Mit dieser Dichtung ist es gelungen, die Reibung an der Dichtstelle Kolben-Zylinderwand nochmals um über 30% zu verringern (Mittelwert über die Betriebsbereiche des damit ausgerüsteten Federungszylinders). Wie Versuche gezeigt haben, ist die Leckage im dynamischen Dichtfall nicht größer geworden. Durch die gleichmäßige Förderwirkung der Dichtung in beiden Richtungen wird der dickere Schmierfilm kompensiert [FIS06].

4.1.4 Endlagendämpfung

Das Grundprinzip der hydraulischen Endlagendämpfung ist es, den Öffnungsquerschnitt auf der entsprechenden Auslassseite des Zylinders ab einem bestimmten Federweg zu verringern. Durch die höhere Druckdifferenz am Auslass wird der Druck im entsprechenden Zylinderraum erhöht und damit eine abbremsende Kraft erzeugt.

Eine häufig genutzte Lösung ist, ab Erreichen eines bestimmten Federweges den Ölraum möglichst gut zum Auslassstutzen hin abzudichten. Parallel dazu schafft man nun einen definierten (auch wegabhängigen) Öffnungsquerschnitt durch welchen dann der Großteil des verdrängten Öles hindurchströmen muss, um zum Auslass zu gelangen.

Die einfachste Möglichkeit ist, eine Bypass-Bohrung zu schaffen, in welche ein (ggf. auch von außen einstellbarer) Strömungswiderstand eingebracht wird. Abbildung 4.7 zeigt das Beispiel einer stangenseitigen Endlagendämpfung, die beim Ausfedern wirksam wird.

Nachteil dieser Anordnung ist allerdings, dass durch den festen Strömungswiderstand eine gleichmäßige Abbremsung der Bewegung nicht möglich ist. Da der Durchflusswiderstand volumenstrom- und damit geschwindigkeitsabhängig ist, wird also die maximale Verzögerung unmittelbar bei Wirkungsbeginn der Endlagendämpfung auftreten. Wird dadurch nun die Geschwindigkeit verringert, geht auch die Bremswirkung zurück. Letztendlicher Effekt ist, dass man einerseits

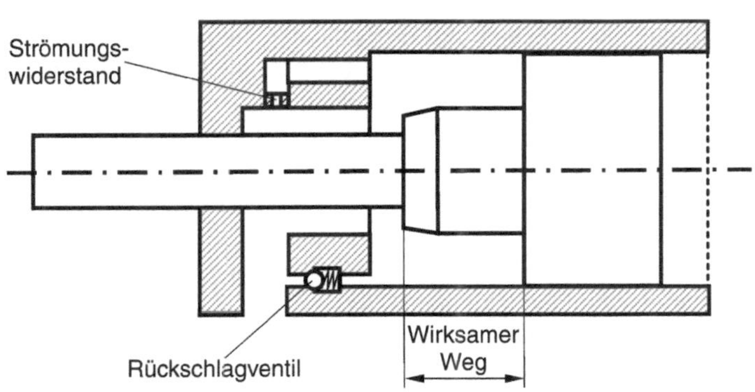

Abb. 4.7. Bypass-Bohrung mit festgelegtem Strömungswiderstand

einen sehr harten Einsatz der Endlagendämpfung erhält und dennoch die Geschwindigkeit noch recht hoch ist, mit welcher der Zylinder in den mechanischen Anschlag fährt.

Um diesen Nachteil zu vermeiden muss also eine wegabhängige Endlagendämpfung eingeführt werden. Hierdurch kann die hohe Anfangsgeschwindigkeit gleichmäßig bis auf eine sehr geringe Geschwindigkeit bei Erreichen des mechanischen Anschlages abgebremst werden. Dafür benötigt man eine gleichmäßige Bremskraft und daher einen gleichmäßigen Druckverlust am Strömungswiderstand. Dieser muss anfangs einen großen Öffnungsquerschnitt aufweisen, der dann immer weiter abnimmt – siehe auch Abschnitt 2.3.3.

Um einen solchen Querschnittsverlauf über dem Weg zu ermöglichen gibt es vielfältige Möglichkeiten. Zumeist arbeitet man damit, dass man in das querschnittsverengende Bauteil Kerben einbringt, die entsprechend der o.g. Forderung zum Ende des Dämpfungsweges flach auslaufen und damit den Querschnitt verengen. Die Kerben können dabei sowohl achsial als auch wendelförmig eingeschnitten sein (Abb. 4.8) [KON07].

Wichtig bei der Funktion der Endlagendämpfung ist, dass sie nur bei der Bewegung in Richtung der Endlage aktiv sein soll. Bei der Rückbewegung sollte dann möglichst keine zusätzliche Dämpfung wirken, damit der Federungszylinder ungehindert wieder in seinen normalen Arbeitsbereich zurückkehren kann. Zu diesem Zweck muss eine Art Rückschlagventilfunktion integriert werden, welche bei der Rückbewegung einen zusätzlichen Querschnitt öffnet. Da hier sehr große Volumenströme fließen müssen, ist ein konventionelles Kugel-Rückschlagventil ungünstig, weil es sehr groß dimensioniert werden müsste. Alternativ dazu kann man auch auf Federscheiben zurückgreifen oder wie in Abb. 4.9 dargestellt das Dämpfungselement selbst dazu verwenden.

Die Buchse, in der auch die Achsialnut zur Bestimmung des Dämpfungsquerschnittes eingebracht ist, ist achsial verschiebbar auf der Kolbenstange gelagert. Bei Bewegung in Richtung Endlage schiebt sich die Buchse aufgrund der Druckdifferenz an den Anschlag, der in Bewegungsrichtung liegt. Hier dichtet die Buchse auf ihrer Stirnfläche ab, das Öl kann also nur durch die Achsialnut fließen, die Bewegung wird entsprechend der Nuttiefe bedämpft. Bei der Rückbewegung schiebt sich die Buchse widerum aufgrund der Druckdifferenz an den in Bewegungsrichtung liegenden, nun kolbenseitigen Anschlag. Hier ist deren Stirnfläche mit Nuten versehen, so dass das Öl zusätzlich über die innere Ringfläche zwischen

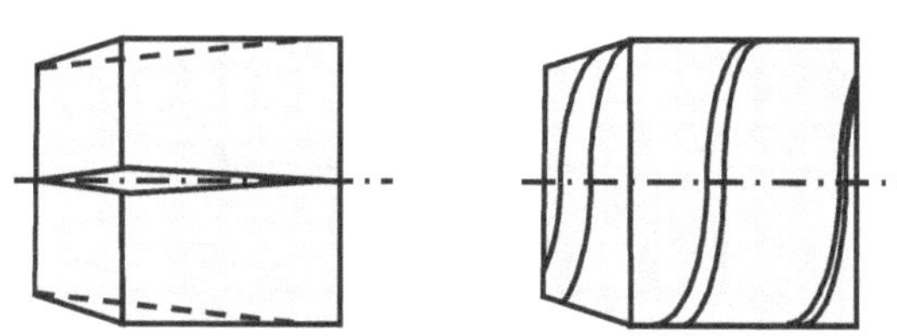

Abb. 4.8. Dämpfungskerben

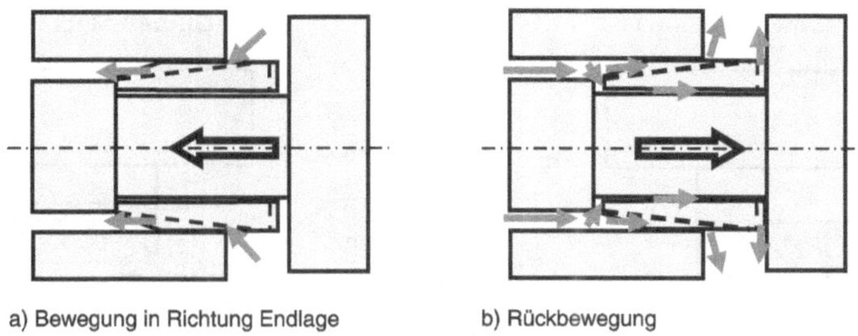

Abb. 4.9. Schiebebuchse als Rückschlagventil

Buchse und Kolbenstange und die Nuten in den Zylinderraum fließen kann. Wird dieser Überströmquerschnitt ausreichend groß gewählt, so kann die Bewegung zurück in Richtung Mittellage mit normaler Bedämpfung erfolgen.

Eine weitere Möglichkeit, eine Endlagendämpfung zu realisieren, ist gegeben, wenn ein schnell verstellbares Dämpfungssystem zur Verfügung steht. Erkennt die Elektronik anhand des Signals des Positionssensors, dass der Zylinder in der Nähe der Endlage ist – oder aufgrund der energetischen Bedingungen in Kürze kommen wird – so kann das Dämpfungselement entsprechend verstellt werden, um ein mechanisches Anschlagen der Federungszylinder zu verhindern. Da die hochschnellen, elektronisch verstellbaren Dämpfer üblicherweise nur für semi-aktive Federungssysteme zum Einsatz kommen, muss diese Endlagendämpfung nicht notwendigerweise explizit programmiert werden, sondern ist ggf. ohnehin im verwendeten Algorithmus vorhanden.

4.1.5 Lagerbauarten

Wie bereits erwähnt sollten Zylinder in der Federungstechnik üblicherweise keine Führungsaufgaben übernehmen. Da ein Federungssystem normalerweise eine mind. 2-dimensionale oftmals auch 3-dimensionale Kinematik aufweist, lässt sich nun daraus ableiten, dass die Zylinder daher an beiden Enden gelenkig gelagert sein müssen, um Verspannungen und Momente/Querkräfte zu vermeiden.

Im einfachen Fall reicht hierfür ein Drehlager aus, was z. B. durch ein Gleitlager dargestellt werden kann. Ist durch eine 3-dimensionale Bewegung auch noch eine Kardanik des Lagers erforderlich, muss entweder auf ein sphärisches Gleitlager oder ein Gummi-Metall-Lager zurückgegriffen werden.

In allen Fällen ist es wichtig, dass durch das Lager nur geringe Momente in den Zylinder eingeleitet werden, da diese sich über die zylinderinternen Führungselemente abstützen und dadurch zusätzliche Reibung erzeugen. Dies bedeutet auch, dass die Lagermitte möglichst präzise auf der Zylinderachse liegen muss, da auch durch eine Exzentrizität Momente erzeugt werden. Darüberhinaus sollte schon bei der Auslegung eines Gleitlagers der Radius, auf dem die Reibkraft wirkt, möglichst gering gehalten werden. Bei gleichzeitiger Berücksichtigung der (Dauer-)Festigkeit sollte daher stets das Lager gewählt werden, welches den geringsten Reibradius aufweist.

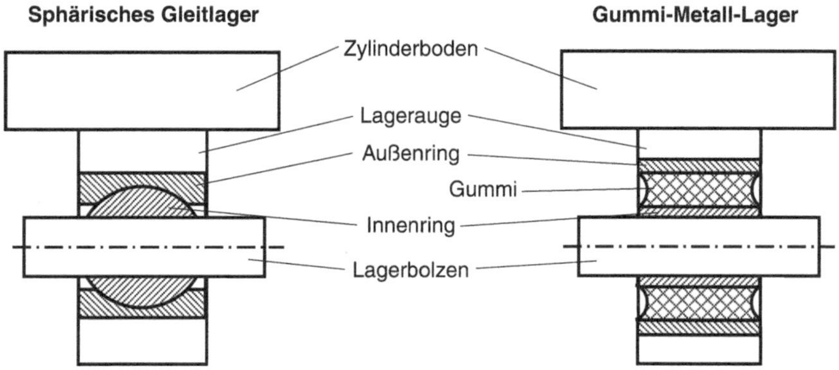

Abb. 4.10. Spärisches Gleitlager und Gummi-Metall-Lager

Bei den Gleitlagern ist es die Reibung, durch welche ein Moment in die Zylinder eingeleitet wird. Hier ist insbesondere auf einen möglichst geringen Reibungskoeffizienten zu achten, was z. B. bei Stahl-Gleitlagern durch eine regelmäßige Schmierstoffzufuhr sichergestellt werden muss. Dies ist in der Praxis leider nicht immer gegeben, insbesondere bei Federungssystemen mit vielen Schmierstellen (auch in der mechanischen Aufhängung) werden die Schmierintervalle wegen des Arbeitsaufwandes gerne gedehnt – hier hilft nur eine (ggf. noch automatische) Zentralschmierung. Bei wartungsfreien Gleitlagern mit Kunststofflaufflächen sollte auf eine möglichst gute Kapselung gegen Fremdstoffe wie Schmutz, Wasser oder Chemikalien geachtet werden. In Bereichen mit großer Schmutzbelastung sind diese nur zulässig, wenn besondere Schutzmaßnahmen getroffen werden. Trotz allem lässt es sich oft nicht vermeiden, dass Gleitlager im Laufe ihrer Einsatzdauer leicht verschleißen und damit ein steigendes Spiel aufweisen. Dies ist bei der Belastung des Lagers in nur eine Richtung kein Problem: Das Spiel wird nicht bemerkt, da das Lager immer in einer Fläche anliegt. Kehrt sich jedoch die Belastungsrichtung um, so wird dadurch auch die belastete Fläche gewechselt. In dieser Übergangsphase hat man durch das Spiel einen Leerweg. Wenn dann die beiden Flächen des Innen- und Außenringes wieder aufeinandertreffen kommt es zu einer kurzen Kraftspitze, welche sich in der umgebenden Struktur als spürbarer Stoß unangenehm bemerkbar macht.

Dieses Spiel ist bei Gummi-Metall-Lagern völlig eliminiert. Dadurch, dass sie ihre Freiheitsgrade lediglich über die Verformung des Gummis bereitstellen hat man allerdings den Nachteil, dass der Gummi auch eine radiale Relativbewegung zwischen Innen- und Außenring des Lagers zulässt. Da dies der Hauptbelastungsrichtung beim Einsatz in Zylindern entspricht muss also sichergestellt werden, dass selbst bei maximaler achsialer Belastung des Zylinders der Gummi des Lagers nicht unzulässig hoch verformt wird. Dies kann man entweder über eine ausreichende tragenden Fläche bzw. hohe Steifigkeit des Gummis erreichen, andererseits kann auch ein interner „Hartanschlag“ den Verformungsweg auf den zulässigen Wert begrenzen. Wird dieser erreicht treten dann allerdings auch Reibungskräfte und damit auf den Zylinder wirkende Drehmomente auf.

Bei den Gummi-Metall-Lagern sind es allerdings im normalen Betriebsfall die Rückstellmomente des elastisch verformten Gummis, welche sich negativ auf die Zylinderreibung auswirken können. Daher sollte bei gleichzeitiger Berücksichtigung der Dauerfestigkeit sowie der Auswirkung auf die schwingungstechnischen Eigenschaften möglichst das weichste Lager gewählt werden. Sowohl die Shore-Härte des Elastomers als auch die Lager-Dimensionen und die Vorspannung des Gummis können dabei variiert werden.

Die Gummi-Metall-Lager haben die in Kap. 1 bereits beschriebene, weitere positive Eigenschaft, dass sie auch die Anregungen (in beschränktem Umfang) isolieren, welche das Feder-Dämpfer-Element aufgrund seiner Reibung direkt auf die Sekundärseite weitergeben würde. Dies sind insbesondere Schwingungen mit kleinerer Amplitude bei Frequenzen im akustischen Bereich. Das Gummi-Metall-Lager schafft also auch eine Verbesserung bei der Geräuschübertragung durch die Federelemente.

Darüberhinaus sind Gummi-Metall-Lager völlig wartungsfrei. Dadurch, dass der Gummi nur elastisch verformt wird, gibt es keine dynamischen Dichtstellen, welche aufgrund von Verschmutzung verschleißen und sich damit öffnen können. Da es um die Tragfähigkeit von Gummi-Metall-Lagern (bei akzeptabler Verdrehsteifigkeit) oft nicht allzu gut bestellt ist, ist man mittlerweile dazu übergegangen, die positiven Eigenschaften des Gummi-Metall-Lagers – vollständige Dichtheit und Spielfreiheit – mit der hohen Tragfähigkeit eines wartungsfreien Gleitlagers zu kombinieren. Dadurch erhält man ein robustes, tragfähiges Element mit geringer Verdrehsteifigkeit.

4.2 Druckspeicher

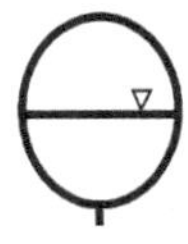

4.2.1 Funktion und Anforderungen

Die Druckspeicher stellen in einem hydropneumatischen Federungssystem das eigentliche federnde Element dar. Es kommen ausschließlich gasgefüllte Druckspeicher zum Einsatz. Die ebenfalls bekannten mechanisch belasteten Druckspeicher (schraubenfeder- bzw. massebelastet) werden hier nicht verwendet und deswegen nicht weiter betrachtet. Insbesondere die über eine äußere Masse vorgespannten Speicher sind für ein Federungssystem sinnlos, da sie unabhängig vom aufgenommenen Ölvolumen einen konstanten Druck liefern – damit fehlen jegliche Rückstellkräfte, welche eine Federrate bewirken würden.

Das Gas, welches kompressibel ist und damit entsprechend der Gasgesetze mit steigender Verdichtung einen steigenden Druck bereitstellt, erfüllt diese Voraussetzung. Aus diesen Gesetzen resultiert dann die Federkennlinie (siehe Kap. 2).

Als Gas wird üblicherweise Stickstoff (N_2) verwendet, in seltenen Fällen kommen auch andere Gase wie z. B. Tetrafluormethan CF_4 (R14) zum Einsatz.

Da das eingeschlossene, unter Druck stehende Gas ein erhebliches Gefährdungspotential bietet, gilt auch für Druckspeicher die sog. Druckbehälterverordnung und die europäische Druckgeräterichtlinie 97/32/EG. Hierin ist u. A. festgelegt, wie die Druckspeicher für die jeweiligen Druckbereiche auszulegen sind, was bei der Fertigung beachtet werden muss, welchen Umfang die Qualifikationstests haben müssen und welche regelmäßig wiederkehrenden Prüfungen an dem Speicher durchgeführt werden müssen. Da man in der Praxis teils haarsträubende Beispiele für Missbrauch bzw. völlige Ignoranz gegenüber den Wartungsarbeiten feststellt, ist es überaus sinnvoll, dass die Druckspeicher vorschriftsgemäß hohe Sicherheitsfaktoren aufweisen.

Bei allen Wartungs- und Reparaturarbeiten am Federungssystem ist höchste Vorsicht geboten! Die wichtigste Grundregel vor jeglicher Arbeit lautet, das System drucklos zu machen, bevor mit den eigentlichen Arbeiten begonnen wird. Hierfür müssen entsprechende Möglichkeiten zur Verfügung stehen. Wird dies nicht beachtet, so kann erheblicher Schaden an Mensch und Maschine entstehen u. A. durch:

- Hochdruck-Ölstrahl
- Austretendes, heißes Öl
- Geschossartig umherfliegende Teile, insbesondere Druckspeicher
- Durch starken Druckverlust ausgelöste, plötzliche Bewegung von Fahrzeugteilen

Wie bereits in Kap. 3 erwähnt, haben alle Arten von Druckspeichern bzgl. des Druckes bestimmte Einsatzgrenzen, die insbesondere vom Typ des Druckspeichers abhängen. Diese Grenzen dürfen im Dauerbetrieb nicht überschritten werden, da sonst eine vorzeitige Alterung bzw. eine Zerstörung des Druckspeichers droht.

Weiterhin haben alle Druckspeicher gemeinsam, dass sie einem schleichenden Gas-Druckverlust durch Diffusion unterliegen (siehe auch Abschnitt 4.2.3). Dieser Druckverlust kann wie gezeigt die Einsatzgrenzen weiter verschieben. Im Rahmen regelmäßiger Wartungsarbeiten muss dieser Druckverlust über den gasseitigen Anschluss wieder ausgeglichen werden, damit die Leistungsfähigkeit des Federungssystems erhalten bleibt. Dabei ist unbedingt darauf zu achten, dass das richtige Füllgas verwendet wird. Der gasseitige Anschluss kann jedoch auch zur ständigen Anbindung eines zusätzlichen Stickstoffspeichers verwendet werden. Damit kann man die federnde Gasmasse deutlich erhöhen und erhält somit weitere Möglichkeiten bei der Gestaltung des Federungssystems.

Neben der äußeren geometrischen Definition durch Zeichnung oder 3D-Modell sind die wesentlichen Spezifikationsmerkmale für Druckspeicher:

- Auf 20°C bezogener Soll-Fülldruck incl. Toleranzangabe, Art des Füllgases
- Inneres Gasvolumen, ggf. incl. der Angabe der Betriebsgrenzen für die Membranverformung
- Max. Ölvolumenstrom
- Zulässige Betriebsdrücke

- Temperaturbereiche (Lagerung, Betrieb, kurzfristig, langfristig)
- Zulässiger Diffusionsdruckverlust bei vorgegebenen Drücken und Temperaturen innerhalb einer definierten Betriebszeit (üblicherweise Zeit zwischen den Wartungsintervallen)
- Ggf. die hydraulischen Druckverluste (bei gegebener Ölviskosität und Volumenstrom)
- Qualifikationstests wie z. B. Dauerfestigkeit bezogen auf ein zu bestimmendes Lastkollektiv, Berstversuch
- Sauberkeit im Anlieferungszustand
- Allgemeine Betriebs- und Umgebungsbedingungen und ggf. entsprechende Schutzmaßnahmen

4.2.2 Speicherbauarten

Grundsätzlich besteht ein Druckspeicher aus den Elementen: Ölseitiger Anschluss, Außenschale, Öl-Gas-trennendes Element, Gas, gasseitiger Anschluss mit Abdeckung. Je nach Art des Druckspeichers sind diese Elemente unterschiedlich ausgeführt. Die verschiedenen Speicherbauarten sind in Abb. 4.11 schematisch dargestellt. Man unterscheidet in Membranspeicher (a), Blasenspeicher (b), den selten erwähnten Schlauchspeicher (c) (z. B. [EBE74]) und den Kolbenspeicher (d). Ähnlich einem Kolbenspeicher arbeitet der Metallbalgspeicher, der jedoch ohne ausgeprägten Kolben nur mit der Dichtwirkung eines Faltenbalges auskommt. Allgemein gibt die Bezeichnung der Speicher Aufschluss darüber, welche Elemente jeweils zur Trennung der Öl und Gasseite verwendet werden.

Die Membranspeicher werden wiederum in eine geschweißte und eine geschraubte Ausführung unterschieden. Letztere erlaubt mehr Gestaltungsfreiheit bei der Konturierung des Speicherinnenraumes und bietet damit ein etwas besseres zulässiges Druckverhältnis. Auf die genaue Ausführung der einzelnen Bauarten

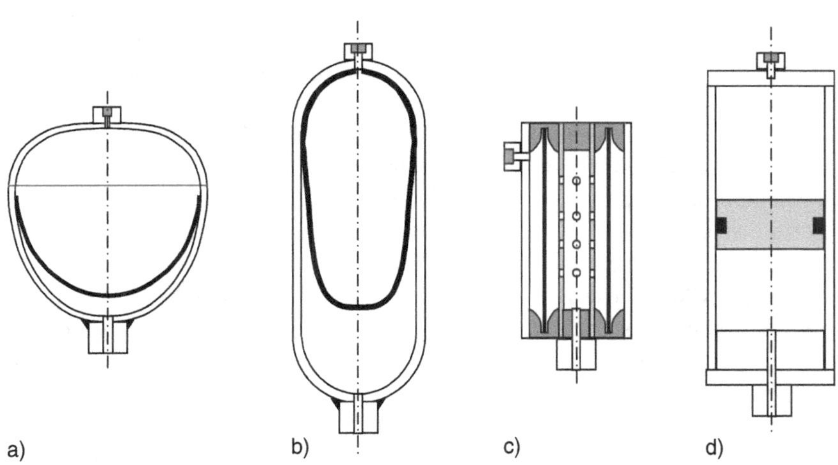

Abb. 4.11. Speicherbauarten

wird hier verzichtet, es finden sich hier viele Informationen in der Literatur (z. B. [GAU04] und [FIN06]).

Schlauchspeicher kommen bei Federungssystemen nur in Spezialfällen zum Einsatz, so z. B. beim Nivomat-Federbein der Fa. Sachs. Hier passt sich die Form des Schlauchs in die zylindrische Kontur, im Vergleich zu den anderen Speicherbauarten, am besten ein und erlaubt damit eine gute Bauraumnutzung. Die Schlauchspeicher werden wegen ihrer Sonderstellung im folgenden nicht weiter betrachtet.

Für Federungssysteme wichtig ist nun zum einen das zulässige Druckverhältnis des eingesetzten Speichers, sowie weiterhin auch der zulässige Volumenstrom. Da Federungsvorgänge oftmals sehr schnell vonstatten gehen, treten häufig hohe Volumenströme auf.

Hierzu ein kleines Rechenbeispiel: Durch die Bewegung des Federungszylinders wird bei einem vollständigen Hub 0,5 l Öl verschoben (Einfeder- bis Ausfederanschlag). Bei einer angenommenen Eigenfrequenz von 2 Hz wird 4 mal pro Sekunde ein vollständiger Hub ausgeführt, damit ergibt sich ein Volumenstrom von 2 l/s bzw. 120 l/min. Entsprechend höher ist der Volumenstrom, wenn beim Überfahren eines Hindernisses die Federung schlagartig komprimiert wird. Dabei können kurzfristig weitaus höhere Volumenströme auftreten – je nach Randbedingungen bis zu Faktor 2 und mehr!

Die Druckspeicher müssen dementsprechend konstruktiv ausgelegt sein. Dabei sind bei Membran- und Blasenspeicher die Verformungsgeschwindigkeiten für den Gummi zu beachten (insbesondere bei niedrigen Temperaturen), bei Kolbenspeichern hingegen muss die zulässige Relativgeschwindigkeit für die dynamische Dichtung eingehalten werden. Weiterhin muss konstruktiv Sorge getragen werden, dass durch Strahlbildung bei schnellem Öleintritt in den Speicher keine empfindlichen Bauteile (z. B. die Gummimembran) zerstört werden.

Abbildung 4.12 zeigt die charakteristischen Eigenschaften von Blasen-, Membran- und Kolbenspeicher im Überblick (modifiziert nach [GAU04] mit Informationen u. A. von [FIN06], [MAT03]).

Man erkennt, dass die Blasenspeicher bereits aufgrund ihres zu geringen Druckverhältnisses üblicherweise für Federungssysteme ausscheiden. Darüberhinaus sind auch die Kosten bezogen auf das verfügbare Volumen sehr hoch, weshalb in praktisch keinem Federungssystem Blasenspeicher eingesetzt werden. Die Kolbenspeicher haben neben den ebenfalls hohen Kosten für Federungssysteme den Nachteil der Reibung der Kolbendichtung. Diese Reibung äußert sich in einer Hysterese des Druckes, der zum Verfahren des Speicherkolbens nötig ist. Bei besonders leckagearmen Dichtsystemen kann ein Reibungsdruck von bis zu 20 bar auftreten [FIN06]. Diese Reibung addiert sich auf die Zylinderreibung und verschlechtert damit das Ansprechverhalten der Federung. Auch Kolbenspeicher werden daher nur in seltenen Fällen eingesetzt. Die Dichtung muss dann besonders reibungsarm ausgeführt werden – dies begünstigt auch die zulässige Kolbengeschwindigkeit.

Daher ist üblicherweise der Membranspeicher erste Wahl für hydropneumatische Federungssysteme: Er verbindet ein gutes Druckverhältnis mit dem besten

	Membranspeicher geschweißt	**Membranspeicher geschraubt**	**Blasenspeicher**	**Kolbenspeicher**
Baugröße [l]	0,2–4	0,1–10	0,2–450	0,5–1200
Max. Druck [bar]	250 (350)	750	1000	800
Volumenstrom [l/s]	<150	<150	<140	<400
Max. Druckverhältnis [ ]	1 : (6…8)	1 : 10	1 : 4	1 : ∞
Kosten pro Volumen [€/l]	sehr niedrig	niedrig bis mittel	niedrig bis hoch (abhängig von Speichergröße)	mittel bis hoch
Ansprechverhalten	sehr gut	sehr gut	sehr gut	gut bis mäßig
Besonders geeignet für	Kleinspeicher mit hohen Stückzahlen bis mittlere Druckbelastungen, z. B. Federungssysteme, Pulsationsdämpfung	Kleine und mittlere Speicher mit hoher Druckbelastung	Große Entnahmemengen, z. B. Deckung von Leistungsspitzen, aber auch Dämpfung von Druckschwankungen	Hohe Druckverhältnisse und Volumenströme, z. B. Crash-Anlagen

Abb. 4.12. Charakteristische Eigenschaften der versch. Speicherbauarten

Preis/Volumen-Verhältnis. Die Tatsache, dass er standardmäßig nur bis etwa 4 l Speichervolumen erhältlich ist bedeutet nur bei Achsen-Federungssystemen für sehr schwere Offroad-Fahrzeuge (z. B. Schwerlast-Muldenkipper) einen Nachteil. Alle anderen Fahrzeuge kommen üblicherweise mit maximal 2 Speichern pro Zylinderseite aus. Wie Abb. 4.13 zeigt, kann es dabei aus Kostengründen durchaus sinnvoll sein, lieber 2 kleine anstelle eines großen Speichers zu verwenden, da das Verhältnis Kosten/Speichervolumen im Bereich der weit verbreiteten 0,75 l bis 1,0 l-Speicher ein Minimum aufweist.

Der ölseitige Anschluss eines Druckspeichers an die Federungshydraulik kann verschiedene Formen annehmen. Eine weit verbreitete Art der Verbindung sind O-Ring-Ports bzw. -Stutzen nach ISO 6149 mit Innen- oder Außengewinde. Je nach den Vorlieben des Anwenders können durch die Speicherhersteller aber praktisch alle gängigen Anschlusstypen geliefert werden.

Der gasseitige Anschluss ist nicht genormt, jedoch haben sich mehrere große Speicherhersteller auf einen bestimmten Typ geeinigt. Er wird üblicherweise von einer geschraubten Schutzkappe abgedeckt. In der Mobilhydraulik haben sich insbesondere in ausgesetzten Positionen die Metallschutzkappen gegenüber den Plastikschutzkappen durchgesetzt, da letztere durch äußere Einwirkung leicht beschädigt bzw. entfernt werden können.

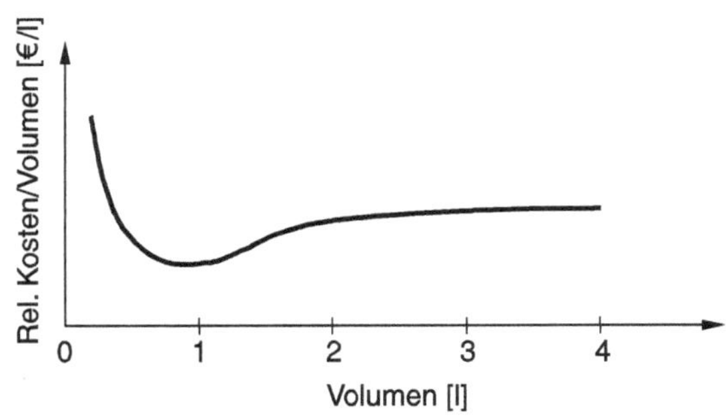

Abb. 4.13. Verhältnis Kosten/Speichervolumen für geschweißte Membranspeicher

4.2.3 Maßnahmen gegen Diffusions-Druckverlust

Ein Druckspeicher unterliegt generell einem Gasverlust, welcher durch Diffusion des Füllgases zur Ölseite hin zustande kommt. Hierbei spielt konstruktiv insbesondere eine Rolle, welches Material die beiden Medien trennt, welches Füllgas zum Einsatz kommt sowie die Größe der Membranfläche. Die Einsatzbedingungen bestimmen insbesondere durch die Temperatur und den Speicherinnendruck die Intensität der Gasdiffusion (Permeation).

Als Faustregel gilt: Der relative Druckverlust ist umso höher je kleiner der Druckspeicher, je geringer der Speicherfülldruck, je höher die Temperatur und je höher der Betriebsdruck.

Die Höhe der Gasdiffusion beziffern Findeisen [FIN06] und Korkmaz [KOR82] für Blasen- und Membranspeicher mit ca. 1...3% p.a. bei 20°C und 6...10% p.a. bei 60°C. Den Gasverlust von Kolbenspeichern bezeichnen sie als „höher", da keine hermetische Abdichtung herrscht und eine Aufweitung des Zylinders unter Innendruck einen Gasverlust über die dynamische Dichtung begünstigt. Es gibt jedoch Anwendungsbeispiele, in denen z. B. für Membranspeicher deutlich höhere Druckverluste gelten, z. B. 30% p.a. bei häufigem Betrieb des Federungssystems (12 h/Tag) und ungünstigen Betriebsverhältnissen.

In der Praxis werden Gasdruckverluste daher auf die bei mobilen Arbeitsmaschinen angegebenen Betriebsstunden bezogen. Dabei wird ein Lastkollektiv aus Druck und Temperatur vorgegeben, welches die üblichen Betriebsbedingungen widerspiegelt. Bei Kolbenspeichern ist zusätzlich auch noch die Kolbenbewegung miteinzubeziehen. Damit ergibt sich für den Druckspeicher dann der Druckverlust pro Betriebsstunde. Über die Annahme eines maximal zulässigen Gasdruckverlustes ermittelt man dann die erforderlichen Wartungsintervalle für die Druckspeicher. Die erste Maßnahme gegen Diffusions-Druckverlust lautet also: **Nachfüllen von Gas**.

Beim Prüfen des Speicherfülldruckes ist es wichtig, vorher das Federungssystem immer vollständig hydraulisch drucklos zu machen! Sonst misst man nicht den Speicherfülldruck sondern den Systemdruck. Steht kein gasseitiger Anschluss zur Verfügung, so kann der Speicherfülldruck auch recht genau über die Messung des Druckabfalles auf der Hydraulikseite ermittelt werden: Man entlastet das Federungssystem und entlässt den Druck über einen Strömungswiderstand mit möglichst konstanter Öffnung aus dem System und beobachtet dann den zeitlichen Verlauf des Druckes. Der Punkt, an dem der Hydraulikdruck plötzlich stark abzufallen beginnt, repräsentiert in etwa den Fülldruck des Druckspeichers (Abb. 4.14). Analog dazu kann man auch während des ölseitigen Befüllens des Druckspeichers eine Messung vornehmen.

Aus verschiedenen Gründen kann es sinnvoll sein, durch weitere Maßnahmen den Diffusions-Druckverlust zu reduzieren:

- Die ermittelten Wartungsintervalle für den Speicher sind zu kurz und passen nicht ins Wartungsprogramm des restlichen Fahrzeuges.
- Der Druckspeicher ist schlecht zugänglich, ein Nachfüllen von Gas ist daher sehr aufwändig.
- Es ist damit zu rechnen, dass der Benutzer Wartungsarbeiten nicht durchführt, z.B. weil die erforderlichen Werkzeuge nicht zur Verfügung stehen. Dadurch würden dann ggf. die Druckspeicher und die restliche Federungshydraulik Schaden nehmen.

Die weiteren Maßnahmen gegen Druckverlust setzen direkt auf der konstruktiven Seite an. Hier sind insbesondere die Art des Membranmaterials und des Füllgases zu nennen. Beide Maßnahmen zielen darauf ab, die Diffusion der Gasmoleküle zu behindern.

- Diese Behinderung kann zum einen dadurch erreicht werden, dass den Gasmolekülen ein **dichteres Membranmaterial** entgegengesetzt wird. Dies erfolgt durch besondere Elastomersorten bzw. mehrschichtige Membranen mit einer Zwischenschicht aus diffusionshemmendem Material (Multilayer-Membran).

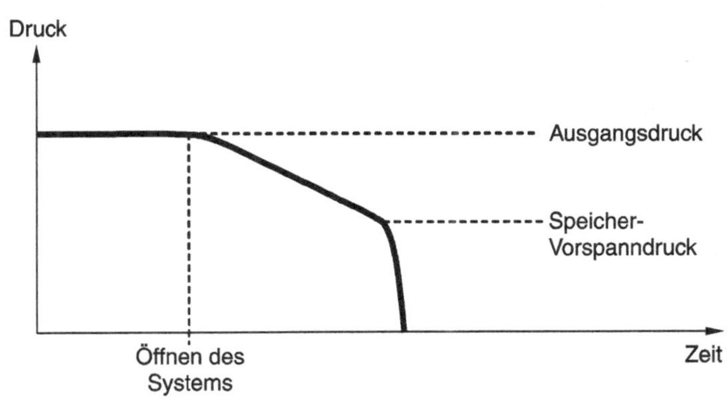

Abb. 4.14. Ermittlung des Speicherfülldruckes über Druckmessung auf der Hydraulikseite

- Zum anderen erreicht man dies auch dadurch, dass ein **diffusionsträges Gas** verwendet wird. Die frühere Vorstellung, dass Gasmoleküle allein aufgrund ihrer Größe durch die „Lücken“ im Membranwerkstoff nicht so leicht hindurchkommen, wurde mittlerweile durch eine Argumentation anhand von chemischen und intermolekularen Wechselwirkungen verdrängt. Fakt ist, dass Tetrafluormethan CF_4 gegenüber Stickstoff N_2 deutlich langsamer diffundiert. Allerdings ist das Gas aufgrund seiner schädlichen Wirkung für die Ozonschicht nicht empfehlenswert.

In beiden Fällen erhält man dann einen sog. „wartungsarmen“ Speicher. Dieser kann dann bereits eine solch große Lebensdauer aufweisen, dass es nicht mehr sinnvoll ist, den Druckspeicher im Rahmen der normalen Wartung wiederaufzufüllen. Stattdessen wird der Speicher im Bedarfsfall komplett getauscht. Durch Entfall des gasseitigen Anschlusses ergibt sich dann sogar noch eine Kostenersparnis.

Verwendet man als Membranwerkstoff kein Elastomer, sondern Spezialwerkstoffe bzw. Werkstoffkombinationen mit Metallanteil, so kann die Diffusion und damit der Gasverlust vollständig unterbunden werden. Diese Art von Speichern kann damit als wartungsfrei bezeichnet werden. Ein Einsatzbeispiel ist eine besondere Bauform des bereits erwähnten Sachs Nivomat-Federbeins, bei dem eine kunststoffbeschichtete Metallmembran zum Einsatz kommt. Auch die völlig diffusionsdichten Metallbalgspeicher haben ihre Dauerfestigkeit beim Einsatz in Federungssystemen bereits bewiesen.

4.2.4 Konstruktive Integration

Die Druckspeicher sind vergleichsweise große Systemkomponenten, ihre Unterbringung am Fahrzeug mit beengten Platzverhältnissen daher oftmals eine Herausforderung. Neben dem verfügbaren Platz sind weitere Randbedingungen wichtig:

- Die Speicher sollen sich in einer geschützten Position befinden.
- Die gasseitigen Anschlüsse sollen für Wartungsarbeiten gut zugänglich sein.
- Je nach den Anforderungen an die Dämpfung müssen die Speicher dicht am Zylinder liegen, um geringe Strömungswiderstände erzielen zu können.
- Falls die Druckspeicher sichtbar sind, sollen sie sich harmonisch ins Gesamtbild einfügen.
- Aufgrund des hohen Gewichts der Druckspeicher sind stabile und steife Anbindungen erforderlich um Verformungen bzw. Schwingungen zu vermeiden.

Generell gibt es zwei Arten, einen Druckspeicher zu befestigen: 1. man fasst ihn über seine Außenkontur oder 2. man nutzt den ölseitigen Anschluss und schraubt den Speicher über seinen Einschraubstutzen fest.

Bei Lösung 1 macht die stets runde Außenkontur zumeist aufwändige Halterungen nötig. Oftmals arbeitet man mit einem Spannband, das über die Speicherkontur gebogen wird, an zwei Punkten befestigt wird und dadurch den Speicher in einen Halter hineindrückt. Am Beispiel der John Deere Vorderachsenfederung

Abb. 4.15. Befestigung über Außenkontur

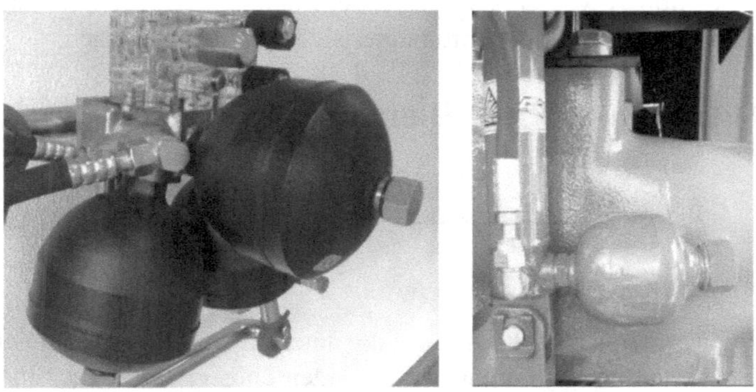

a) am Hydrauliksteuerblock b) am Zylinder

Abb. 4.16. Befestigung über ölseitigen Anschluss

TLS erkennt man einmal die Lösung mit Spannband und in das vordere Rahmengussstück integrierter Kontur (Abb. 4.15 links) und zum anderen die Lösung mit Spannband und speziell gebogenem Halter (rechts).

Für den Fall der Befestigung über den ölseitigen Anschluss gibt es ebenfalls mehrere Möglichkeiten:

- Einschrauben in ein spezielles Adapterstück, welches seinerseits dann mit der Hauptstruktur fest verbunden ist. Diese Lösung wird vor allem dann genutzt, wenn viele Speicher zu einem Cluster miteinander verbunden werden sollen.
- Einschrauben in den Hydrauliksteuerblock. Dies ist, falls es die Platzverhältnisse erlauben, eine sehr kostengünstige Lösung. Der Hydrauliksteuerblock erhält ohnehin hydraulische Anschlüsse und Einbaubohrungen, sodass die zusätzlichen Bohrungen für die Druckspeicher kaum Mehraufwand bedeuten (Abb. 4.16a).
- Einschrauben in einen speziellen Stutzen am Zylinder. Auch hier benötigt man den erforderlichen Bauraum. Diese Art der Befestigung hat den großen Vorteil, dass durch die Minimierung der Wegstrecke zwischen Zylinder und Druckspeicher die Druckverluste auf diesem Weg minimiert werden. Man kann auf

diesem Weg ein System schaffen, das eine sehr geringe Dämpfung aufweist, bzw. sehr viel Spielraum bei der Abstimmung der Dämpfung lässt (Abb. 4.16b).

4.3 Strömungswiderstände

Wie bereits erläutert tragen die notwendigen Leitungselemente zwischen Zylinder und Druckspeicher zur Dämpfung bei. Deren Anteil kann man als nicht beeinflussbare Dämpfung bezeichnen. Zur flexiblen Abstimmung eines Systems ist es empfehlenswert, dass dieser Anteil nicht 100% der Gesamtdämpfung beträgt, sondern ein gewisser Teil der Dämpfung auch noch durch weitere Strömungswiderstände beeinflusst werden kann. Auf die Möglichkeiten zur Bereitstellung dieser beeinflussbaren Dämpfung wird in diesem Kapitel eingegangen.

4.3.1 Nicht einstellbare Blenden und Drosseln

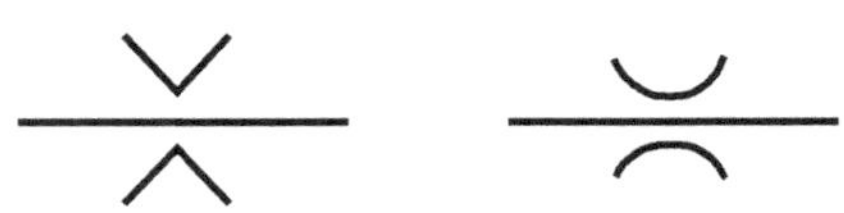

In Kap. 2 wurde bereits ausführlich auf die unterschiedlichen Eigenschaften dieser beiden Grundarten von Strömungswiderständen eingegangen. Sie stellen die einfachste Möglichkeit dar, einen zusätzlichen Druckverlust zu erzeugen und damit die Dämpfungskräfte zu erhöhen. Beide Komponenten können in verschiedener Form in das System integriert werden.

Steht ein genau definierter Strömungswiderstand fest, dann ist die einfachste Möglichkeit, die entsprechende Querschnittsverengung in bereits vorhandene Komponenten zu integrieren. Hierfür bieten sich alle Komponenten an, die auf dem Weg zwischen Zylinder und Speicher liegen: Der Zylinder selbst, der Druckspeicher selbst, Verschraubungen und der Steuerblock. Die Integration in Rohre und Schläuche ist ebenfalls möglich, wird aber seltener angewendet, da dann anstelle von Standardkomponenten teure Spezialkomponenten zum Einsatz kommen müssen. Wird dann im Ersatzteilfall (versehentlich) die Standardkomponente eingebaut ist das System nicht mehr richtig abgestimmt. Beispiele für die Integration von Strömungswiderständen zeigt Abb. 4.17.

In anderen Fällen will man noch die Möglichkeit behalten, den Strömungswiderstand verändern zu können. Z. B. weil man noch in der Testphase ist oder auch weil in Serie verschiedene Abstimmungen möglich sein sollen (z. B. für verschiedene Größenvarianten). In diesem Fall gibt es die Möglichkeit, austauschbare Strömungswiderstände zu verwenden. Diese können z. B. eingeschraubt oder auch nur eingelegt/-gesteckt sein. Als günstige Einbaupositionen bieten sich vor allem Einbaubohrungen und Verschraubungen an. Abbildung 4.18 zeigt verschiedene Möglichkeiten.

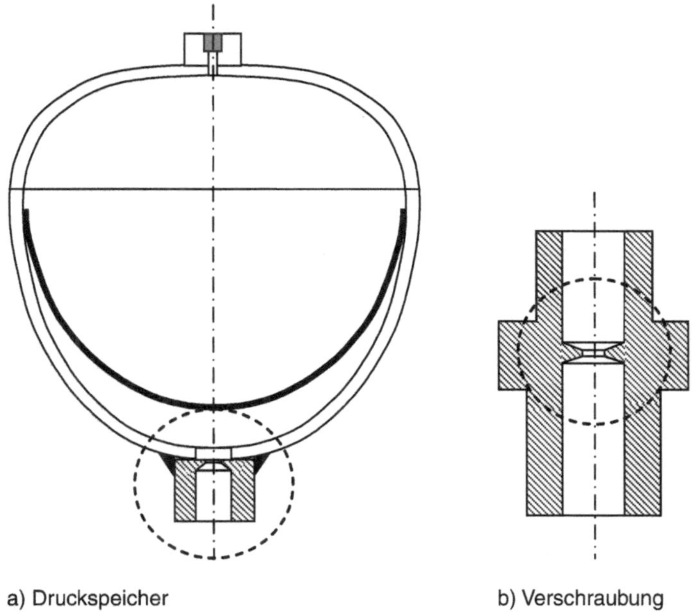

Abb. 4.17. Feste Integration von Strömungswiderständen

Bei der Konstruktion eines austauschbaren Strömungswiderstandes muss man sich v. a. vor Augen halten, dass teils sehr hohe Druckverluste auftreten, welche sehr große Kräfte am Strömungswiderstand hervorrufen können. Eine entsprechende Auslegung ist daher erforderlich, damit keine Verformungen/Verschiebungen eintreten können, welche das Strömungsverhalten beeinflussen. Gewindelängen und Sicherungsringe müssen ausreichend dimensioniert sein, Abstütz- und Führungsflächen groß genug sein, um die auftretenden Kräfte abzufangen.

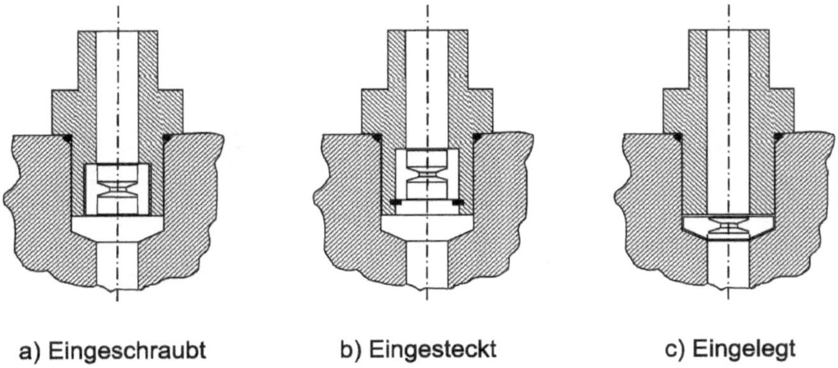

Abb. 4.18. Integration von austauschbaren Strömungswiderständen

Wichtig für die Praxis ist, dass bei der Erprobung die Strömungswiderstände möglichst in genau der gleichen Position und Ausführung getestet werden, wie sie auch am fertigen Produkt zum Einsatz kommen sollen. Aufgrund der oftmals komplexen Strömungsverhältnisse kann sich das Verhalten eines Strömungswiderstandes erheblich verändern, wenn er z. B. anders positioniert wird. Wegen der komplexen Strömungsverhältnisse und darüberhinaus noch der zwei verschiedenen Strömungsrichtungen (!) ist auch oftmals die Verwendung der für serienmäßig erhältliche Strömungswiderstände angegebene Wert für die Durchflusskennzahl α_D bzw. Druckverlustzahl ζ nur eingeschränkt möglich. Tests sind hier „das A und O" zur Ermittlung der tatsächlichen Widerstandserhöhung im Gesamtsystem.

Die wesentlichen Spezifikationsmerkmale für Strömungswiderstände sind:

- Abmessungen der Querschnittsverengung
- Zulässige Toleranzen (!)
- Gratfreiheit und weitere Definition der Kanten
- Max. Volumenstrom

4.3.2 Richtungsabhängige Strömungswiderstände

Diese Art von Strömungswiderständen ist erforderlich, wenn Zug- und Druckstufe unterschiedlich stark bedämpft werden sollen. Dabei wird normalerweise der Zugstufe im Vergleich zur Druckstufe die höhere Dämpfung zugewiesen, das Verhältnis beträgt üblicherweise zwischen 2 : 1 und 3 : 1. Realisiert wird dies dadurch, dass das Öl in der einen Strömungsrichtung einen anderen Weg nimmt als umgekehrt. Arbeitet man mit den hydraulischen Standardkomponenten, so kann dies durch eine Parallelschaltung zweier Strömungswiderstände erfolgen, wobei auf einem Pfad ein Rückschlagventil integriert wird (Abb. 4.19).

Dabei übernimmt allein der erste Strömungswiderstand W_Z die Funktion der Zugstufendämpfung, weil der Ölfluss auf dem Parallelpfad durch das Rückschlagventil blockiert wird. In der Gegenrichtung, der Druckstufe, öffnet sich das Rückschlagventil und das Öl kann nun auch parallel durch den zweiten Strömungswiderstand $W_{D,zus}$ fließen, was entsprechend der Auslegung des zweiten Widerstandes eine geringere Bedämpfung zur Folge hat. Diese Schaltung wird beispielsweise im Dämpfungsblock einer Frontgewichtfederung genutzt, wobei der zweite Strömungswiderstand zusätzlich noch einstellbar gestaltet ist. Wichtig

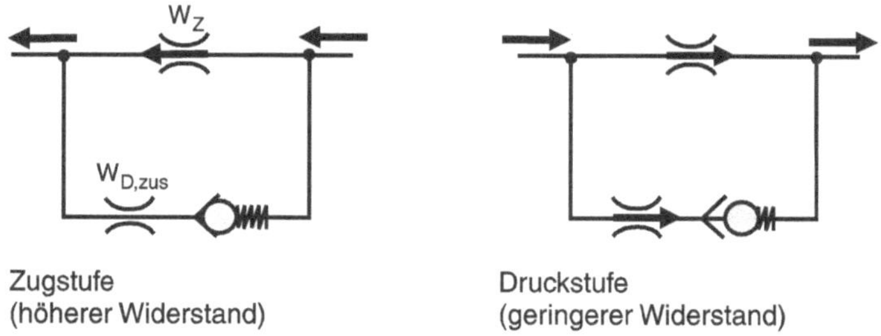

Abb. 4.19. Einfache hydr. Schaltung als richtungsabhängiger Strömungswiderstand

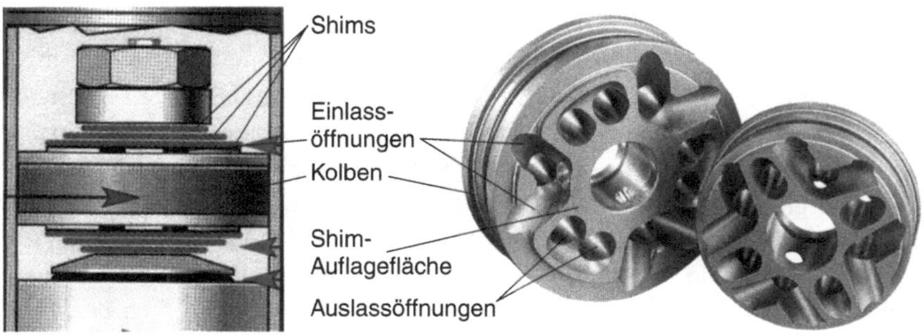

Abb. 4.20. System Dämpfungskolben [KOC]

dabei ist, dass das Rückschlagventil auf die Dauerbelastung ausgelegt ist, da die Federung ständig arbeitet und damit das Rückschlagventil ständig in seinen Sitz schlägt.

Eine elegantere Lösung, mit der zusätzlichen Möglichkeit der Beeinflussung des Widerstandes abhängig vom Volumenstrom, bietet der Aufbau einer Dämpfungseinheit im Stil eines Dämpfungskolbens wie sie in handelsüblichen Fahrzeugschwingungsdämpfern (umgangssprachlich auch „Stoßdämpfer") eingesetzt werden (Abb. 4.20) – siehe auch [CAU01], [KOC], [MUR98] und [REI89].

Dabei gibt es jeweils einen exklusiven Pfad für das Öl beim Ein- und Ausfedern des Zylinders, welcher zusätzlich noch über ein Element ähnlich einem Druckbegrenzungsventil in seinem Durchflusswiderstand über dem Volumenstrom veränderlich ist. Hydraulisch kann das System in etwa wie in Abb. 4.21 dargestellt werden. Je nach Einsatzfall und Aufbau der Kolbenbaugruppe muss die Anordnung aus Rückschlagventil, Drossel/Blende und Druckbegrenzungsventil ggf. anders dargestellt werden.

Die Rückschlagventilfunktion und die Funktion des Druckbegrenzungsventils übernimmt dabei ein und dieselbe Baugruppe: Die sog. „Shims", flexible Metallscheiben, die in verschiedenen Dicken und Außendurchmessern ggf. mit kleineren Zwischenscheiben, den sog. „Spacern" aufeinander gestapelt werden. Durch eine entsprechende Wahl der Metallscheiben kann die Funktion des Druckbegrenzungsventils feinjustiert werden. Oftmals wird bei einem Fahrwerk versucht, bereits bei geringen Volumenströmen ein hohes Δp zu erzeugen, damit der Fahrer ein gutes Gefühl für die Fahrdynamik bekommt, andererseits soll dann aber bei weiterem Anstieg des Volumenstroms das Δp nicht zu groß werden, um den Komfort nicht zu stark zu beeinträchtigen (Druckbegrenzungsfunktion) – siehe auch Abschnitt 2.3.2. Die Metallscheiben können z. B. auch durch Schraubenfedern ersetzt werden, welche eine Dichtscheibe auf Verbindungsbohrungen drückt. Diese Anordnung wirkt ebenfalls wie ein Druckbegrenzungsventil. Darüberhinaus kommen sternförmige Vorspannelemente oder, wenn eine stärkere Vorspannung gewünscht wird, z. B. auch Tellerfedern zum Einsatz.

Durch die Auswahl der o. g. Elemente kann zum einen der Knickpunkt in der $\dot{V}$-Δp-Kurve eingestellt und zum anderen der weitere Verlauf jenseits des Knickpunkts beeinflusst werden (siehe auch Abb. 2.32). Die Metallscheiben verbiegen sich unter dem Druck Δp. Je stärker die Metallscheiben z. B. vorgespannt sind, umso höher wird der Knickpunkt wandern. Je weicher dann im weiteren die Metallscheiben dem Ölstrom nachgeben (wenige weiche Shims mit Spacern und mit geringer Stützwirkung), umso geringer wird der Zuwachs an Δp mit steigendem Volumenstrom ausfallen, umso geringer wird also die Dämpfung im Übergangs- und im High-Speed-Bereich. Um jedoch bei kleinen Federbewegungen (Low-Speed-Bereich) nicht direkt das der Vorspannung entsprechende hohe Δp zu erzeugen, welches den Komfort verschlechtern würde, wird zumeist über kleine Bypass-Bohrungen eine direkte Verbindung (Voröffnung) zwischen beiden Räumen geschaffen – in Abb. 4.21 als Drossel dargestellt. Über diese können geringe Ölmengen vergleichsweise ungehindert strömen. Durch die Größe dieser Bohrung kann insbesondere die Steigung der $\dot{V}$-Δp-Kurve im Bereich vor dem Knick verändert werden.

Wie sich gezeigt hat, können richtungsabhängige Strömungswiderstände auch durch eine übliche Drossel bzw. Blende erreicht werden, wenn die Zuströmverhältnisse in den unterschiedlichen Richtungen verschieden gewählt werden. Beispielsweise kann man in der einen Richtung den Strömungswiderstand gerade anströmen, während in der Gegenrichtung vor dem Strömungswiderstand kurz vorher eine Umlenkung eingebaut ist. Durch Experimente kann man hier ebenfalls zum gewünschten Ergebnis kommen. Wichtig ist jedoch, dass auch alle Toleranzkombinationen miteinander durchgetestet werden, da teilweise durch kleinste geometrische Änderungen starke Veränderungen in den Strömungsverhältnissen hervorgerufen werden, welche sich natürlich auf den Druckverlust auswirken. Insgesamt ist ein solches vereinfachtes System deutlich weniger fehlertolerant und weniger beherrschbar als die weiter oben genannten.

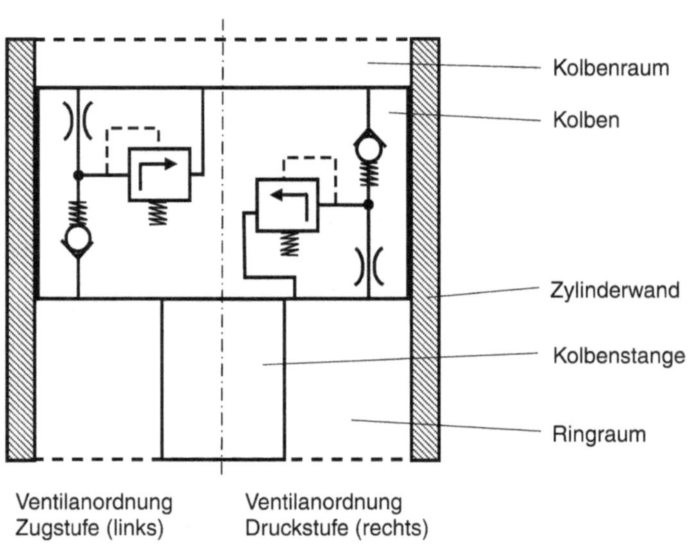

Abb. 4.21. Hydraulisches Ersatzschaltbild des Systems Dämpfungskolben

4.3.3 Einstellbare Strömungswiderstände

Hydropneumatische Federungssysteme haben insbesondere ihre Vorteile bei stark wechselnden Achslasten, da die Niveauregulierung sehr schnell erfolgen kann und sich die Federrate der Beladung anpasst. Da die schwingende Masse und damit die Schwingungsenergie sehr stark variiert, ist es überaus sinnvoll auch die Maßnahmen zum Abbau der Schwingungsenergie den Umständen anzupassen. Eine verstellbare Dämpfung bringt daher deutliche Vorteile im Schwingungsverhalten bei den verschiedensten Beladungszuständen.

Dabei kann man nach Art der Verstellmöglichkeit in drei verschiedene Typen unterscheiden:

- Manuelle Verstellung: Mechanisch oder elektronisch durch Verstellen einer Einstellschraube oder eines Wahlknopfes durch den Bediener/Fahrer.
- Automatische, langsame Verstellung (Adaptiv): Das Federungssystem wählt selbst die geeignete Dämpfung z. B. mechanisch über Nutzung des belastungsabhängigen kolbenseitigen Druckes als Stellsignal für ein Dämpfungselement oder elektronisch durch Auswertung verschiedener Sensorsignale. Das System reagiert dabei träge und wählt eine für die allgemeine Fahrsituation eine geeignete Dämpfung.
- Automatische, schnelle Verstellung (Semi-Aktiv): Das Federungssystem reagiert mittels Sensoren, Elektronik und schnell verstellbarem Dämpfungsventil in Echtzeit auf die Erfordernisse der Untergrundanregung. Ein starker Stoß kann damit z. B. durch kurzzeitiges Öffnen des Dämpfungsventils abgefangen werden, bevor er zur Sekundärseite durchdringt. Dies erfordert eine Reaktionszeit des Systems (Kraftanstiegszeit) von möglichst weniger als 20 ms und entsprechend aufwändige Komponenten.

Bauformen

Ein wichtiges Kriterium für den einstellbaren Strömungswiderstand ist, dass er selbst bei den in Federungssystemen auftretenden, hohen Volumenströmen im voll geöffneten Zustand einen nur geringen Druckverlust hat. Dies gewährleistet einen breiten nutzbaren Verstellbereich des Elementes.

Man kann von der Art der Betätigung unterscheiden in translatorisch und rotatorisch betätigte Widerstandselemente. Da bei einem Strömungswiderstand die vollständige, leckagefreie Absperrbarkeit meist eine untergeordnete Rolle spielt sind sowohl Schieber- als auch Sitzventile möglich.

Bei den translatorisch bewegten Schiebern ist der wohl einfachste und bekannteste variable Strömungswiderstand das über eine Gewindespindel verstellbare Nadelventil. Hinzu kommen auch Schieberventile mit Längskerbe oder Spaltdrossel. Abbildung 4.22 zeigt die verschiedenen Ausführungsformen (u. A. nach [Fin06] und [EBE74]).

Bei den rotatorisch betätigten Schiebern ist der Kugelhahn der wohl bekannteste, dazu kommt noch die Einstelldrossel mit Umfangskerbe (Abb. 4.23). Vom

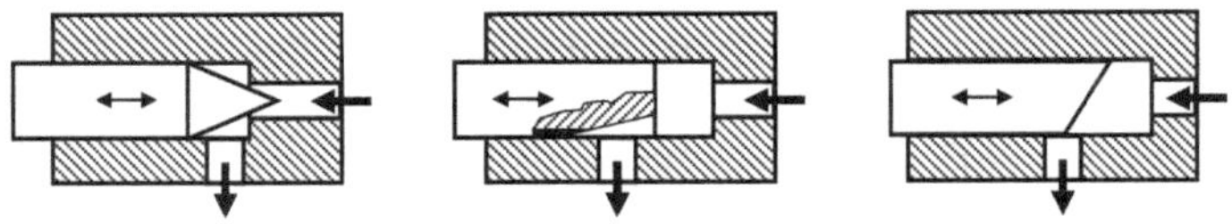

Abb. 4.22. Variable Strömungswiderstände mit translatorisch verstellbarem Schieber

Kugelhahn gibt es bzgl. der Querschnittsgestaltung noch weitere Unterarten auf die hier nicht näher eingegangen wird.

Die verschiedenen Bauformen unterscheiden sich im wesentlichen in ihrer Viskositäts- und damit Temperaturabhängigkeit, ihrer Feinjustierbarkeit, ihrer Eignung für kleine Volumenströme und den Betätigungskräften ([EBE74], [Fin06]). In der bereits genannten Frontballastfederung kommt beispielsweise ein manuell verstellbares Nadelventil zum Einsatz. Über einen geringen Kegelwinkel und eine geringe Steigung des Verstellgewindes kann hier eine feine Justierung vorgenommen werden. Damit kann die Dämpfung auf die Anzahl der eingehängten Frontgewichte eingestellt werden.

Das Nadelventil wird häufig zur Verstellung der Low-Speed-Dämpfung z. B. bei Federbeinen in Motorrädern genutzt – auch in Verbindung mit Dämpfungskolben. Hier kann man auch zwei getrennte Nadelventile verwenden, was es ermöglicht, die Low-Speed-Einstellung von Zug- und Druckstufe getrennt zu verändern [KOC]. Wird in diesen Fällen die High-Speed Dämpfung ebenfalls verstellbar gemacht, so geschieht dies über die Einstellung der Federvorspannung des Druckbegrenzungsventils: Je höher die Feder vorgespannt wird, umso größer wird die High-Speed-Dämpfung. In vielen Fällen ist es ausreichend, die High-Speed-Verstellung nur für die Druckstufe vorzusehen, da die Zugstufe zumeist nur im Low-Speed- und Übergangsbereich arbeitet. Abbildung 4.24 zeigt eine kombinierte Low-Speed- und High-Speed-Verstellung für die Druckstufe im Ausgleichsbehälter eines Federbeins.

Wichtig zu beachten ist, dass eine Veränderung der Low-Speed-Einstellung auch Auswirkungen auf den High-Speed bereich hat, da erstere ja auch dann noch hydraulisch wirksam ist.

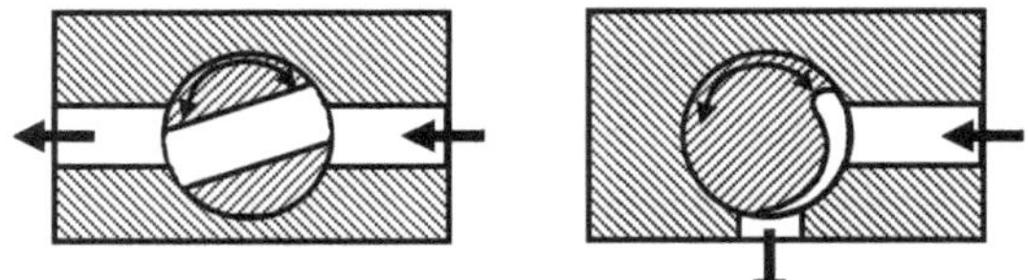

Abb. 4.23. Variable Strömungswiderstände mit rotatorisch verstellbarem Schieber

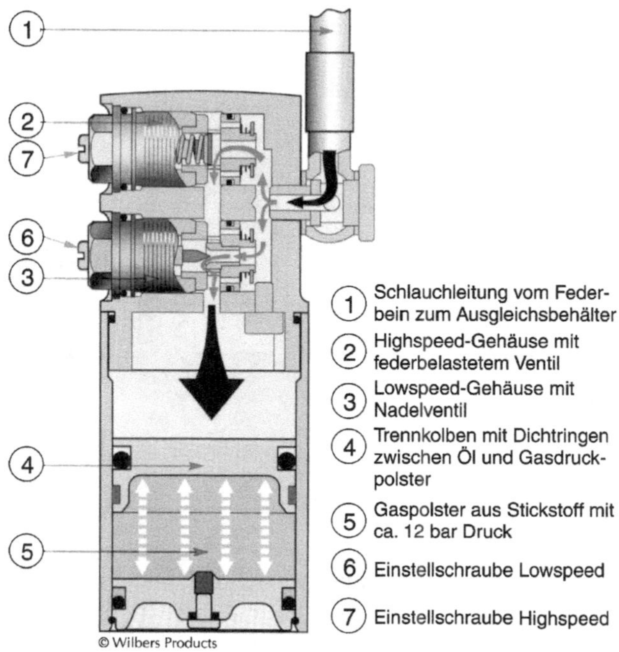

Abb. 4.24. Kombinierte Low-Speed- und High-Speed-Einstellung [KOC]

Ansteuerung

Eine manuelle, mechanische Verstellung erfolgt üblicherweise über eine Stellschaube am Dämpfungselement, die verdreht wird (s. Abb. 4.24). Wird das Dämpfungselement elektrisch verstellt, so gibt es neben der Möglichkeit der Betätigung über einen Magneten auch die Verstellung über einen Elektromotor. Über eine entsprechende Ausrüstung eignet sich letzterer insbesondere für eine stufenlose und vergleichsweise langsame Verstellung, während ein Magnet besonders auch zum gestuften, schnellen Schalten geeignet ist. Dabei ist wichtig, dass die Strömungskräfte möglichst keinen Einfluss auf den Durchflussquerschnitt nehmen können, der Aktuator muss hierzu also stark genug ausgeführt sein, die verstellbaren, strömungsbegrenzenden Bauteile sollten in Betätigungsrichtung möglichst kraftneutral ausgeführt sein. Zu beachten ist auch, dass der Strömungswiderstand insgesamt starken Strömungskräften ausgesetzt ist, welche eine erhebliche Reibung erzeugen können, was zur Verstellung ebenfalls einen starken Aktuator erforderlich macht. Positiv wirkt sich hier allerdings aus, dass es bei Federungssystemen regelmäßig Momente gibt, bei denen die Strömungskraft sehr klein bzw. zu Null wird – dies ist im Umkehrpunkt der Kolbenbewegung der Fall.

Der Elektromotor wird dabei aufgrund seiner begrenzten Verstellgeschwindigkeit eher für eine adaptive Dämpfungsverstellung genutzt werden, während eine Verstellung über Magnete auch eine Semi-Aktive-Dämpfungsverstellung erlaubt (Abb. 4.25).

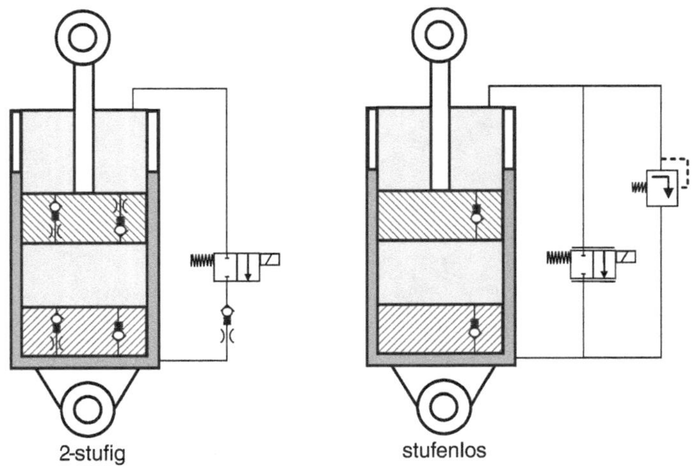

Abb. 4.25. Semi-Aktive-Dämpfungsverstellung über Magnetkräfte (nach [MUR98])

Wichtig bei jeder Art der Dämpfungsverstellung, insbesondere bei Fahrwerksfederungen ist, dass bei Fehlbedienung oder Ausfall (z. B. der Elektronik) das System in einen Sicherheitsmodus geht. Dieser muss eine sehr hohe Dämpfung aufweisen, damit in jeder Situation ausreichend Dämpfung für eine sichere Fahrt gegeben ist. Die damit einhergehende Einbuße an Komfort muss in Kauf genommen werden und dient gleichzeitig dem Fahrzeugbediener als Signal, dass ein Defekt vorliegt.

4.4 Leitungselemente

4.4.1 Funktion und Anforderungen

Die verschiedenen Bauelemente der hydropneumatischen Federung liegen normalerweise nicht direkt nebeneinander, sondern sind z. B. aus Gründen der lokalen Bauraumbegrenzung oder systembedingt (ein Niveauregelventil für zwei Zylinder) voneinander getrennt. Die Leitungselemente dienen dazu, die Bauelemente entsprechend dem hydraulischen Schaltplan miteinander zu verbinden.

Leitungselemente für hydropneumatische Federungen können generell in drei verschiedene Funktionsbereiche untergliedert werden:

- Federkreis-Leitungen zwischen Federungszylinder und Druckspeicher: Sie führen den gesamten Volumenstrom, der während des Federungsvorganges zwischen diesen im Federkreis hin- und hergeschoben wird.
- Regelungs-Leitungen im Federungssystem zwischen dem Federkreis und dem hydraulischen Kontrollblock zur Niveau- und ggf. Vorspann-Druckregelung: Hier fließt nur der Volumenstrom, der zur Wiederanpassung der Federungs-Mittellage nach Laständerungen bzw. zur Veränderung der Ringraumvorspan-

nung erforderlich ist. Dieser Volumenstrom ist üblicherweise deutlich kleiner als der Volumenstrom im Federkreis (um Faktor 20 und mehr).
- Versorgungsleitungen zwischen dem Federungssystem und der Versorgungshydraulik: Sie liefern bzw. entsorgen das Öl, welches bei Regelungsvorgängen durch den hydraulischen Kontrollblock angefordert bzw. abgegeben wird.

Den **Federkreis-Leitungen** kommt dabei die größte Bedeutung zu, da sie ständig durchströmt werden und sie über ihren Durchflusswiderstand einen direkten Einfluss auf das Federungsverhalten haben. Aufgrund der großen Volumenströme und weil man möglichst wenig unkontrollierbaren Leitungswiderstand haben möchte, sollten diese Leitungen in ihrem Querschnitt – falls machbar – so groß wie möglich gewählt werden. Da die Leitungselemente, insbesondere die Rohr und Schlauchleitungen, überwiegend einen drosselähnlichen Durchflusswiderstand haben, ist ihr Einfluss auf die Dämpfung stark viskositäts- und damit temperaturabhängig. Um also bei niedrigen Betriebstemperaturen ein funktionsfähiges Federungssystem zu haben, muss hier besonders auf einen geringen Strömungswiderstand geachtet werden.

Da die Federungszylinder oftmals beweglich gegenüber dem Rest des Federungssystems gelagert sind, müssen zu deren Anbindung Schläuche verwendet werden. Diese Schläuche werden durch die ständige Federbewegung während des Betriebs fortwährend wechselseitig gebogen – diese Beanspruchung muss bei der Auslegung besondere Beachtung finden.

Wichtig für die Auslegungsrechnung ist es ebenfalls, sich vor Augen zu führen, dass bei plötzlichem Bruch einer Leitung im Federkreis ein schlagartiger Öl- und damit Druckverlust die Folge ist. Abgesehen von den Gefahren z. B. durch heißes Öl bzw. den Hochdruck-Ölstrahl führt ein solcher Defekt zu einem sofortigem Ausfall des Federungssystems mit den entsprechenden Folgen für den Fahrkomfort und die Fahrsicherheit. Die Verwendung von sog. Sperrblöcken als Rohr-/Schlauchbruchsicherung ist in diesem Bereich nicht bzw. nur mit erhöhtem Aufwand möglich. Daher sollte bei diesen Bauteilen ein höherer Sicherheitsfaktor angesetzt werden, verschärfte Komponententests im Labor und im Feldversuch sind hier absolut unverzichtbar.

Aus demselben Grund muss bei den Federkreis-Leitungen auch besonders darauf geachtet werden, dass sie durch äußere Belastungen nicht über Gebühr beansprucht werden können. Dazu gehören widrige Umgebungsbedingungen (z. B. Geländefahrten) ebenso wie der Missbrauch durch den Anwender (z. B. Nutzung eines horizontal verlaufenden Rohres als Trittleiter, Nutzung eines Rohres als Abstützpunkt für einen Hebel). Auch wenn hier oftmals grober Missbrauch vorliegt, ist es besser, solche Gefahrenquellen wenn möglich bereits in der Planungsphase auszuschließen.

Die **Regelungs-Leitungen** sind oftmals sehr kurz, teilweise auch überhaupt nicht vorhanden, wenn man in der Lage ist, den hydraulischen Kontrollblock sehr nah oder evtl. sogar direkt im Federkreis unterzubringen. Die Regelungs-Leitungen können generell an alle Komponenten des Federkreises angeschlossen werden. Falls sich zum Zweck der Dämpfung spezielle Strömungswiderstände zwischen Druckspeicher und Zylinder befinden, muss darauf geachtet werden, dass diese das Regelverhalten ebenfalls beeinflussen können. Üblicherweise ist es dann besser, den Anschlusspunkt zwischen Strömungswiderstand und Zylinder zu wählen, dies ermöglicht ein direkteres Ansprechen des Federkreises auf den Regelvolumenstrom. Sind die Regelungs-Leitungen relativ lang, so muss auch hier wegen der Temperaturabhängigkeit des Leitungswiderstandes unbedingt auf einen ausreichenden Querschnitt geachtet werden. Eine verlangsamte Regelung bei tiefen Temperaturen kann oftmals nicht akzeptiert werden.

Letzteres gilt auch für die **Versorgungsleitungen**. Diese sind üblicherweise sehr lang, da sich Hydraulikpumpe und Tank oft weit entfernt von den Federungssystemen befinden. An großen Maschinen sind Leitungslängen von mehreren Metern keine Seltenheit. Wer schon einmal versucht hat, ein handelsübliches Hydrauliköl bei −20°C im Becher umzurühren, der kann sich gut vorstellen, wie schwierig es ist, dieses hochviskose Fluid durch lange Leitungen mit geringem Querschnitt zu fördern.

Speziell bei den Versorgungsleitungen muss zusätzlich beachtet werden, dass eine evtl. vorhandene Loadsense-Leitung mit zu geringem Querschnitt die Regelung bei tiefen Temperaturen nicht nur verlangsamen, sondern völlig außer Betrieb setzen kann. Je nach Aufbau des Hydrauliksystems fließt über LS ein bestimmter Volumenstrom. Dadurch entsteht längs der LS-Leitung ein bestimmter Druckverlust, welcher vom eigentlich gemeldeten LS-Drucksignal abgezogen werden muss. Überschreitet nun der Druckverlust längs der LS-Versorgungsleitung den LS-Differenzdruck dann liefert das Hydrauliksystem nicht mehr genug Druck, um Öl in den Federkreis fördern zu können.

Die wesentlichen Spezifikationsmerkmale für Leitungselemente sind:

- Geometrische Anforderungen: Beim Rohr die Biegetabelle, beim Schlauch die Schlauchlänge und ggf. der Verdrehwinkel der Schlauchenden einschließlich der nötigen Toleranzen
- Art/Geometrie der Anschlussstücke an den verschiedenen Enden
- Rohrmaterial (Werkstoff, Außendurchmesser, Wanddicke) bzw. Schlauchmaterial (Art des Schlauches nach Norm, z. B. 2 ST und Innendurchmesser)
- Biegeradius beim Rohr, zulässiger Mindestbiegeradius beim Schlauch
- Zulässige Betriebsdrücke
- Temperaturbereiche (Lagerung, Betrieb, kurzfristig, langfristig)
- Qualifikationstests wie z. B. Dauerfestigkeit bezogen auf ein zu bestimmendes Lastkollektiv, Berstversuch
- Sauberkeit im Anlieferungszustand
- Allgemeine Betriebs- und Umgebungsbedingungen und ggf. entsprechende Schutzmaßnahmen

4.4.2 Auslegung des Leitungsquerschnittes

Eine erste Auslegung des erforderlichen Leitungsquerschnittes erfolgt anhand der empfohlenen maximalen Strömungsgeschwindigkeit. Diese richtet sich nach dem

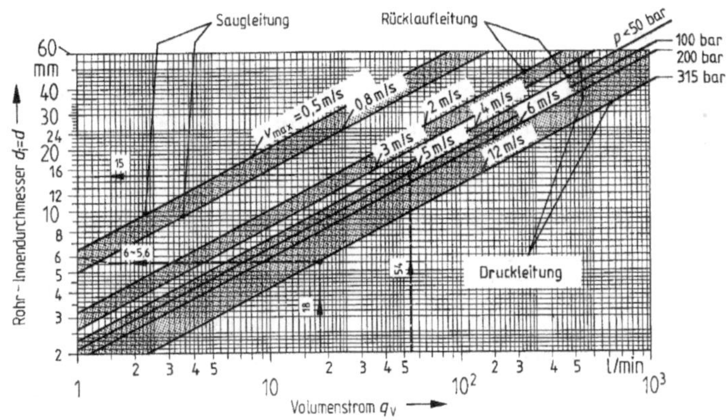

Abb. 4.26. Querschnittsauslegung für Rohr- und Schlauchleitungen nach [FIN06]

Kriterium einer kavitationsfreien, möglichst laminaren und damit verlustarmen Strömung und ist abgestuft nach dem Druckbereich, in welchem das System arbeitet (Abb. 4.26). Diese Auslegungsregel gilt bei Federungssystemen insbesondere für die Regel-Leitungen und die Versorgungsleitungen.

Die Formel zur Auslegung des Leitungsinnendurchmessers lautet dann:

$$d_i = \sqrt{\frac{4 \cdot Q_{\max}}{\pi \cdot v_{zul}}}$$

Für die Federkreis-Leitungen werden demgegenüber deutlich höhere maximale Strömungsgeschwindigkeiten zugelassen, da ansonsten die Dimensionen der Leitungen zu groß würden. Man richtet sich zur Auslegung von Federkreis-Leitungen daher nicht nach der maximal möglichen Federgeschwindigkeit, sondern nach einer im normalen Gebrauch mittleren Federgeschwindigkeit.

Beispielhaft würde bei einem Federungssystem im Extremfall bei 0,5 m/s maximaler Einfedergeschwindigkeit ein Volumenstrom von 120 l/min auftreten, was im Druckbereich von 100–200 bar einen Innendurchmesser von ca. 21 mm erforderlich machen würde. Berechnet man dasselbe System mit einer üblichen hohen Einfedergeschwindigkeit von 0,2 m/s, was einem Volumenstrom von 48 l/min entspricht, so berechnet man einen nötigen Innendurchmesser von etwa 13 mm. Hier haben also die Wirtschaftlichkeit und die Bauraumbedingungen Vorrang gegenüber der optimalen Wirkung des Federungssystems in Extremsituationen, die ohnehin nur selten auftreten. Zudem ist der Druckverlust im Federkreis nicht so unerwünscht wie üblicherweise in der Hydraulik – im Gegenteil, er trägt seinerseits zur Schwingungsdämpfung bei.

4.4.3 Rohre

Bei der Auswahl von Leitungselementen, insbesondere für ein geometrisch genau definiertes System, gilt generell die Regel: **Rohr vor Schlauch!**

Eine Rohrleitung hat eine Vielzahl von Vorteilen:

- Hohe Festigkeit bei geringen Abmessungen und enge Biegeradien möglich, daher gute Bauraumnutzung
- Genau definierte, saubere Verlegung möglich, Halter fixieren die Rohre
- Hohe Zuverlässigkeit, Leckage kommt sehr selten vor
- Sehr gute Dauerhaltbarkeit gegenüber Schläuchen
- Im Vergleich zum Schlauch sehr kostengünstig, vor allem bei größeren Stückzahlen

Demgegenüber stehen aber auch einige Nachteile:

- Geringe Elastizität der Rohre erfordert genaue Einhaltung von Toleranzen
- Bei Veränderungen des Bauraumes vergleichsweise hoher Änderungsaufwand
- Schwierige Handhabung bei langen Rohrleitungen (insbes. Transport, Lagerung, Montage, Ersatzteilversand)

Rohre gibt es in vielen verschiedenen Durchmesserstufen. Wichtig: Die Rohrbezeichnung erfolgt immer durch: **Außendurchmesser x Wanddicke**. D. h. der für die Funktion der Hydraulik viel wichtigere Innendurchmesser muss immer erst daraus ermittelt werden. Üblicherweise besteht eine Hydraulik-Rohrleitung aus Stahl. Dieser muss gute Verformungseigenschaften haben, damit z. B. das Biegen auch auf engen Radien möglich ist. Die folgende Tabelle (Ausschnitt aus der DIN ISO 10763) gibt für verschiedene Rohleitungsabmessungen den zulässigen Nenndruck an. Die Norm fordert für den Außendurchmesser die Einhaltung der ISO 4397 sowie für die mechanischen Eigenschaften den Grad R37 (NBK) entsprechend ISO 3304 und ISO 3305 (Mindestzugfestigkeit von 360 N/mm^2). Ferner wird ein Verhältnis von statischem Berstdruck zu Nenndruck von 4 : 1 vorausgesetzt.

Bei gebogenen Rohrleitungen ist zu beachten, dass die Wanddicke im Außenbereich des Biegeradius abnimmt. Dies ist umso ausgeprägter, je enger der Biegeradius ist. In der Praxis haben sich daher für die verschiedenen Rohrabmessungen bestimmte Mindestbiegeradien etabliert. Die Kaltverfestigung des Rohrmaterials durch den Biegevorgang erhöht dagegen die Streckgrenze des Materials, was sich wiederum günstig auf die Dauerschwellfestigkeit auswirken kann. Im Zweifelsfall muss ein Innendruck-Dauerschwellversuch Aufschluss darüber geben, ob die gewählte Rohrleitung mit dem gewünschten Biegeradius für die Anwendung geeignet ist. Um den Bauraum möglichst gut zu nutzen tendiert man meist dazu, sehr kleine Biegeradien zu verwenden. Aus strömungstechnischer Sicht hingegen ist immer der größte Biegeradius der Beste, weil er die wenigsten Druckverluste verursacht. Wie so oft gilt es auch hier, den bestmöglichen Kompromiss zu finden.

Rohrwanddicke	**Rohraußendurchmesser [mm]**							
	6	**8**	**10**	**12**	**15**	**16**	**18**	**20**
[mm]	**Nenndruck [MPa]**							
0,8	27,9	20,1	15,7	12,9	10,2	9,5	----	----
1	36,5	25,9	20,1	16,4	12,9	12	10,6	9,5
1,5	62,4	42,3	32,1	25,9	20,1	18,7	16,4	14,6
2	98,9	62,4	46	36,5	27,9	25,9	22,6	20,1
2,5	----	88,3	62,4	48,5	36,5	33,7	29,3	25,9
3	----	----	----	62,4	46	42,3	36,5	32,1

Abb. 4.27. Tabelle zur Auswahl von Rohrleitungsabmessungen (nach [DIN ISO 10763])

Das rohe Rohrmaterial wird üblicherweise galvanisch verzinkt geliefert. Eine hochwertige Zinkschicht hält den Biegeprozessen stand. Zur stoffschlüssigen Verbindung von Rohrenden dient oftmals das Hartlöten – geschweißt wird selten, das Kleben hat sich hier noch nicht durchgesetzt. Zum Hartlöten muss das vorgebogene Rohr an den entsprechenden Stellen entzinkt werden. Dann wird hartgelötet, das Flussmittel entfernt und anschließend muss wieder nachverzinkt werden, um auch an dieser Stelle vollen Korrosionsschutz gewährleisten zu können. Da dieser Prozess sehr aufwändig ist, bevorzugt man üblicherweise Rohrverbindungen, die ohne den Lötprozess auskommen. Mehr dazu im Abschnitt „Verschraubungen“.

Für Sonderlösungen, z. B. Rohre mit Verzweigungen/mit Anschlussstück oder auch Rohre mit integriertem Halter oder Rohrbündel kommt ebenfalls das Hartlöten, teils auch das Schweißen zum Einsatz, um die speziell erforderlichen Bauteile mit den einzelnen Rohrelementen zu verbinden.

Die Befestigung von Rohren erfolgt üblicherweise mit Hilfe von Kunststoffklemmen (z. B. aus PA66 GF30), für einzelne Rohre haben sich auch innen gummierte, sog. P-Schellen etabliert. Insbesondere bei Rohren, die starken hydraulischen Schwingungen ausgesetzt sind, ist eine elastische Lagerung sinnvoll. So wird die Übertragung des Körperschalls in weitere, größere Bauelemente verhindert und die Lärmbelastung verringert.

Für die Praxis ist es wichtig zu wissen, dass insbesondere bei großer Schwingungsbelastung auch das Anliegen eines Kunststoff- oder Gummiteiles an einem Rohr unbedingt vermieden werden muss. Obwohl das Rohr das härtere der beiden Bauteile ist, wird es auf Dauer an dieser Stelle durchgescheuert werden. Dies liegt daran, dass sich harte Schmutzpartikel in die Kunststoffoberfläche einlagern und dadurch die Metallschicht Stück für Stück abtragen. Ggf. sind an solchen Stellen Schutzummantelungen für das Rohr vorzusehen.

4.4.4 Schläuche

Gegenüber den Rohren haben Schläuche einige besondere Vorteile, weshalb sie in speziellen Fällen bevorzugt zur Anwendung kommen:

- Verbindung von zueinander bewegten Bauteilen ist möglich
- Flexible Leitungsverlegung kann einfach neuen Begebenheiten angepasst werden und fordert keine besonders genaue Toleranzeinhaltung
- Wechselweiser Anschluss verschiedener Teile ist einfach möglich
- Minderung der Übertragung von Druckstößen und mechanischen Schwingungen

Die Nachteile gegenüber Rohrleitungen liegen aber klar auf der Hand:

- Schlechte Bauraumnutzung durch große Biegeradien und Wanddicken
- Keine definierte Verlegung möglich, Schläuche müssen oft gehalten werden bzw. liegen zumeist an anderen Bauelementen an. Ausnahme: Formschläuche im Niederdruckbereich
- Geringere Zuverlässigkeit durch viele mögliche Fehlerstellen (Leckage)
- Dauerhaltbarkeit durch Schlauchmaterial begrenzt
- Hoher Preis gegenüber Rohrleitung (v. a. bei höheren Stückzahlen)

Schläuche sind in den Nennweiten: 5, 6, 8, 10, 12, 16 etc. erhältlich und damit etwas weniger fein abgestuft als die Rohre, die zwar ähnliche Nennweiten haben, aber über die unterschiedlichen Wanddicken zu unterschiedlichen Innendurchmessern kommen. Wichtig ist also zu beachten, dass die Nennweite sich beim Schlauch auf den **Innendurchmesser** bezieht! Spricht man also von einem 12er-Schlauch so hat dieser 12 mm Innendurchmesser, während ein 12er-Rohr einen Außendurchmesser von 12 mm hat.

Der Schlauch selbst besteht aus drei verschiedenen Schichten: Der Innenschicht, der Einlage und der Außenschicht. Die Innenschicht (Seele) besteht aus einem Elastomer oder einem thermoplastischen Elastomer, welches eine entsprechende Beständigkeit gegenüber der Hydraulikflüssigkeit aufweisen muss. Darüberhinaus muss es den Strömungskräften widerstehen und eine vollkommene Abdichtung bewirken. Die Einlage hat die Aufgabe, dem Schlauch die entsprechende Stabilität gegen inneren Überdruck zu verleihen. Sie besteht je nach Druckbereich aus einer oder mehreren Lagen Textilfasern (TE), Stahldrahtgeflecht (ST) oder Drahtspiralen (SP). Die Außenschicht (Decke) dient als Schutz insbesondere der Einlage vor äußeren Einflüssen wie z. B. mechanischer oder chemischer Beschädigung und besteht aus einem entsprechend abriebfesten, chemikalien- , Ozon- und UV-beständigen Kautschuk.

Wie oben erwähnt sorgt die Einlage für die entsprechende Druckbeständigkeit des Schlauches. Für die verschiedenen Druckbereiche werden auch unterschiedlich viele Lagen verwendet: Niederdruck (1 TE), Mitteldruck (2 TE, 3 TE), Hochdruck (1 ST, 2 ST) und Höchstdruck (4 SP). Je größer die Nennweite, umso eher muss auch für niedrigere Druckbereiche der jeweils höherwertige Einlagentyp

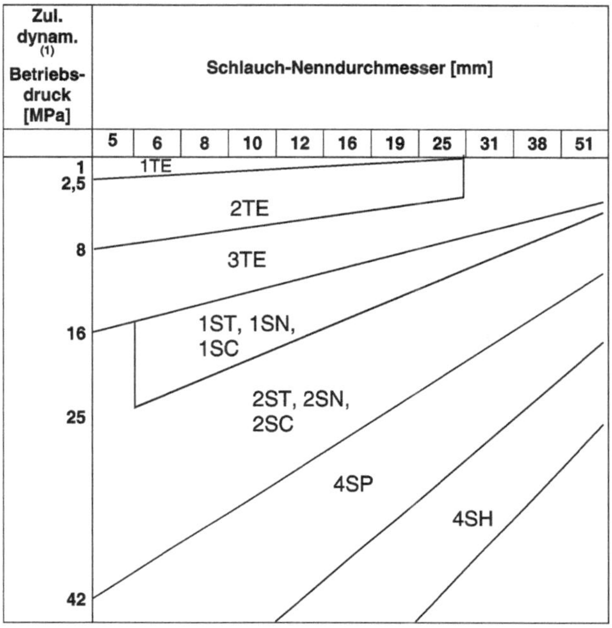

Abb. 4.28. Schlauchleitungen: Auswahl entsprechend dem Betriebsdruck

verwendet werden. Abbildung 4.28 zeigt dies im groben Überblick abgeleitet aus den Angaben der DIN 20066.

Es ist leicht zu verstehen, dass die verschiedenen Einlagentypen einen sehr großen Einfluss auf die Elastizitätseigenschaften eines Schlauches haben. Die in diesem Fall wichtige Kenngröße für die Elastizität ist der zulässige Mindestbiegeradius des Schlauches. Je mehr Lagen und je steifer das Einlagenmaterial umso steifer wird auch der Schlauch sein. Darüberhinaus spielt auch die Nennweite des Schlauches eine Rolle. Insbesondere bei großen Nennweiten ist zusätzlich wichtig, dass der Schlauch in der geplanten Verlegung nicht einknickt, was ihn zum einen schädigt, zum anderen aber auch im geknickten Bereich einen erheblichen Anstieg des Strömungswiderstandes verursacht.

Eine Schlauchleitung besteht jedoch nicht nur aus dem Schlauch selbst, sondern an ihren Enden auch noch aus den Anschlussstücken, den sog. Schlaucharmaturen. Üblicherweise kommen bei Hochdruckschläuchen Pressarmaturen zum Einsatz. Hierbei wird das eigentliche Anschlussstück (Nippel) in den Schlauch eingeschoben. Eine Hülse (Fassung) wird über deren Überlappungsbereich platziert und verpresst (plastisch verformt), sodass sich ihr Durchmesser verkleinert und sie den Schlauch sehr stark auf den Nippel drückt (Abb. 4.29). Die hohe Flächenpressung

[1] Für 1 TE gilt der statische Betriebsdruck

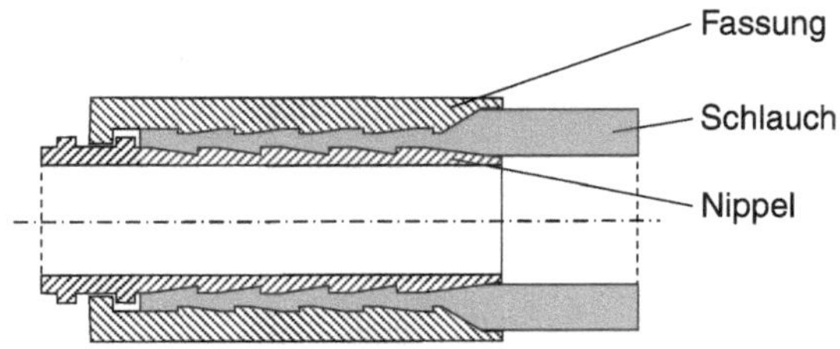

Abb. 4.29. Pressarmatur für den Hochdruckbereich

in Verbindung mit einer sägezahnförmigen Profilierung des Nippels sorgen dafür, dass Nippel und Schlauch eine innige, formschlüssige Verbindung eingehen. Diese sorgt dafür, dass die Schlauchleitung den hohen axialen Kräften standhält, die aus dem Innendruck resultieren. Die ebenfalls bekannten Steckarmaturen werden nur für 1 TE-Schläuche verwendet, die Schraubarmaturen sind in der Regel zu teuer, daher kommen beide Varianten in hydropneumatischen Federungen üblicherweise nicht zum Einsatz.

Auf die Regeln für Einbau und Verlegung von Schlauchleitungen soll hier nicht eingegangen werden, dies ist in der Literatur bereits umfangreich beschrieben (z. B. [FIN06], [EBE74], MUR01]). Hierzu jedoch noch einige ergänzende Anmerkungen aus der Praxis für hydropneumatische Federungssysteme:

- Der Schlauch „arbeitet" im Betrieb. Das bedeutet er verformt sich in Abhängigkeit von der Innendruckbelastung. Damit ist nicht nur die Durchmessererweiterung gemeint, sondern insbesondere auch die Veränderung der Krümmung eines dreidimensional verlegten Schlauches. Vor allem bei Federkreis-Leitungen, die einer periodischen Veränderung des Innendrucks unterworfen sind, muss dies beachtet werden. Durch die Verformung kommt der druckbelastete Schlauch evtl. mit Teilen in Berührung, die im unbelasteten Zustand ausreichend weit entfernt sind.
- Das Anliegen des Schlauches an Kanten anderer Bauteile ist unbedingt zu vermeiden. Je schärfer die Kante und je mehr der Schlauch „arbeitet", umso kritischer ist die Situation. Auf Dauer kann dies zu einem Durchreiben der Außenschicht führen, wodurch die Einlage schutzlos der Umgebung ausgesetzt ist. Durch mechanische Einwirkungen und/oder Korrosion kann es in Folge zur Schwächung und schließlich zum Versagen der Einlage kommen. Daher ist ein Schutz an solchen Stellen unverzichtbar. Hierfür bieten sich andere Schläuche mit größerem Durchmesser an, die über den eigentlichen Hydraulikschlauch übergestülpt werden, Textilschläuche oder auch Schrumpfschläuche, welche einfach an der betreffenden Stelle auf die Außenschicht aufgeschrumpft werden. Darüberhinaus gibt es auch Metallschutzwendel, welche auf der Pressarmatur geklemmt werden. Die ebenfalls erhältlichen Kunststoffschutzwendel, die nachträglich installiert werden können, sind jedoch bestenfalls als flächiger Scheuerschutz zu empfehlen.

- Schläuche müssen zwecks definierter Verlegung ebenfalls geführt werden. Dabei ist eine direkte Klemmung mit Kunststoffklemmen auf die Außenschicht nicht zu empfehlen. Ist eine derart feste Führung erforderlich so kann im betreffenden Bereich des Schlauches eine Metallhülse aufgepresst werden, auf welche dann die Kunststoffklemme aufgesetzt werden kann. Im Regelfall wählt man für die Fixierung von Schläuchen lose führende Elemente ohne scharfe Kanten (z. B. sog. P-Schellen) . Damit wird das Arbeiten des Schlauches nicht behindert und der Schlauch wird dennoch auf dem gewünschten Pfad geführt.
- Schläuche, insbesondere wenn sie mit Einlagen aus Stahl bewehrt sind, haben durch den Produktionsprozess mit anschließendem Aufrollen bereits eine leichte Vorkrümmung erfahren. Z. B. wird ein 2 ST-Schlauch locker abgelegt nicht gerade liegen, sondern sich an seine Vergangenheit erinnern und die Krümmung während der Lagerung auf der Rolle wieder annehmen. Zur besseren Verlegung bzw. einfacheren Montage kann dies ausgenutzt werden, wenn z. B. bei Schlauchleitungen mit Winkelarmaturen deren Ausrichtung zur „natürlichen" Schlauchkrümmung mit beachtet wird (und auch in der Zeichnung mit spezifiziert wird).

Die Verlegung von Schläuchen hat aufgrund ihrer meist wenig definierten Lage sehr viel mit Erfahrung zu tun – der langjährige Fachmann leistet hier wertvolle Arbeit. Insbesondere in Bauräumen, in denen es sehr eng zugeht müssen Anbauversuche letzte Klarheit (auch z. B. über die tatsächlich nötige Schlauchlänge) bringen. Die reine Verlegung mit virtuellen Werkzeugen auf Basis des CAE reicht auch heute wegen der o.g. Besonderheiten oftmals noch nicht aus.

4.4.5 Verschraubungen

Die Verschraubungen dienen als kurze Verbindungsstücke zwischen Rohren, Schläuchen und anderen hydraulischen Bauteilen. Sie übernehmen dabei eine Art Adapterfunktion, indem sie z. B. den bauteilseitigen Anschluss einerseits mit dem schlauch- oder rohrseitigen Anschluss andererseits verbinden.

Bauteilseitige Anschlüsse sind üblicherweise Gewindebohrungen für Einschraubstutzen, deren Abdichtung auf unterschiedliche Weise ausgeführt sein kann. Neben der (heute nicht mehr so verbreiteten) Ausführung mit metallischer Dichtkante an der Verschraubung, die in die Bauteiloberfläche eingedrückt wird, gibt es vor allem auch die Ausführung mit separatem Dichtelement. Dieses kann sowohl aus einem metallischen Werkstoff bestehen (z. B. Kupfer) – die durch das Anziehen der Verschraubung entstehende Axialkraft wird dann vollständig über das Dichtelement übertragen – oder es wird ein Elastomerwerkstoff für das Dichtelement gewählt. In diesem Fall wird eine Art metallischer Anschlag an der Verschraubung benötigt, damit die Elastomerdichtung genau auf ihren vorgegebenen Wert vorgespannt wird (Abb. 4.30).

Der große Vorteil beim Einsatz einer Elastomerdichtung ist die vollständige Funktionentrennung in „Befestigen" und „Abdichten". Selbst wenn die Befestigung sich z. B. durch Vibrationen löst und damit an Drehmoment/Vorspannung

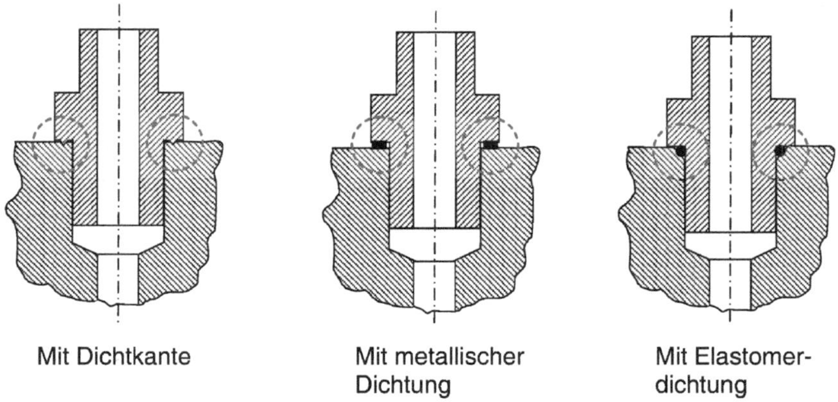

Abb. 4.30. Beispiele für Arten von Einschaubstutzen

verliert, ist zunächst immer noch eine saubere Abdichtung durch die Vorspannung des Elastomers gewährleistet. Erst wenn sich die Verschraubung so weit löst, dass ein Spalt entsteht, durch welchen die Elastomerdichtung extrudieren kann, wird diese undicht werden. Dieses sehr störungs- und fehlertolerante Verhalten des elastomergedichteten Einschraubstutzens hat zu seiner weiten Verbreitung geführt.

Die **schlauch-/rohrseitigen Anschlüsse** haben im Laufe der Zeit ebenfalls eine Weiterentwicklung erfahren. Während früher die rein metallisch dichtende Schneidringverschraubung dominierend war, werden heute zunehmend weichdichtende Systeme verwendet. Dies kann zum einen in Kombination mit dem Schneidring erfolgen, wobei dieser dann nur noch die Befestigungs-Funktion übernimmt und ein Elastomerelement zur Abdichtung dient. Zum anderen gibt es auch neue Systeme wie z. B. die Dichtkegelverschraubung 24° mit O-Ring oder die sog. ORFS-Verschraubung (O-Ring-Face-Seal) – beide sind definiert in der DIN EN ISO 8434. Der Weg hin zur Elastomerdichtung wurde auch hier beschritten, um mehr Toleranz gegenüber insbesondere Montagefehlern und Schwingungsbeanspruchung zu erzielen. Bei einer Vielzahl dieser elastomerdichtenden Systeme reicht es, rohrseitig einen einfachen Verformungsprozess anzuwenden (Bördelverschraubung). Je nach System werden dann rohrseitig zusätzliche Bauteile benötigt z. B. Überwurfmutter, Stützhülse o. ä. [FIN06].

Die jeweiligen Anschlüsse gibt es passend zum Querschnitt der Leitungen in verschiedenen Größen. Aus den verschiedenen Anschlussgrößen, bauteilseitigen und schlauch-/rohrseitigen Anschlussformen lassen sich nun eine Vielzahl von Kombinationen bilden, die von den Herstellern als Verschraubungen zum Großteil auch verfügbar sind. Was es noch nicht gibt kann meistens speziell angefertigt werden. Darüberhinaus erhält man Verschraubung nicht nur in gerader Form, sondern auch als Winkelstücke (30°...90°), die üblicherweise um die Einschraubachse einstellbar sind, weiterhin als T-Stücke oder Kreuze. Auch sind die schlauch-/rohrseitigen Anschlüsse sowohl in der Ausführung „weiblich" als auch „männlich" verfügbar – d. h. mit Innengewinde bzw. mit Außengewinde.

Für hydraulische Federungssysteme sind nun zwei Dinge besonders zu beachten: Zum einen sollten die Verschraubungen immer so gewählt werden, dass ein möglichst geringer Durchflusswiderstand entsteht (Verwendung von geraden Verschraubungen), zum anderen sollte aus dem gleichen Grund die Zahl der nötigen Verschraubungen möglichst niedrig gehalten werden. Beides, die geraden Verschraubungen und die Reduzierung der Verschraubungen hat noch einen sehr angenehmen Nebeneffekt: Die Kosten werden erheblich reduziert. Insbesondere (einstellbare) Winkelverschraubungen liegen bei gleicher Nenngröße durch ihre aufwändige Fertigung bzgl. der Kosten oftmals bei Faktor 4 und mehr gegenüber geraden Verschraubungen.

5 Niveauregulierung

Einer der großen Vorteile der hydropneumatischen Federung ist es, Laständerungen, die eine Verschiebung der Federungsmittellage hervorrufen, sehr einfach über Zu- bzw. Abführen von Hydraulikflüssigkeit auszugleichen. Entsprechend wird die hydropneumatische Federung nahezu immer in Kombination mit einer Niveauregulierung verwendet. Dabei wird in zylinderinterne selbstpumpende Systeme und extern versorgte Systeme unterschieden. Während im PKW-Bereich die zylinderinterne Niveauregulierung sowie teils auch das mechanisch geregelte, extern versorgte System dominieren, hat sich bei den Arbeitsmaschinen insbesondere den Land- und Baumaschinen das elektronisch geregelte, extern versorgte System durchgesetzt.

5.1 Zylinderinterne Niveauregulierung

Die Funktion beruht darauf, dass der Federungszylinder durch seine Federbewegung eine Pumpfunktion erfüllt. Dadurch ist es möglich, dass sich das Federungssystem nach der Erhöhung der Last wieder ohne äußere Unterstützung in seine Mittellage pumpen kann. Um dies zu bewerkstelligen wird der Zylinder funktional in drei Einzelsysteme untergliedert: Das Tragelement, den Höhenregler und Pumpe+Ablassregler (Abb. 5.1).

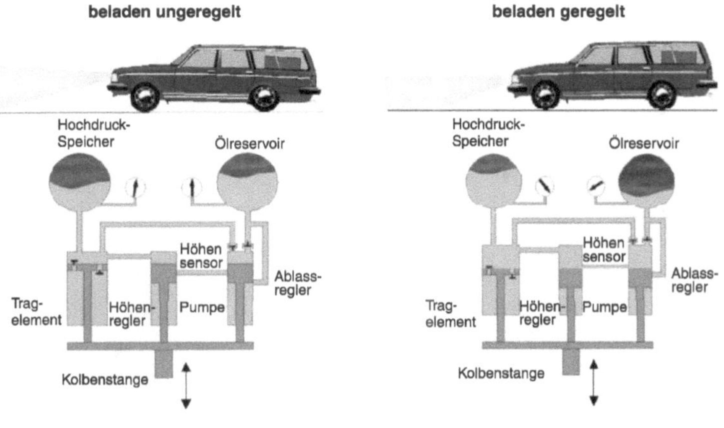

Abb. 5.1. Arbeitsprinzip des Systems Sachs-Nivomat [EUL03]

Wird die Last auf die Federung erhöht, so sinkt diese ein, der Federungszylinder wird einfahren (Abb. 5.1, links). Dadurch geht der Höhenregler in eine Position, in welcher verhindert wird, dass Öl vom Tragelement zum Ölreservoir abfließen kann. Wird nun die Federung zu Federbewegungen angeregt, so wird dadurch die Pumpe aktiviert, welche ihrerseits über die Rückschlagventile Öl aus dem Reservoir zum Tragelement pumpt. Weil der Ablassregler vollständig verschlossen ist, wird der Federungszylinder nun wieder in seine Mittellage zurückkehren. Wird diese erreicht, so sorgt einerseits der Höhensensor dafür, dass die Pumpe auf einem zweiten Weg mit dem Tragelement kurzgeschlossen wird, andererseits sorgt das zeitweilige Öffnen des Ablassreglers dafür, dass evtl. von der Pumpe gefördertes Öl wieder zum Ölreservoir abgelassen wird. In Mittelstellung arbeitet das System dann vor allem bei größeren Federbewegungen ständig im Gegenspiel von Pumpe und Ablassregler und hält so die Mittellage (Abb. 5.1, rechts). Wird hingegen die Last auf die Federung verringert, so sorgt der Ablassregler dafür, dass die Mittellage beibehalten wird. Dies ist im Gegensatz zur Zuladung auch ohne eine Federbewegung möglich.

So einfach das Prinzip sich in der Theorie darstellt, so aufwändig ist seine konstruktive Umsetzung. Abbildung 5.2 zeigt einen Nivomat in Kurzbauweise, die Funktionsweise wird in [EUL03] näher beschrieben.

1 Ölansaugleitung
2 Ölreservoir
3 Pumpenstange
4 Bypass zur Bestimmung der Niveauhöhe (Sensor)
5 Dämpfungskolben
6 Steueröffnung zum Rückfluss des Öls nach Entladen
7 Gas-Hochdruckspeicher
8 Elastische Trennmembran zwischen Öl und Gas im Hochdruckraum
9 Pumpen-Einlassventil
10 Steuerhülse, die gemeinsam mit der Pumpenstange und dem Ein- und Auslassventil die Pumpe bildet
11 Pumpenraum
12 Pumpen-Auslassventil

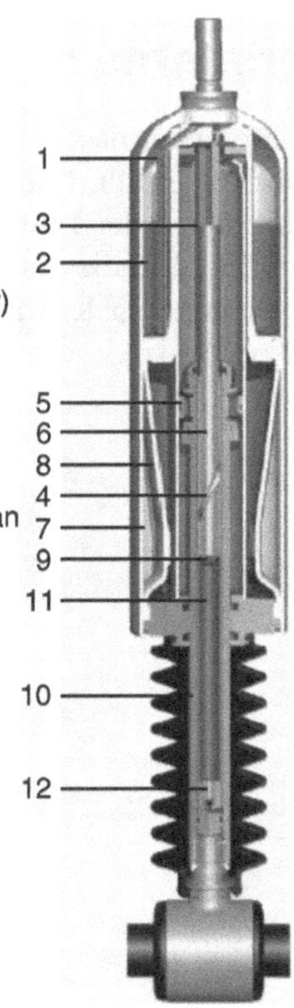

Abb. 5.2. Nivomat in Kurzbauweise [EUL03]

Das Nivomatsystem wird üblicherweise teiltragend ausgeführt. D. h. eine mechanische Feder (üblicherweise eine Schraubenfeder) trägt einen Großteil des Leergewichts (= minimale Last), der Nivomat trägt den Rest und übernimmt ggf. die volle Zuladung. Dadurch, dass hier eine Stahlfeder und eine hydropneumatische Feder kombiniert werden, können deren Eigenschaften bzgl. der Aufbaueigenfrequenz vorteilhaft kombiniert werden: Im Idealfall lässt sich damit ein über der Last sehr gleichmäßiger Eigenfrequenzverlauf erzielen. Die Dämpfung wird durch den Nivomat ebenfalls positiv beeinflusst indem durch die Pumparbeit des Nivomats eine lastabhängige Zusatzdämpfung bereitgestellt wird.

Das selbstpumpende Prinzip wird auch als „Hydromat"-Federbein angeboten, welches üblicherweise volltragend ausgeführt ist. Um dies bei vertretbaren Zylinderdurchmessern bewerkstelligen zu können, trägt hier die gesamte Kolbenfläche die Federlast wohingegen beim Nivomat nur die Stangenfläche lasttragend ist [REI89].

Der große Charme der selbstpumpenden Systeme liegt darin, dass außer dem Federungszylinder (mit entsprechenden Anbauten) keine weiteren Komponenten benötigt werden. Damit sind Platzbedarf, Kosten, Defektanfälligkeit, Wartungsaufwand etc. deutlich verbessert. Darüberhinaus muss dem System zur Niveauregulierung keine externe Energie zugeführt werden, da die Energie zum Verschieben des Öls allein aus der Federbewegung des Fahrzeuges herrührt. Anstatt also im Dämpfer Bewegungsenergie in eine Erwärmung des Öls umzusetzen, nutzt man sie, um Energie für die Anpassung des Niveaus zu gewinnen.

5.2 Mechanisch geregelte Niveauregulierung

Dieses System stellt die einfachere Variante der extern versorgten Niveauregulierung dar. Zusätzlich zu den Elementen des reinen Federkreises benötigt man hier noch ein Niveauregelventil und eine Druckölversorgung. Abbildung 5.3 zeigt eine vereinfachte Schaltung am Beispiel einer niveaugeregelten Achsenfederung.

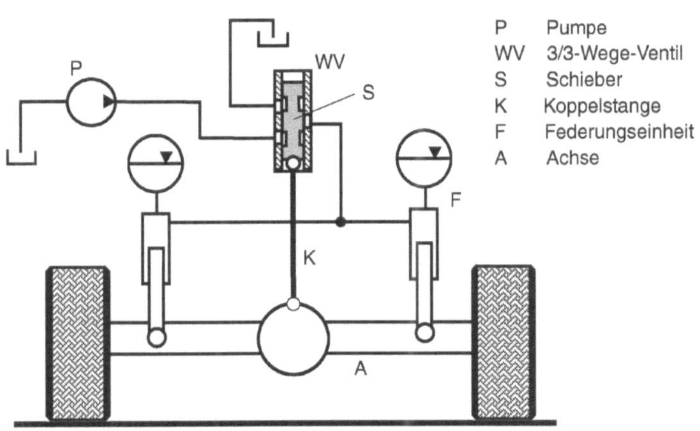

Abb. 5.3. Schematischer Aufbau einer mechanisch geregelten Niveauregulierung

Das Niveauregelventil hat die Aufgabe, eine Abweichung aus der Federungsmittellage zu erkennen und entsprechend durch Zu- bzw. Abführung von Hydraulikflüssigkeit die gewünschte Mittelage wieder einzuregeln. Zu diesem Zweck wird beispielsweise ein 3/3-Wege-Ventil benutzt, dessen Schieber über eine Koppelstange betätigt wird, welche ihrerseits durch die Federbewegung verschoben wird. Federt die Achse ein, so wird der Schieber nach oben geschoben und verbindet die Federungseinheiten mit der Pumpe. Dadurch fließt Öl zu den Federungseinheiten und das Niveau wird angehoben. Federt die Achse hingegen zu weit aus, so wird der Schieber nach unten verschoben und verbindet die Federungseinheiten mit dem Tank – das Niveau wird abgesenkt. In Mittellage des Schiebers sind alle drei Anschlüsse des 3/3-Wege-Ventils voneinander getrennt, das Niveau wird gehalten. Abbildung 5.4 zeigt den einfachen Niveauregler eines Citroen aus dem Patent US4747585.

Ein großer Nachteil eines derartigen Ventils ist jedoch, dass es stets eine geringe Leckage aufweist. Dadurch wird Hydraulikflüssigkeit aus dem Federkreis zurück in den Tank bzw. ohne entsprechendes Rückschlagventil bei abgestellter Pumpe sogar zurück zur Pumpe fließen. Da die Leckageströme sehr klein sind fällt dies während der Fahrt nicht ins Gewicht und wird durch den Niveauregler ausgeglichen. Steht das Fahrzeug jedoch längere Zeit, ohne dass der Motor und damit die Pumpe in Betrieb sind, so wird die Federung sukzessive absinken und am Ende auf

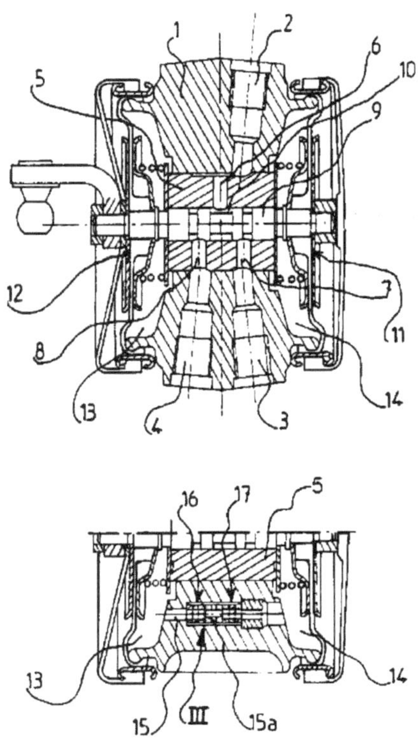

1 Gehäuse
2 Zylinderanschluss
3 Pumpenanschluss
4 Tankanschluss
9 Ventilschieber
11+12 Gummimembranen
13+14 Ölkammern
15 Verbindungsbohrung

Abb. 5.4. Niveauregler eines Citroen

ihren Einfederanschlägen aufliegen. Unter anderem aus diesem Grund sind vor allem ältere Citroen-Modelle über Nacht üblicherweise abgesunken. Um dies zu verhindern hat Citroen bei den neueren Modellen nun sog. „Anti-drop“-Ventile eingesetzt. Dies sind pro Achse jeweils ein hydraulisch entsperrbares, leckagefreies Kegelsitzventil, welches bei abgeschaltetem Motor den jeweiligen Federkreis vom Niveauregler trennt und damit die Leckage verhindert.

Zurück zur eigentlichen Regelung: Da die Bewegung der Primärseite in diesem Fall direkt auf den mit der Sekundärseite verbunden Niveauregler übertragen wird, würde also jede kleinste Federbewegung bereits zu einem Regelvorgang führen. Dies ist technisch nicht sinnvoll und verbraucht unnötig Energie. Daher wird in den meisten Fällen auf mechanischem Weg ein Totband eingebaut, welches bestimmte Federbewegungen um die Mittellage zulässt ohne einzugreifen. Dies kann z. B. durch eine entsprechende Gestaltung des Wegeventils mit hoher Überlappung erfolgen oder aber über ein bewusst gewähltes Spiel im Übertragungsgestänge. Naumann hat hier in seiner Dissertation einige grundlegende Betrachtungen zu deren Einfluss auf das Regelverhalten angestellt [NAU71].

Eine weitere Möglichkeit ist es, auf mechanischem Wege einen Tiefpass-Filter aufzubauen, welcher nur sehr tieffrequente Anteile auf die Regelung überträgt (also langfristige, statische Laständerungen), während er die mittel- und höherfrequenten Anteile herausfiltert, also die Schwingungen, die aus der Federbewegung durch Fahrbahnunebenheiten resultieren (dynamische Laständerungen). Solche mechanischen Tiefpass-Filter sind u. A. auch aus der Niveauregulierung von pneumatischen Federungssystemen bekannt wie sie z. B. bei LKW-Achsenfederungen genutzt werden [MUR98]. Abbildung 5.5 zeigt den schematischen Aufbau eines Tiefpassfilters über eine entsprechende Verschaltung von Federn und einem Dämpfer.

Die Achsbewegung wird von der Koppelstange auf die Eingangsseite (links) des Tiefpasses übertragen. Das richtige Zusammenspiel zwischen Feder 1 und Dämpfer 2 sorgt dafür, dass auf der Ausgangsseite (rechts) nur die tieffrequenten Schwingungen abgegeben werden. Je härter der Dämpfer 2 bzw. je weicher die Feder 1 umso tiefer liegt die Grenzfrequenz des Tiefpasses. Die Federn 3 sorgen für eine Zentrierung der Position der Ausgangsseite und damit dafür, dass die Schwingungen der Ausgangsseite stets um eine definierte Nullage erfolgen. Diese entspricht der Mittelposition des 3/3-Wege-Ventils.

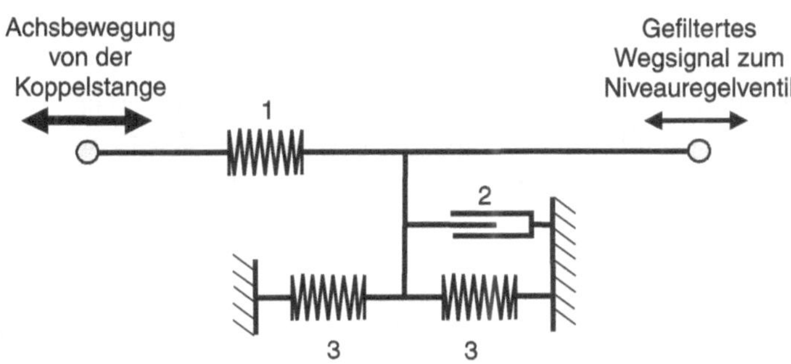

Abb. 5.5. Schematischer Aufbau eines mechanischen Tiefpass-Filters

Von Vorteil ist der einfache Aufbau eines solchen Systems. Aus diesem Grund kommt bzw. kam es u. A. bei den Achsenfederungssystemen der Fa. Citroen zum Einsatz. Greift man darüberhinaus auf mechanischem Wege in die Koppelstange von außen ein, indem man ihre Länge verstellbar macht, so erhält man damit zusätzlich noch die Möglichkeit, die Mittellage der Federung manuell zu verstellen.

Der Nachteil des mechanisch/hydraulischen Systems ist, dass eine darüberhinausgehende Einflussnahme von außen sehr schwierig ist. Man kann die Regelung weder abschalten, noch kann man Sicherheitsschaltungen vorsehen (fail-safe-Modus). Die Abstimmung der Regelung ist ebenfalls mechanisch kompliziert, da sie nur über die innere Geometrie des Wegeventils und die Art der mechanischen Ansteuerung erfolgen kann. Das System darf beim Regeln weder Überschwingen (was einen unmittelbaren gegenläufigen Regelvorgang auslösen würde) noch darf es zu früh die Regelung abschalten, was dann innerhalb kurzer Zeit einen weiteren gleichgerichteten Regelvorgang zur Folge hätte. Die Regelung ist bei hydraulisch vorgespannten Federungssystemen aufwändig, da ein weiteres mechanisch betätigtes Ventil zur Ringraumdruckregelung vorgesehen werden muss. Aus diesem Grund ist man in den meisten Fällen zur elektrisch/hydraulischen Niveauregulierung übergegangen.

5.3 Elektronisch geregelte Niveauregulierung

5.3.1 Funktion

Dieses Regelungssystem basiert darauf, dass nun die Information über die Position der Sekundärseite gegenüber der Primärseite nicht mehr nur mechanisch ertastet wird, sondern über einen Sensor in ein elektrisches Signal umgewandelt wird. Dieses Signal wird an einen Rechner, den sog. Controller weitergegeben, welcher das Signal auswertet und aufgrund der in ihm abgelegten Regelalgorithmen entscheidet, ob ein Nachregeln erforderlich ist, in welcher Richtung geregelt werden muss und ggf. wie schnell die Regelung erfolgen muss. Abbildung 5.6 zeigt den schematischen Aufbau eines solchen Systems.

Der große Vorteil dieses Systems liegt vor allem darin, dass auch noch weitere Signale für die Regelung verwendet werden können (beispielsweise Fahrgeschwindigkeit v, Beschleunigungen a, Temperatur der Hydraulikflüssigkeit T usw.). Darüberhinaus bietet dieses System eine sehr hohe Flexibilität, die Regelung kann über die Software bequem verändert werden. Dies erlaubt es u. A. auch, dieselbe Hardware für verschiedene Produkte zu verwenden, wobei die nötige Anpassung dann ausschließlich über die Programmierung erfolgten kann.

5.3.2 Hydraulische Schaltung

Grundsätzlich kann hier, wie auch beim mechanisch geregelten System von Citroen, ein 3/3-Wege-Ventil eingesetzt werden. Dieses muss nun aber elektrisch betätigt werden, wobei sich aus Sicherheitsgründen das unbestromte Ventil in Mittel-

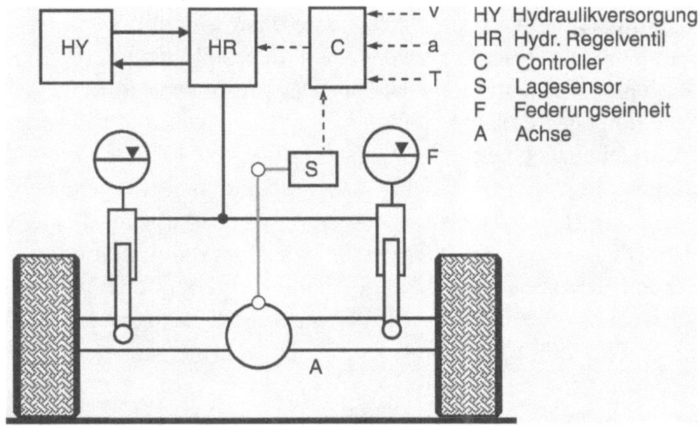

Abb. 5.6. Schematischer Aufbau einer elektronisch geregelten Niveauregulierung

position, also in vollständig gesperrter Position befinden muss. In diesem Fall hat man aber ebenso wie bei Citroen das Leckageproblem, welches man mit einem weiteren entsperrbaren Rückschlagventil beheben muss. Im einfachsten Fall kann dies eine hydraulische Entsperrung sein, welche aktiv ist solange die Hydraulikversorgung HY einen ausreichenden Druck zur Regelung liefert (Abb. 5.7a). Hat man eine eigene Hydraulikversorgung nur für das Federungssystem, so muss deren Pumpe dann auch beim Herunterregeln des Niveaus aktiviert werden. Alternativ kann auch ein elektrisch entsperrbares Rückschlagventil zum Einsatz kommen (unbestromter Zustand = gesperrt), welches dann vom Controller C zum Herunterregeln bestromt wird (Abb. 5.7b).

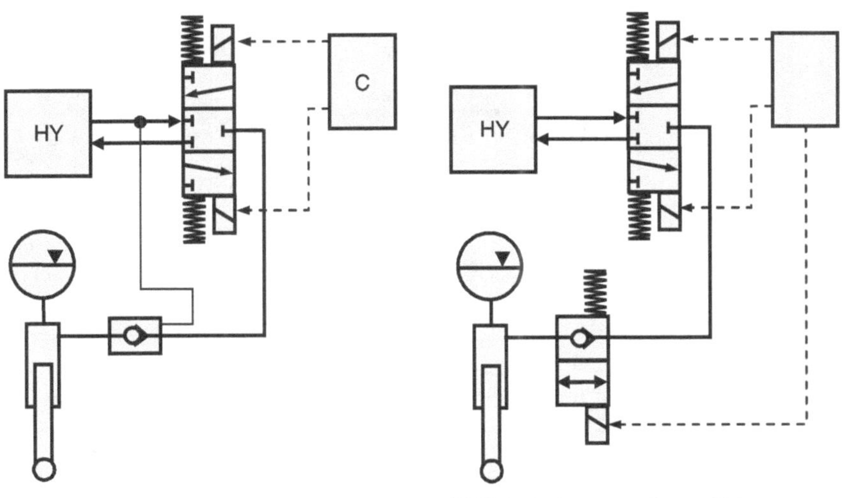

Abb. 5.7. 3/3-Wege-Ventil mit entsperrbarem Rückschlagventil

Die obigen Schaltungen sind insbesondere dann sinnvoll, wenn das 3/3-Wege-Ventil in Proportionaltechnik verwendet werden soll, um feinfühlige wie auch schnelle Regelungsvorgänge zu erlauben. Begnügt man sich hingegen mit einer An/Aus-Funktion der Regelung, kann man auch eine daraus abgewandelte Version verwenden, welche aus einem 3/2-Wege-Ventil besteht (unbestromt = Verbindung des Federkreises mit dem Rücklauf) in Kombination mit einem elektrisch entsperrbaren Sitzventil (unbestromt = gesperrt) – Abb. 5.8. Sind beide Ventile unbestromt, so ist der Federkreis über das Sitzventil leckagefrei von der Versorgung isoliert. Durch Bestromen des 3/2-Wege-Ventils wird der Federkreis mit der Pumpe verbunden, die Federung wird dann hochgeregelt. Bestromt man hingegen das Sitzventil, so wird die Verbindung zum Tank geöffnet und die Federung wird heruntergeregelt.

Eine weitere Möglichkeit ist, die Pfade für das Hochregeln und das Herunterregeln getrennt voneinander zu behandeln. Dies erfolgt z. B. mit zwei elektrisch entsperrbaren Rückschlagventilen (beide Ventile unbestromt = gesperrt) und einem nicht entsperrbaren Rückschlagventil (Abb. 5.9a). Alternativ dazu kann auch mit einem beidseitig sitzdichten 2/2-Wege-Ventil und einem elektrisch entsperrbaren Rückschlagventil gearbeitet werden (Abb. 5.9b).

Lösung a) bietet die Möglichkeit ein LS-Signal abzunehmen (nötig für eine Hydraulikversorgung mit Loadsense-Steuerung), während die zweite Möglichkeit b) weniger Bauraum benötigt. In beiden Fällen wird zum Hochregeln das pumpenseitige Ventil und zum Herunterregeln das tankseitige Ventil bestromt. Druck vom System wird bei Lösung a) nur dann angefordert, wenn dieser Druck auch zum Hochregeln benötigt wird. Bei allen anderen bisher gezeigten Systemen ist dies teils nicht bzw. nur durch zusätzlichen Aufwand möglich. Die elektrisch entsperrbaren Rückschlagventile können auch in einer proportional ansteuerbaren Ausführung verwendet werden. Ist dies nicht der Fall, so ist es (wie bei allen bisher

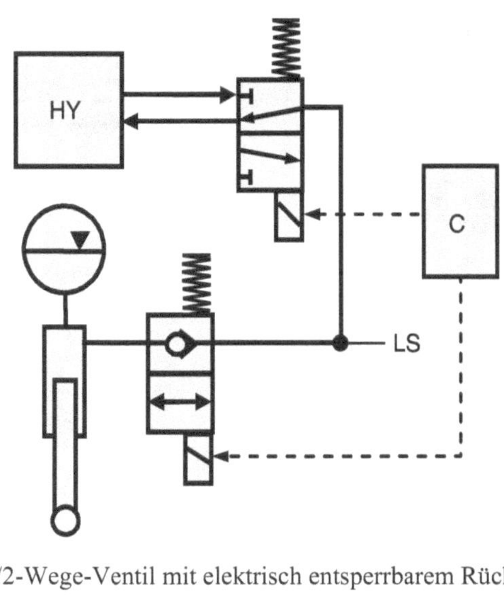

Abb. 5.8. 3/2-Wege-Ventil mit elektrisch entsperrbarem Rückschlagventil

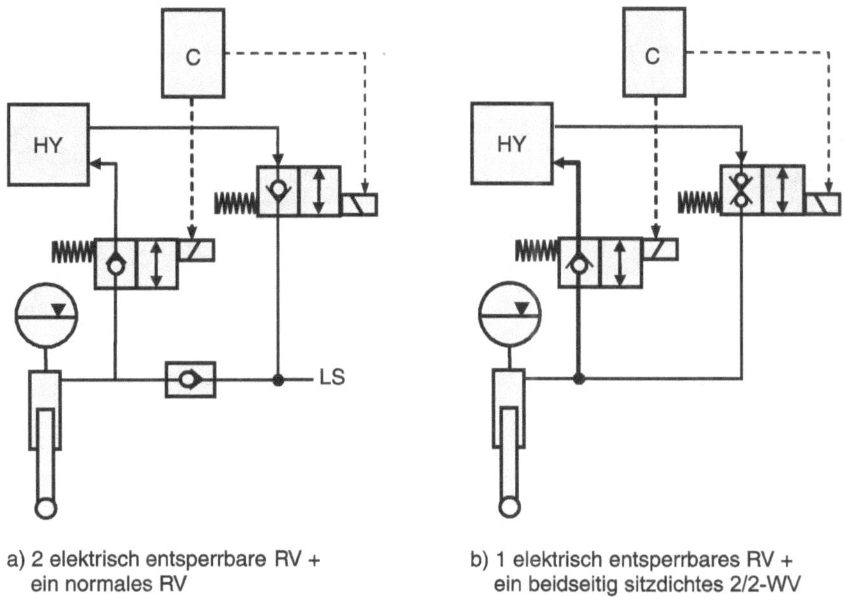

Abb. 5.9. Getrennte Pfade für Zuführung und Abführung von Hydraulikflüssigkeit

genannten Schaltungen auch) sinnvoll, zusätzlich Strömungswiderstände in die einzelnen Pfade einzubringen, um die Regelgeschwindigkeit einzustellen. Dies können insbesondere Blenden und Drosseln aber beispielsweise auch Stromregelventile sein.

Darüberhinaus sei hier angemerkt, dass sich o. g. Lösung a) nicht nur zur Regulierung des Niveaus einsetzen lässt, sondern bei hydraulisch vorgespannten Systemen auch günstig zur Regelung des ringraumseitigen Druckes eingesetzt werden kann. Anstelle des Signals des Lagesensors dient hier dann das Signal eines Drucksensors als Eingangsgröße für die Regelung. John Deere setzt diese Anordnung in seinem Vorderachsfederungssystem TLS Plus sowohl zur Niveau- als auch zur Druckregelung ein [Patent DE10337600] – mehr hierzu in Kap. 8.

5.3.3 Regelalgorithmen

Die Art der elektronischen Signalverarbeitung spielt eine zentrale Rolle in der Funktion eines hydropneumatischen Federungssystems. Die beste Regelung ist die, deren Funktion man nicht spürt, die aber dennoch exakt ihre Arbeit verrichtet. D. h. so selten regeln wie möglich, aber so oft wie nötig. Die Qualität des Regelungsalgorithmus hat also höchste Bedeutung und ist daher oftmals eines der am besten gehüteten Geheimnisse der Hersteller bzw. Anwender von Federungssystemen.

Die Interaktion des Reglers mit der Regelstrecke bei einem Federungssystem lässt sich grundsätzlich folgendermaßen darstellen:

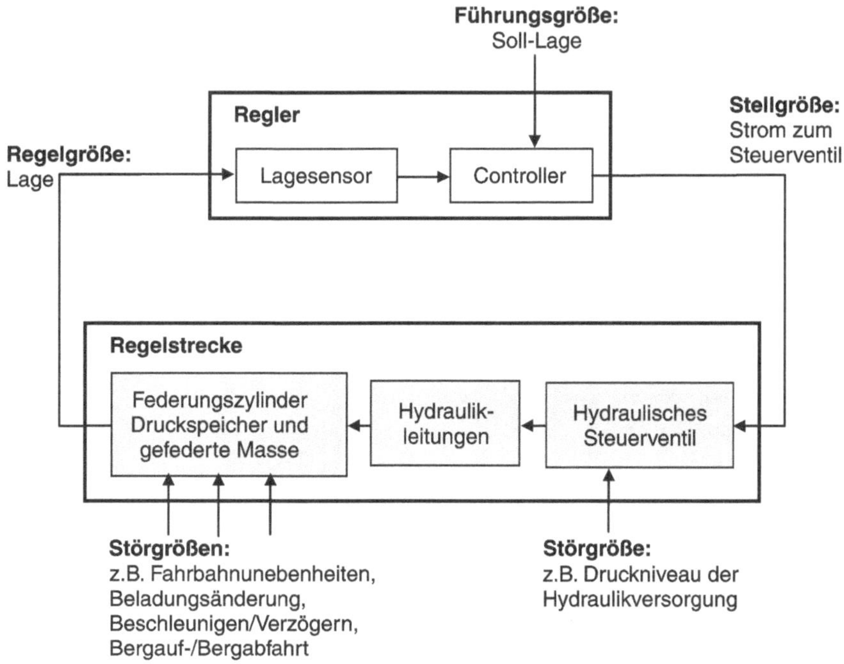

Abb. 5.10. Interaktion von Regler und Regelstrecke beim Federungssystem

Wenn man beim Aufbau eines Reglers von Null anfängt ist es zunächst einmal sinnvoll, die Logik der bisherigen (funktionierenden) mechanischen Systeme (Abschnitt 5.2) zu analysieren und in einen elektronischen Regelungsalgorithmus umzusetzen.

Die Regelung durch einen simplen **P-Regler** stellt hier die einfachste Möglichkeit dar: Je weiter die (Ist-)Lage von der Soll-Lage abweicht, umso mehr Strom wird zu dem entsprechenden Ventil geleitet, welches dann entsprechend weit öffnet, um das System wieder in die Soll-Lage zurückzuführen. Ein großer Nachteil dieses Systems sticht direkt ins Auge: Da es betriebs- und aufgabenbedingt durch die Federbewegung ständig zu einer Abweichung von der Soll-Lage kommt, wird die Regelung auch ständig arbeiten. Dies bedeutet nicht nur erhöhten Energieverbrauch, sondern u. A. auch stärkere Lärmbelästigung durch Hydraulikgeräusche und größeren Verschleiß an den beteiligten Bauteilen.

Darüberhinaus kann diese Regelung auch sehr leicht instabil werden, da die verschiedenen Komponenten der Regelung (insbesondere die hydraulischen und mechanischen) eine Verzögerung (Totzeit) beim Zu- bzw. Abschalten aufweisen und auch eine genaue Proportionalität nicht immer gegeben ist. Kommen dann noch verschiedene Betriebsbedingungen hinzu wie temperaturbedingte Unterschiede in der Viskosität der Hydraulikflüssigkeit und damit unterschiedliche Regelvolumenströme, unterschiedliche gefederte Massen, Trägheitskräfte wie z. B. durch Bremsen und Beschleunigen etc., dann wird schnell klar, dass eine reine P-Regelung nur mit Mühe zu beherrschen ist.

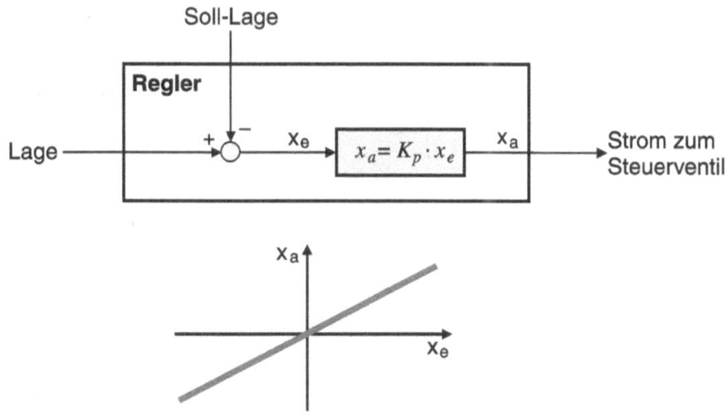

Abb. 5.11. Logik und Regelverhalten des P-Reglers

In diesem Fall hilft ein zusätzliches **Totband,** die Regelung im Bereich um die Mittellage zu beruhigen – ähnlich wie es beim mechanischen Regler durch eine hohe Überlappung des Ventilschiebers erreicht wird. Solange sich die Federbewegung im Bereich des Totbandes abspielt, bleibt die Regelung inaktiv. Erst wenn durch große Laständerungen eine Federbewegung stattfindet, durch welche x_e aus dem Totband kommt, werden die entsprechenden hydraulischen Ventile aktiviert. Problematisch ist hierbei allerdings, dass – auch abhängig von der Federrate – das Totband sehr groß gewählt werden muss, wenn wirklich alle Anregungen vom Untergrund akzeptiert werden können, ohne dass die Regelung aktiv wird. Ein großes Totband widerum bedeutet aber, dass die Soll-Lage nur sehr schlecht eingeregelt wird, was dann ggf. zur Folge hat, dass das Federungssystem bei starken Anregungen durchschlägt. Die Totband-Regelung ist also generell ein gutes Mittel, allerdings darf man die Breite nicht zu groß wählen, um noch eine ausreichende Regelgüte zu erreichen.

Die bisher beschriebenen Systeme arbeiten frequenz**un**abhängig, da die Sprungantwort des P-Reglers ebenfalls ein Sprung ist, nur eben um den Proportionalitätsfaktor K_P verändert. Da die Anregungen des Federungssystems periodisch auftreten ist es sinnvoll, auch eine Zeit- bzw. eine Frequenzabhängigkeit mit in die Regelung einzubeziehen. Mit dieser Hilfe können Anregungen wie sie von der

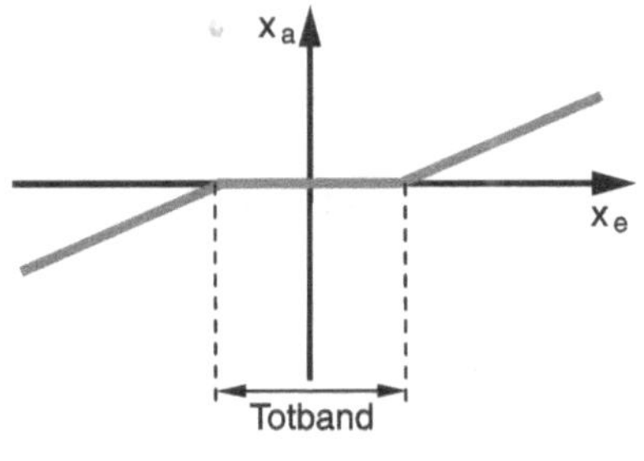

Abb. 5.12. x_a als $f(x_e)$ beim P-Regler mit Totband

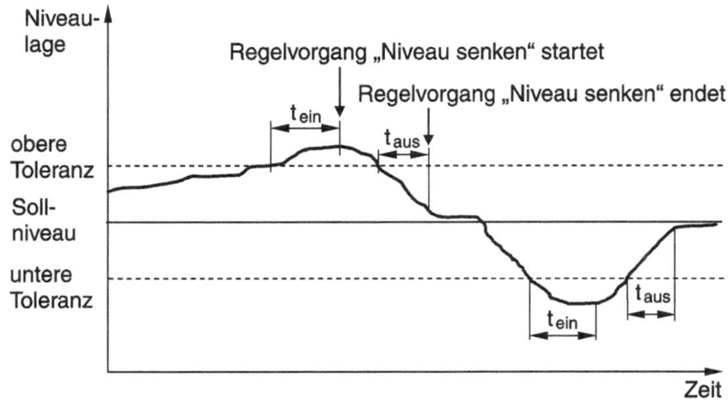

Abb. 5.13. Regler mit Verzögerungszeiten

Fahrt über unebenen Untergrund kommen, von solchen Anregungen bzw. Verschiebungen unterschieden werden, die durch langfristige Lastwechsel hervorgerufen werden.

Die einfachste Möglichkeit einen solchen Regler umzusetzen, ist die Einführung von Verzögerungszeiten für die Reaktion des Reglers. D.h. das Niveausignal muss für eine bestimmte Zeit außerhalb des Toleranzbereiches liegen, damit die Regelung aktiviert wird [GUG02]. Sobald das Lagesignal die Toleranzgrenze überschreitet wird ein Timer gestartet. Der Timer läuft so lange weiter, so lange die Überschreitung erhalten bleibt. Erreicht dieser Timer einen vorgegebenen Wert, die Verzögerungszeit t_{ein}, dann wird die Regelung aktiviert, welche die Niveaulage wieder in den Toleranzbereich bringt. Kommt die Niveaulage vor dem Erreichen der Verzögerungszeit (z.B. durch eine Untergrundanregung) wieder in den Toleranzbereich, wird der Timer wieder auf 0 gesetzt und die Regelung bleibt ausgeschaltet. Ist die Regelung jedoch aktiviert worden, so bleibt sie so lange aktiv, bis nach Wiedereintritt in den Toleranzbereich eine Verzögerungszeit t_{aus} vergangen ist. Letztere dient dazu, die Niveaulage möglichst wieder in die Mitte des Toleranzbereiches zu bringen. t_{aus} ist umso kürzer, je schneller die Hardwarekomponenten die Regelung umsetzen, je mehr Öl also bewegt wird. Sinnvollerweise unterscheiden sich daher t_{ein} und $t_{aus.}$ Darüberhinaus kann auch noch eine getrennte Behandlung von Hochregeln und Herunterregeln sinnvoll sein.

Eine weitere Verbesserung bringt ein **Tiefpass-Filter**, der, wie bereits beschrieben, auf mechanischem Weg beispielsweise in Niveau-Regelventilen der Citroen-Federungssysteme umgesetzt wird. Wird er zur Aufbereitung des rückgekoppelten Signals verwendet und somit dem P-Regler vorgeschaltet, so werden die untergrundbedingten Anregungen und damit höherfrequenten Federbewegungen aus dem rückgekoppelten Signal herausgefiltert. Es kommen nur die langfristigen Lageänderungen am Übertragungsglied an (wie sie z.B. durch eine Änderung der Beladung entstehen) und es werden dementsprechend auch nur bei solchen Änderungen die hydraulischen Ventile aktiviert.

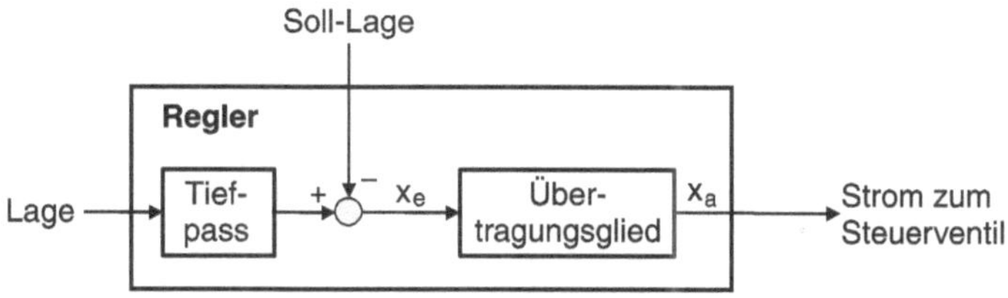

Abb. 5.14. Regler mit Tiefpass-Filter

Dabei ist die richtige Wahl der Filter-Grenzfrequenz ein wichtiges Kriterium für die korrekte Funktion der Regelung. Wird die Grenzfrequenz zu hoch gewählt, so werden evtl. auch Federbewegungen durch Fahrbahnunebenheiten zu einer Aktivierung der hydraulischen Steuerventile führen. Ist die Grenzfrequenz zu niedrig gewählt – und das ist der kritischere Fall – so kann es passieren, dass einerseits die Aktivierung der Steuerventile erst sehr spät erfolgt und die Federung deswegen bereits an die Grenzen des verfügbaren Federwegs kommt. Andererseits führt eine niedrige Grenzfrequenz auch dazu, dass das gefilterte Lage-Signal nach einer starken Abweichung erst sehr spät wieder z. B. in ein festgelegtes Totband zurückkehrt – was dann zu einem verspäteten Abschalten der Steuerventile führt. Dies kann im ungünstigen Fall zu einem Überschwingen der Ist-Lage führen. Somit wird dann widerum ein Regelvorgang in der entgegengesetzten Richtung ausgelöst – die Regelung ist instabil. Man muss hier einen Kompromiss aus stabiler Regelung und möglichst geringer Empfindlichkeit gegenüber Untergrundanregungen finden. Durch Veränderung der Breite des Totbandes gibt es neben der Grenzfrequenz des Tiefpasses einen weiteren Parameter zur Optimierung der Regelung.

Vermutlich um dies in den Griff zu bekommen, werden für die pneumatische Federung in einigen PKW sogar **zwei Tiefpass-Filter** genutzt. Die beiden Filter haben voneinander deutlich verschiedene Grenzfrequenzen. Werden diese parallel geschaltet und die beiden gefilterten Signale getrennt in das Übertragungsglied zurückgeführt (Abb. 5.15), erlaubt dies, die Parameter des Algorithmus besser auf die Eigenschaften der Federungs-Hardware, insbesondere der verwendeten Regelventile, Zylinder- bzw. Balggrößen und verfügbaren Regelvolumenströme abzustimmen. Eine wichtige Rolle spielen hier die Totzeiten der einzelnen Komponenten und die Regelgeschwindigkeit bzw. die Höhe der Regelverstärkung. Eine gute Abstimmung des Regelalgorithmus mit der Federungs-Hardware sorgt dafür, dass die Regelung in allen Betriebsbedingungen stabil arbeitet, keine Überschwinger erzeugt und auch nicht zu häufig regelt.

Die Fa. John Deere beschreibt im Patent DE19748224 unter anderem einen Regelungsalgorithmus für ihr hydropneumatisches Vorderachs-Federungssystem TLS. Es wird dabei ein Algorithmus umgesetzt, der ähnlich dem oben beschriebenen doppelten Tiefpass arbeitet. Dabei werden aus den Lagesensorsignalen laufend zwei Mittelwerte berechnet: Ein langer Mittelwert über ca. 6 s und ein kurzer Mittelwert über 0,8 s. Es wird empfohlen, dass der lange Mittelwert mindestens über die Dauer von 5 Schwingungsperioden hinweg berechnet wird, während die

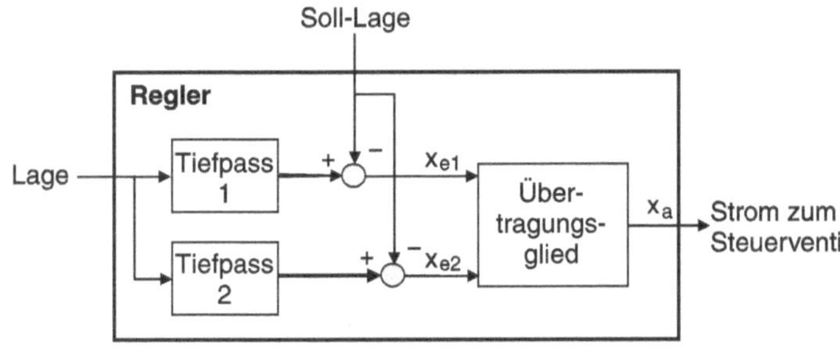

Abb. 5.15. Regler mit zwei Tiefpass-Filtern

Zeitkonstante des kurzen Mittelwerts so gewählt werden muss, dass ein Überschwingen der Achslage über den Sollwert vermieden wird. Ein Eingriff der Regelung erfolgt nur dann, wenn der **lange** Mittelwert ein Toleranzband von 7,5% des gesamten Federweges verlässt. Dann wird das/die entsprechende(n) Ventil(e) betätigt, um die Ist-Lage wieder in den Toleranzbereich zu bringen. Damit nun die Ventile nicht zu lange bestromt (=aktiviert) bleiben und es damit zu einem Überschwingen der Regelung kommt, werden diese wieder abgeschaltet, sobald der **kurze** Mittelwert wieder in den Toleranzbereich kommt.

Die verwendeten Regler müssen nicht zwangsläufig stetige Regler sein, wie sie bisher beschrieben wurden. Im Gegenteil: In abgewandelter Form lassen sich auf den oben beschriebenen Wegen auch unstetige Regler erzeugen.

Ein unstetiger Regler, der ebenfalls für Federungssysteme zum Einsatz kommen kann, ist der **Dreipunkt-Regler mit eingebauter Schalthysterese**. Es wird zwischen den drei Schaltzuständen „keine Aktion", „Hochregeln" und „Herunterregeln" unterschieden. Befindet sich die Ist-Lage im Toleranzbereich der oberen Schalthysterese ($-x_{eSo}$ bis $+x_{eSo}$) so ist der Schaltzustand „keine Aktion" aktiviert. Wird die obere Schalthysterese $+x_{eSo}$ z. B. durch eine zu große Ist-Lage überschritten, so wird der Schaltzustand „Herunterregeln" aktiviert. Dieser bleibt dann so lange aktiv, bis x_e wieder unter den Wert der unteren Schalthysterese $+x_{eSu}$ gefallen ist. Dann geht der Regler wieder zurück in den Zustand „keine Aktion".

Wichtig ist hier auch die richtige Wahl der Hysteresebreite x_{eSo}–x_{eSu}. Generell gilt, dass die Hysterese umso kleiner gewählt werden sollte, je schneller das System regelt, d. h. je mehr Volumenstrom zur Rückkehr in die Mittellage zu- bzw. abgeführt wird. Auch die Totzeit der Hardware spielt eine Rolle: Je langsamer die hydraulischen und mechanischen Komponenten auf die Stellgröße reagieren, umso kleiner muss die Hysterese sein. Systeme mit sehr hohen Volumenströmen und dabei sehr großer Totzeit sind generell schwer zu beherrschen. Lässt sich dies nicht vermeiden, so ist der Dreipunktregler möglicherweise nicht geeignet. Für eine stabile Funktion sollte dann besser auf die bereits o. g. Regelung mit doppeltem Tiefpass zurückgegriffen werden.

Sinnvollerweise wird auch dieser Regler mit einem Tiefpass-Filter für das rückgekoppelte Signal der Ist-Lage versehen. Auch hier darf, wie beim P-Regler, die Grenzfrequenz des Tiefpasses aus o. g. Gründen nicht zu niedrig gewählt werden.

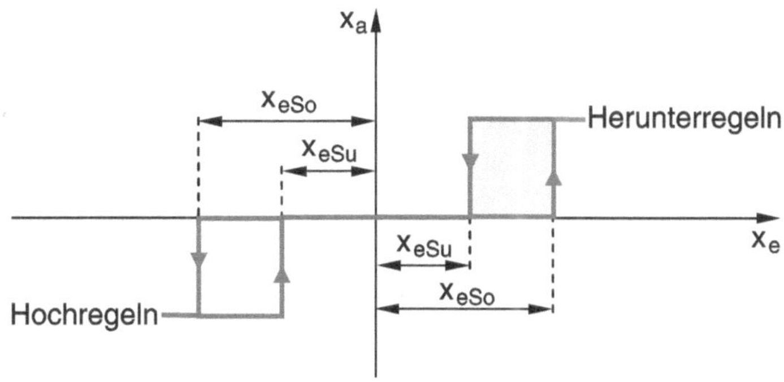

Abb. 5.16. Dreipunkt-Regler mit eingebauter Schalthysterese

Nochmals komplizierter wird die Entwicklung eines Regelungsalgorithmus, wenn gleichzeitig zwei Regler aktiv sind, welche sich gegenseitig wie Störgrößen beeinflussen können. Dies ist der Fall, wenn (wie z. B. beim John Deere System TLS Plus) ein Regler zur Niveauregulierung auf die Kolbenseite wirkt und der andere Regler zur Regulierung der Vorspannung über den Ringraumdruck auf die Ringseite wirkt. Wird ein Steuerventil zur Veränderung des Niveaus betätigt, so wird auch unmittelbar auf das im Ringraum befindliche Ölvolumen Einfluss genommen. Durch dessen Verschiebung kommt es zu einer Druckveränderung im Ringraumkreis, was dann ggf. wieder eine Reaktion des Reglers für den Ringraumdruck zur Folge hat. Man erkennt leicht, dass hier eine passende Abstimmung der beiden Reglercharakteristiken erforderlich ist, damit die Regler sinnvoll miteinander kooperieren und es zu keinem gegenseitigen Aufschwingen kommt. Einmal mehr soll hier betont werden, dass dies dann auch unter allen erdenklichen System- und Umgebungsbedingungen stabil funktionieren muss – Bauteiltoleranzen, Temperaturen, unterschiedliche Beladungen, Untergrundanregungen etc.

6 Sonderfunktionen hydropneumatischer Federungssysteme

6.1 Abschaltung der Federung

So positiv die Eigenschaften eines Federungssystems auf die Fahreigenschaften und den Komfort sein mögen: In manchen Situationen, insbesondere bei Arbeitsmaschinen, ist es von Vorteil, wenn keine Federung vorhanden ist, bzw. diese ausgeschaltet ist. Sehr häufig wird eine Sperrung der Federung für die Achsen von Arbeitsfahrzeugen gewünscht, um unkontrollierte Bewegungen zu verhindern, so z. B. bei Veränderung der Achslast durch Aufnahme oder Absetzen von Lasten. In vielen Fällen wird auf diese Abschaltbarkeit derart großen Wert gelegt, dass bewusst ein Federungssystem gewählt wird, mit dem diese Funktion realisiert werden kann.

Da eine Abschaltung der Federung sehr große Nachteile beim Komfort und der Fahrsicherheit mit sich bringt, sollte dies auf die nötigsten Betriebszustände beschränkt werden. So ist es in vielen Fällen wenig ratsam, eine z. B. von Betriebsbedingungen abhängige automatische Abschaltung der Federung zu konstruieren. Da vor allem bei höheren Geschwindigkeiten und/oder starken Bodenunebenheiten die Fahrsicherheit mit abgeschalteter Federung sehr stark beeinträchtigt ist, sollte es stets der Fahrer selbst sein, der bewusst eine Abschaltung vornimmt. Genau aus demselben Grund kann dagegen eine selbsttätige Wiederzuschaltung der Federung oberhalb einer bestimmten Fahrgeschwindigkeit durchaus sinnvoll sein. Auch beim Abstellen und späteren Neustart des Fahrzeuges kann es von Vorteil sein automatisch zum normalen Federungsmodus zurückzukehren.

6.1.1 Abschaltung durch Sperren des Hydraulikkreises

Es ist nun ein großer Vorzug der hydropneumatischen Federung, dass eine solche Abschaltung sich vergleichsweise einfach umsetzen lässt. Indem man den Ölfluss zwischen Zylinder und Druckspeicher der Kolbenseite absperrt kann man die Federung blockieren. Abbildung 6.1 zeigt dies am Beispiel einer Blockierung durch ein beidseitig sitzdichtes, elektrisch entsperrbares 2/2-Wege-Ventil. Auch mit einem 2/2-Wege-Schieberventil kann diese Funktion realisiert werden, wenn nicht absolute Dichtheit gefordert ist. Letztgenanntes ist zudem kostengünstiger und bietet durch bessere Strömungsverhältnisse bei gleicher Nenngröße geringere

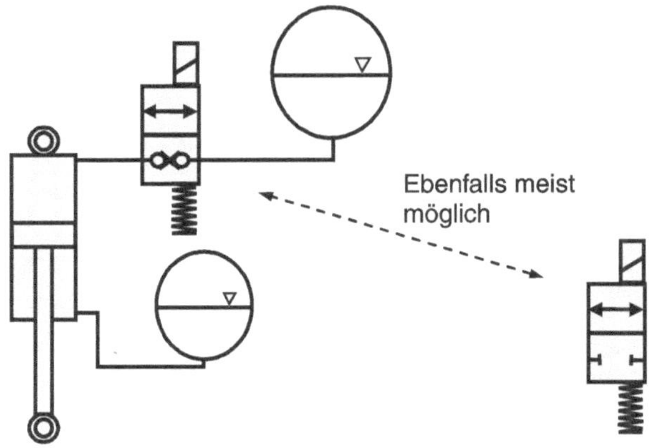

Abb. 6.1. Sperrung des kolbenseitigen Hydraulikkreises

Druckverluste. Es sind zwar selbst bei geschaltetem Ventil noch geringe Elastizitäten im System vorhanden (siehe 2.2), diese sind jedoch üblicherweise so gering, dass die Federung dann getrost als „gesperrt" bezeichnet werden kann.

Durch die Sperrung der Federung werden die Stöße nun allerdings nicht mehr elastisch aufgefangen, sondern starr von der Primär- in die Sekundärseite weitergeleitet. Die dadurch auftretenden großen Beschleunigungen bewirken sehr hohe Kräfte, die vom Federungssystem und dessen Konstruktionsumgebung ertragen werden müssen. Insbesondere verursachen die kurzzeitigen Extrembelastungen Druckspitzen im Federungssystem. Um einer Schädigung der Komponenten vorzubeugen müssen diese entweder entsprechend robust dimensioniert sein oder durch ein Druckbegrenzungsventil mit kurzer Reaktionszeit geschützt werden. Es ist bei Einsatz eines Druckbegrenzungsventils jedoch zu beachten, dass die Federung dann im Fall von Extrembelastungen nicht starr bleibt, sondern entsprechend der Belastungsspitze mehr oder weniger stark nachgibt.

Wird die Federung in einer bestimmten Konstruktionslage gesperrt, so ist es zusätzlich von Vorteil, dass die Niveauregulierung auch in diesem Betriebszustand aktiv bleibt. So können geringfügige Leckageverluste bzw. auch der Ölverlust nach dem Ansprechen des Druckbegrenzungsventils wieder ausgeglichen werden. Da alles Öl der Niveauregulierung in diesem Zustand in die Zylinder fließt, kann es sinnvoll sein, den Regel-Volumenstrom im gesperrten Betrieb zu reduzieren, um keine Überschwinger zu verursachen.

Soll die Federung in Mittellage abgeschaltet werden, so kann dies in bestimmten Fällen nur mit vorgespannten Systemen realisiert werden. Grund hierfür sind z. B. bei Achsenfederungssystemen die ungefederten Massen, welche bei vollständiger Entlastung der Federung nach unten ziehen. In einem nicht vorgespannten System würde dies zur Kavitation im Federungszylinder und zum (ungewollten) Ausfahren des Zylinders führen. Beim vorgespannten System trägt die Vorspannkraft in diesem Fall die ungefederten Massen. Da aufgrund dynamischer Vorgänge Kraftüberhöhungen zu erwarten sind, sollte die Vorspannkraft dann mindestens 50% größer sein als die Gewichtskraft der ungefederten Massen.

Ein wichtiger Aspekt bei der Abschaltung durch Blockierung des Ölflusses ist, dass nach der Blockierung im kolbenseitigen Druckspeicher ein bestimmter Druck eingeschlossen ist, welcher der statischen Federlast kurz vor dem Abschalten entspricht. Ändert sich nun während der Dauer der Abschaltung die statische Federlast und damit der kolbenseitig nötige Druck, um die Federung in Mittellage zu halten, so wird es dann beim Reaktivieren der Federung und öffnen des Sperrventils zu einem Druckausgleich zwischen Kolbenraum und dem zugehörigen Druckspeicher kommen. Ist die statische Federlast während der Abschaltphase gesunken, so wird beim Reaktivieren die Federung durch den höheren Druck im Druckspeicher ausgehoben, umgekehrt wird die Federung einsinken. Je nachdem, wie groß die Änderung der Federlast war, können die Reaktionen sehr (!) heftig ausfallen und die Federung bei Reaktivierung schlagartig bis in die Anschläge gehen. Diese unkontrollierte Reaktion ist in jedem Fall zu vermeiden, da hierdurch Schäden an Mensch und Maschine nicht ausgeschlossen werden können.

Diese Reaktion kann gemildert werden, wenn bei der Reaktivierung zunächst nur ein sehr kleiner Querschnitt freigegeben wird, durch den sich dann der Druck langsam angleichen kann. Wird dieser Querschnitt passend gewählt kann die Niveauregulierung in der nötigen Richtung eingreifen und die Bewegung der Federung wird entsprechend gering ausfallen. Anschließend kann dann der vollständige Querschnitt geöffnet werden, der für die höheren Volumenströme der Federungsvorgänge ausgelegt ist. Noch eleganter, aber auch teuerer, ist eine Druckanpassung des Speichers auf das Niveau, welches aktuell im Kolbenraum herrscht, bevor die Verbindung zwischen Speicher und Zylinder wiederhergestellt wird. Hierfür kann im ersten Ansatz auf die bekannten Speicherladeschaltungen zurückgegriffen werden, welche dann entsprechend den Bedürfnissen der Anwendung modifiziert werden. Eine andere Möglichkeit ist auch, den Druckspeicher ständig über einen kleinen Querschnitt mit dem Kolbenraum zu verbinden, wodurch sich das Druckniveau automatisch anpasst. Die Niveauregulierung sorgt in diesem Fall dafür, dass die Federung dennoch in Mittellage bleibt. Ggf. ist hierfür ein besonderer Regelungsalgorithmus zu wählen, der besonders schnell aber dennoch feinfühlig auf die Niveauveränderung reagiert.

6.1.2 Abschaltung durch Einfahren an den mechanischen Anschlag

Eine weitere Möglichkeit der Sperrung der Federung ist das vollständige Einfahren der Federungszylinder durch die Vorspannkraft bis an den mechanischen Anschlag. In diesem Fall ist der kolbenseitige Kreis des Federungssystems vollständig druckentlastet, die Kraft wird nun direkt über den Anschlag von Primär- auf Sekundärseite übertragen. Durch eine ausreichende Vorspannung (mechanisch oder hydraulisch) muss auch hier gewährleistet sein, dass die ungefederten Massen starr zwischen Anschlag und Vorspannkraft eingeklemmt sind.

Die meisten Vorderachsen-Federungssysteme der Fa. Agco–Fendt verwirklichen eine Abschaltfunktion auf diesem Wege. Bei dem hydraulisch vorgespannten

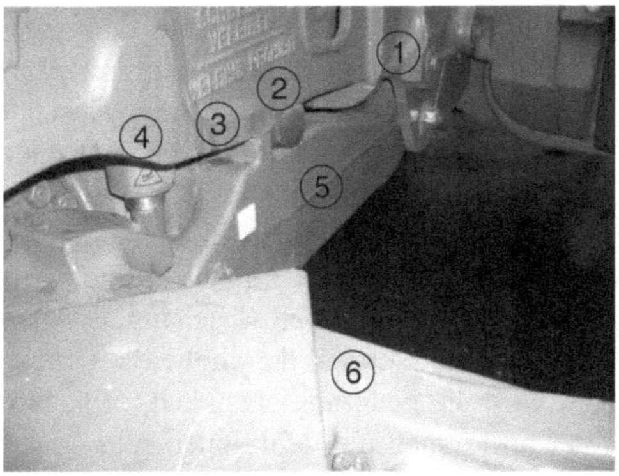

1 Schwingenlagerung
2 Elastomer-Endlagendämpfung
3 Metallischer Anschlag
4 Linker Federungszylinder
5 Längsschwinge
6 Achse

Abb. 6.2. System Agco–Fendt mit Blockierung durch mechanischen Anschlag

System wird die Kolbenseite des Zylinders vollständig druckentlastet, auf der Ringseite wird maximaler Systemdruck aufgeschaltet, der die Federungszylinder vollständig einfährt und damit die mechanische Aufhängung auf ihre Endanschläge drückt (Abb. 6.2). Da die Pendelfunktion und die Federungsfunktion bei diesem System voneinander getrennt sind, kann die Achse auch bei blockierter Federung noch pendeln und damit Bodenunebenheiten ausgleichen.

Auch das mechanisch vorgespannte System der Fa. Carraro arbeitet nach diesem Prinzip z. B. in Traktoren der Fa. Claas und Case/Steyr. An einer Pendelachse sind außen Einzelradaufhängungen installiert, welche die Federungsfunktion umsetzen. Werden die einfachwirkenden Federungszylinder nun durch Druckentlastung durch das Drehmoment der Torsionsfedern eingefahren, so werden die Einfederanschläge erreicht und die Kräfte werden direkt über diese Anschläge (in diesem Fall die Zylinder) übertragen. Ein Pendeln der Achse ist auch dann immer noch möglich.

6.1.3 „Quasi-Abschaltung" durch sehr hohe Federsteifigkeit

Bei einem System mit variabler Vorspannung kann man – anstelle der vollständigen Abschaltung der Federung – die Vorspannung, also bei hydraulisch vorgespannten Systemen den Ringraumdruck, auf den maximal möglichen Wert bringen. Wichtig ist, dass dabei der Ringraumkreis nicht überlastet wird und auch die spezifizierte maximale statische Federlast noch (mit dem Systemdruck) getragen werden kann.

Nach Gleichung 2.37 aus Abschnitt 2.2 ist die Federrate für das hydraulisch vorgespannte System:

$$c = \frac{n \cdot (F_{F1} + p_V \cdot A_R)^2}{p_{0,K} \cdot V_{0,K}} + \frac{n \cdot {p_V}^2 \cdot {A_R}^2}{p_{0,R} \cdot V_{0,R}} \tag{6.1}$$

Man erkennt darin den gleich zweifachen Einfluss des Vorspanndruckes p_V auf obige Gleichung. Dies lässt sich anschaulich dadurch erklären, dass der erhöhte Vorspanndruck zum einen das Gasvolumen auf der Ringseite stärker komprimiert, aber auch das Gasvolumen der Kolbenseite durch die erhöhte Vorspannkraft verkleinert. Diese nun erheblich kleineren Gaspolster bewirken eine deutlich höhere Federsteifigkeit. Indem man die Federrate auf mindestens das Doppelte bis Dreifache des Normalwertes anhebt lassen sich die Federwege um den entsprechenden Faktor reduzieren, was den gewünschten Effekt bewirkt.

Der hohe Ringraumdruck hat zudem die Wirkung, dass die Stangendichtung sehr stark belastet wird und daher mit sehr hoher Reibung arbeitet. Diese Reibung trägt ebenfalls zu einer Verminderung der Federbewegung im Zustand der „Quasi-Abschaltung“ bei. Einerseits ist durch die höhere Haftreibung die Losbrechkraft erhöht, die erforderlich ist, um eine Federbewegung zu initiieren. Andererseits wird durch die erhöhte Gleitreibung auch die Federbewegung stärker bedämpft, was ebenfalls im Sinne der Systemabstimmung ist – mit steigender Federrate müssen auch die Dämpfkräfte zunehmen, da weniger Weg zur Verfügung steht, um dem Federungssystem Energie zu entziehen.

Die Fa. John Deere setzt dieses Prinzip bei seiner Vorderachsenfederung TLS Plus für die Traktoren der 6000er und teilweise auch der 7000er Serie ein. Für viele Anwendungen ist dies der ideale Kompromiss aus eingeschränkter Federbewegung einerseits und Komfort und Fahrsicherheit andererseits. Da die „Quasi-Abschaltung“ hier in Federungsmittellage erfolgt, hat man zudem noch bessere geometrische Verhältnisse was die Arbeit mit Front- und Heckanbaugeräten betrifft im Vergleich zu Systemen, welche an den Einfederanschlag fahren und damit die Traktorfront absenken.

6.2 Verstellung der Federungsmittellage

Eine vom Fahrer einstellbare Federungsmittellage kann aus verschiedenen Gründen günstig sein. Zunächst einmal kann damit bei Achsenfederungssystemen die Bodenfreiheit verändert werden. Große Bodenfreiheit ist nötig für Fahrten im Gelände, geringe Bodenfreiheit kann z. B. zur Verbesserung der Aerodynamik und der Schwerpunktlage bei PKW von Vorteil sein, wie beispielsweise bei den neueren Citroen-Modellen. Denkbar ist auch, dass die Zugänglichkeit von Bauteilen bei Wartungsarbeiten verbessert wird (Sicherung nötig!) oder auch z. B. dass bei Achsenfederungssystemen Reifen ohne Wagenheber gewechselt werden können. Bei Arbeitsmaschinen kann die Höhenverstellung einer Achse einen zusätzlichen vertikalen Weg bei Front- und Heckanbaugeräten bewirken, was deren Handhabung und Wirksamkeit verbessern kann.

Die Verstellung der Federungsmittellage erfolgt durch Zuführung oder Abführung von Druckflüssigkeit aus dem Kolbenraum. Dabei gibt es zwei grundverschiedene Strategien dies umzusetzen. Einmal kann der Fahrer die Ventile selbst steuern, welche einen Zu- bzw. Abfluss von Druckflüssigkeit bewirken. Der Fahrer hält dann das jeweilige Ventil so lange aktiv geöffnet, bis die gewünschte Federhöhe erreicht ist. Die andere Möglichkeit ist, dass der Fahrer die gewünschte Federhöhe direkt vorwählt und das System dann selbsttätig diese Position anfährt. Dies hat allerdings den sicherheitstechnischen Nachteil, dass nach der Eingabe der neuen Position im Notfall ein Stopp der Höhenanpassung nur durch den Fahrer und seine erneute Reaktion eingeleitet werden kann. Bei Anwendungen, die sicherheitskritisch sind, z. B. bei Arbeitmaschinen, die häufig von viel Personal umgeben sind, ist es daher besser, der Fahrer hält die Ventile aktiv geöffnet. Dann wird er im Notfall den Betätigungsknopf loslassen und das System kommt sofort zum Stillstand.

Bei jeder Verstellung der Federungsmittellage muss jedoch klar sein, dass damit Positiv- und Negativfederweg verändert werden und diese nicht mehr dem Optimum entsprechen. Komfort und Fahrsicherheit sind daher eingeschränkt. Befindet sich die eingestellte Federhöhe nahe an einem der Endanschläge, so kann durch Stöße die Federung häufig auf Block gebracht werden, was auf Dauer zu einer Schädigung der Bauteile führen kann. Aus den genannten Gründen ist es daher sinnvoll, die manuelle Verstellbarkeit für den Fahrer einzuschränken. Dies kann z. B. bedeuten, dass sie nur in einem bestimmten Geschwindigkeitsbereich zugelassen wird, dass der Verstellbereich kleiner ist als der tatsächlich verfügbare Federweg oder dass sie nur in Verbindung mit einer hydraulischen Blockierung der Federung erlaubt wird. Abhängig von der Anwendung können solche Einschränkungen gewählt werden, ohne den Fahrer allerdings über die Maßen zu „entmündigen“.

6.3 Beeinflussung der Wank- und Nicksteifigkeit

Wank- bzw. Nicksteifigkeit sind die auf den Verdrehwinkel bezogenen Drehmomente, welche durch die Fahrzeugfederung der Verdrehung des Aufbaus um die Fahrzeuglängsachse (Wanken) bzw. um die Fahrzeugquerachse (Nicken) entgegensetzt werden. Eine Vergrößerung dieser Kennwerte kann vor allem für Fahrwerksfederungen sinnvoll sein, um die Aufbaubewegungen bei Kurvenfahrt bzw. bei Beschleunigung und Abbremsen zu verringern. Eine Beeinflussung der Wanksteifigkeit erfolgt durch Veränderung der beiden Federelemente einer Achse, zur Beeinflussung der Nicksteifigkeit müssen jeweils die Federelemente einer Fahrzeugseite verändert werden. Im folgenden wird nur auf die Beeinflussung der **Wanksteifigkeit** eingegangen, die Nicksteifigkeit lässt sich in gleicher Weise behandeln.

Im gleichen Maße, wie eine Wank- und Nicksteifigkeit bereitgestellt wird, muss auch eine entsprechende Dämpfung dieser Bewegungen vorgesehen werden. Über Strömungswiderstände in den Hydraulikleitungen zwischen den Zylindern lässt sich dies entsprechend Abschnitt 2.3.2 umsetzten. Auf die Wank- und Nickdämpfung wird daher hier nicht näher eingegangen.

6.3.1 Gleichseitig gekoppelte Zylinder

Die wankweichste Verschaltung zweier Zylinder einer Achse erhält man, wenn man jeweils die Kolbenräume (und ggf. auch die Ringräume) beider Zylinder direkt miteinander verbindet und mit nur einem Druckspeicher betreibt (Abb. 6.3).

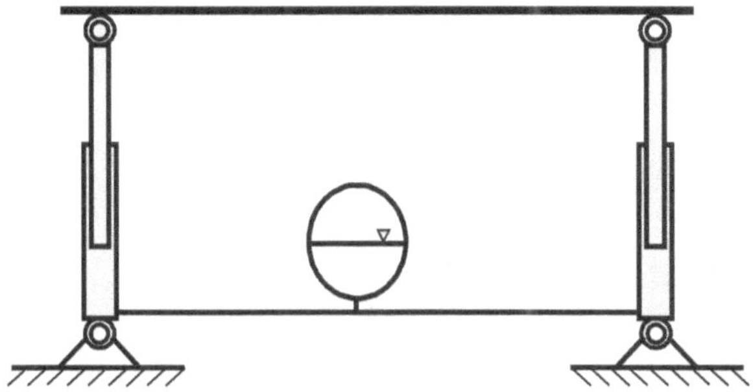

Abb. 6.3. Verschaltung zweier Federn ohne Wanksteifigkeit

Die vom Federungssystem bereitgestellte Wanksteifigkeit ist in diesem Fall praktisch gleich 0, da das Öl frei zwischen den jeweiligen Zylinderräumen von einer Seite auf die andere strömen kann. Die Wirkung ist dabei die gleiche, wie wenn beide Federn genau mittig angeordnet wären und sich der Aufbau damit frei verdrehen kann.

6.3.2 Entkoppelte Zylinder

Eine erste Verbesserung der Wankstabilität erhält man bereits, wenn man diese beiden Federn nun hydraulisch voneinander trennt (Abb. 6.4). Dann wirken beide Federn einzeln und stellen jeweils über den Hebelarm L/2 einer Verdrehung ihre Federkraft entgegen.

Über das Momentengleichgewicht um den Mittelpunkt (=Drehpunkt) erhält man bei einer Verdrehung um den Winkel α für das Drehmoment M_D:

$$M_D = \left(F_F \cdot \frac{L}{2} \right) \cdot 2 \tag{6.2}$$

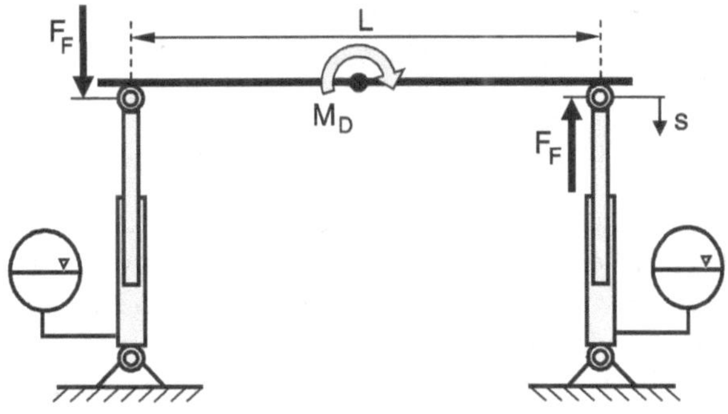

Abb. 6.4. Getrennte hydropneumatische Federn für verbesserte Wanksteifigkeit

Mit $F_F = c \cdot s$ und $s = \frac{L}{2} \cdot \sin\alpha$ folgt:

$$M_D = c \cdot \frac{L}{2} \cdot \sin\alpha \cdot \frac{L}{2} \cdot 2 = c \cdot \frac{L^2}{2} \cdot \sin\alpha \tag{6.3}$$

Mit $\sin\alpha \approx \alpha$ für kleine α [rad] erhält man

$$M_D = c \cdot \frac{L^2}{2} \cdot \alpha \tag{6.4}$$

Und damit für die Wanksteifigkeit w:

$$w = \frac{M_D}{\alpha} = c \cdot \frac{L^2}{2} \text{ in [Nm/rad]} \tag{6.5}$$

Aus dieser Formel erkennt man bereits den großen Einfluss des Stützabstandes L der beiden Zylinder. Da die Federrate c bereits durch die Anforderungen an die Hubeigenfrequenz des Aufbaus festgelegt ist, kann also nur über den Stützabstand L Einfluss auf die Wanksteifigkeit genommen werden. Da dieser im Falle einer Fahrzeugachse über die Spurweite bereits gegeben ist, steht hier wenig Variationsspielraum zur gezielten Einstellung der Wanksteifigkeit zur Verfügung. Auch sind die erreichbaren Werte für w oftmals nicht groß genug, sodass wie z. B. in Automobilen üblich, ein weiterer mechanischer Stabilisator zusätzlich zu den einzelnen Radfedern zum Einsatz kommen muss.

Bei obiger Betrachtung ist auch noch wichtig zu beachten, dass c aufgrund der Eigenschaften der hydropneumatischen Federung von der Geschwindigkeit der Wankanregung abhängt. So ist für eine kurze Querbeschleunigung, wie sie z. B. bei einem Ausweichmanöver eines Fahrzeuges auftritt, die einzusetzende Federrate höher als bei dauerhafter Schrägfahrt am Hang. Dies liegt daran, dass im einen Fall eine polytrope, im anderen Fall eine nahezu isotherme Zustandsänderung des Gases in den Druckspeichern vorliegt.

Citroen bringt in seinem Hydractiv-Fahrwerk ein System zum Einsatz, welches zur Wahl der Wanksteifigkeit vom nicht hydraulisch stabilisierten Modus (gleichseitig gekoppelte Zylinder) in den hydraulisch stabilisierten Modus (entkoppelte Zylinder) umschaltbar ist. Mehr dazu in Kap. 7.

6.3.3 Differenzialzylinder-Kreuzschaltung

Im Gegensatz zu Systemen mit mechanischen Federn kann nun aber bei einer hydropneumatischen Federung auf eine weitere Alternative zurückgegriffen werden, welche nochmals mehr Wanksteifigkeit bringt. Dabei handelt es sich um zwei doppeltwirkende Zylinder, die so miteinander verschaltet werden, dass jeweils der Kolbenraum des einen Zylinders mit dem Ringraum des anderen verbunden ist und umgekehrt. Diese beiden voneinander getrennten Federkreise erhalten dann

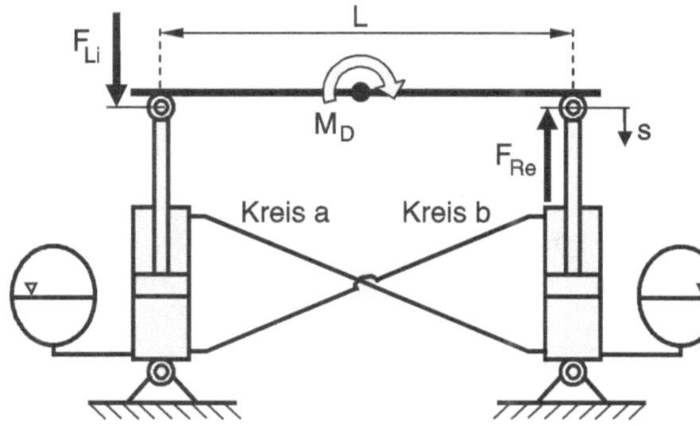

Abb. 6.5. Kreuzschaltung der Zylinder für sehr hohe, einstellbare Wanksteifigkeit

jeweils einen Druckspeicher, der die eigentliche Federungsfunktion übernimmt. Man bezeichnet dies auch als eine Kreuzschaltung der Zylinder (Abb. 6.5).

Im Gegensatz zu zwei unabhängig voneinander arbeitenden Zylindern kann, wie im Folgenden gezeigt wird, die Wanksteifigkeit über die Abmessungen des Zylinders beliebig eingestellt werden. Zur Herleitung der Wanksteifigkeit w wird hier die Kräfteveränderung am Kolben während einer Verdrehung und daraus resultierend einer Bewegung des Kolbens um den Weg s betrachtet. Zur Vereinfachung der Berechnung werden alle Druckdifferenzen derart definiert, dass sich bei positivem s eine positive Druckdifferenz ergibt. Diese werden jeweils für die beiden voneinander getrennten Hydraulikkreise berechnet (Index a und Index b). Da die auf die Kolbenflächen wirkenden Differenzkräfte jeweils auf Ring- und Kolbenseite eines Zylinders in die gleiche Richtung zeigen, kann dann für jeden Zylinder angesetzt werden:

$$\Delta F_{Li} = \Delta p_a \cdot A_R + \Delta p_b \cdot A_K \tag{6.6}$$

$$\Delta F_{\mathrm{Re}} = \Delta p_a \cdot A_K + \Delta p_b \cdot A_R \tag{6.7}$$

Mit Hilfe der Differenzkräfte lässt sich dann das resultierende Drehmoment M_D berechnen:

$$M_D = \Delta F_{Li} \cdot \frac{L}{2} + \Delta F_{\mathrm{Re}} \cdot \frac{L}{2} = \left(\Delta p_a + \Delta p_b\right) \cdot \left(A_R + A_K\right) \cdot \frac{L}{2} \tag{6.8}$$

Für die Wanksteifigkeit w berechnet man dann unter der Voraussetzung $\alpha \approx \sin\alpha$ für kleine α:

$$w = \frac{M_D}{\alpha} \approx \frac{M_D}{\sin\alpha} = \frac{M_D}{\frac{s}{\frac{L}{2}}} = \frac{M_D \cdot L}{2 \cdot s} \tag{6.9}$$

und mit Einsetzen von M_D:

$$w = \frac{(\Delta p_a + \Delta p_b) \cdot (A_R + A_K) \cdot L^2}{4 \cdot s} \tag{6.10}$$

Zur Berechnung der noch nötigen Differenzkräfte fehlt nun lediglich noch die Herleitung der Druckdifferenzen der beiden hydraulischen Kreise a und b als Folge der Verschiebung s. Dazu muss nun zunächst einmal die Volumenveränderung dieser beiden Kreise betrachtet werden, welche aus der Verschiebung resultiert.

$$\Delta V_a = s \cdot A_R + s \cdot A_K = s \cdot (A_R + A_K) \tag{6.11}$$

$$\Delta V_b = -s \cdot A_R - s \cdot A_K = -s \cdot (A_R + A_K) \tag{6.12}$$

Dementsprechend sind die sich einstellenden Drücke in den Kreisen:

$$p_a = p_1 \cdot \left(\frac{V_1}{V_1 + s(A_R + A_K)} \right)^n \tag{6.13}$$

$$p_b = p_1 \cdot \left(\frac{V_1}{V_1 - s(A_R + A_K)} \right)^n \tag{6.14}$$

Und mit der oben genannten Betrachtung der positiven Druckdifferenzen gilt:

$$\Delta p_a = p_1 - p_1 \cdot \left(\frac{V_1}{V_1 + s(A_R + A_K)} \right)^n \tag{6.15}$$

$$\Delta p_b = p_1 \cdot \left(\frac{V_1}{V_1 - s(A_R + A_K)} \right)^n - p_1 \tag{6.16}$$

Setzt man diese Differenzdrücke nun in die Gleichung 6.10 ein, so erhält man die recht umfangreiche Formel für die Wanksteifigkeit w bei Kreuzschaltung zweier Differenzialzylinder:

$$w = \frac{\left[\left(\frac{V_1}{V_1 - s \cdot (A_R + A_K)} \right)^n - \left(\frac{V_1}{V_1 + s \cdot (A_R + A_K)} \right)^n \right] \cdot (A_R + A_K) \cdot p_1 \cdot L^2}{4s} \tag{6.17}$$

mit

$$p_1 = \frac{m_F \cdot g}{2 \cdot (A_K - A_R)} \tag{6.18}$$

und

$$V_1 = V_0 \cdot \frac{p_0}{p_1} \tag{6.19}$$

Man erkennt aus obiger Formel, dass w also nur von der Kolben- und der Ringfläche sowie dem Stützabstand L abhängt. Die Werte für p_1 und V_1 sind bereits durch die Anforderungen an die Hubeigenfrequenz und die gefederte Last vorgegeben und die (virtuelle) Verschiebung s ist für die Betrachtung der Wanksteifigkeit in Ruhelage ($s \approx 0$) nur eine Rechenhilfsgröße. Aus Gleichung 6.17 lässt sich ebenfalls ableiten, dass die Wanksteifigkeit mit zunehmender Federlast und auch mit zunehmender Auslenkung s größer wird. Beides ist günstig für das Federungsverhalten.

Lässt man den Stangendurchmesser und damit die lasttragende Fläche der Federungszylinder unverändert, so kann man bei konstanter Hubsteifigkeit jede beliebige Wanksteifigkeit erzeugen. In Gleichung 6.17 erkennt man: Je größer der Kolbendurchmesser bei konstantem Stangendurchmesser wird, umso größer wird der Term $(A_R + A_K)$ und umso größer wird auch die Wanksteifigkeit. Abbildung 6.6 zeigt dies beispielhaft für ein System mit 20 mm Stangendurchmesser, ca. 1 m Stützabstand, abgestimmt auf eine Hubeigenfrequenz von ca. 1,2 Hz. Der geringste sinnvolle Wert für den Kolbendurchmesser ist 20 mm. Man erkennt bei genauem Hinsehen, dass hier die Wanksteifigkeit nicht Null ist! Ist der Kolbengleich dem Stangendurchmesser, so ist die Ringfläche $A_R = 0$. Damit erhält man für die Wanksteifigkeit den Wert, der durch zwei entkoppelte hydropneumatische Federn mit einfachwirkenden Zylindern mit 20 mm Plungerdurchmesser hervorgerufen würde. Damit wird auch klar, wie viel wirksamer die Differenzialzylinder-Kreuzschaltung gegenüber den zwei entkoppelten Zylindern lt. Abschnitt 6.3.2 ist.

Rakeiha et al. haben diese besondere Art der Zylinderverschaltung per Simulation untersucht, indem sie ein entsprechendes Modell aufgebaut haben und dieses dann verschiedenen im Fahrbetrieb auftretenden Anregungen ausgesetzt haben [RAK93]. Es zeigten sich durchweg Verbesserungen, so z. B. im Wankwinkel und auch beim Abklingen einer durch Wankanregung verursachten Wankschwingung.

Wenn man das Prinzip weiter betrachtet, erkennt man, dass man sogar eine „Doppel-Kreuzschaltung“ daraus ableiten kann, welche gleichzeitig eine Wank- und eine Nicksteifigkeit erzeugt. Hierzu verbindet man an einem zweiachsigen Fahrzeug jeweils den vorderen linken und den hinteren rechten sowie den vorderen rechten und den hinteren linken Federungszylinder mit der oben gezeigten Kreuzschaltung. Umgesetzt ist dieses Prinzip beispielsweise in Autokranen (Design u. A. von Hemscheidt Fahrwerktechnik).

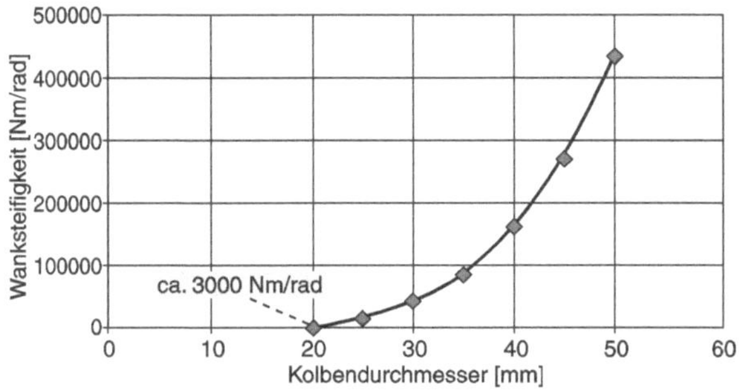

Abb. 6.6. Wanksteifigkeit in Abhängigkeit vom Kolbendurchmesser bei konstantem Stangendurchmesser

Würde man Gleichlaufzylinder über Kreuz verschalten, so erhielte man zwar eine Wanksteifigkeit (A_R wäre in diesem Falle gleich A_K), allerdings hätte man mangels wirksamer Stangenfläche keine Hubsteifigkeit. Wie bereits eingangs erwähnt lässt sich das Kreuzschaltungs-Prinzip 1 : 1 auch auf die Nicksteifigkeit übertragen, eine gesonderte Berechnung erfolgt daher nicht.

6.4 Federratenverstellung durch Zu-/Abschaltung von Druckspeichern

Eine Verstellbarkeit der Federrate ist immer dann sinnvoll, wenn die Federung sehr unterschiedlichen Betriebsbedingungen unterworfen ist. Um die bestmögliche Funktion zu erzielen, ist dann eine Anpassung der Federungseigenschaften nötig. Das hydraulisch vorgespannte System gibt hier die Möglichkeit, den Ringraum-Vorspanndruck zu variieren und damit die Federrate zu verstellen. Beim nicht vorgespannten bzw. mechanisch vorgespannten System ist dies nicht möglich, man muss einen anderen Weg wählen.

Betrachtet man sich die Gleichung 2.30 zur Berechnung der Federrate eines mechanisch vorgespannten Systems (die mit $F_V = 0$ und $c_{mech} = 0$ auch für das nicht vorgespannte System gilt), so erkennt man, dass nur die Variablen n, sowie p_0 und V_0 zur Verfügung stehen – F_V und c_{mech} lassen sich nur mit großem Aufwand verstellen.

$$c = n \cdot \frac{(F_{F1} + F_V)^2}{p_0 \cdot V_0} + c_{mech} \tag{6.20}$$

Eine aktive Veränderung des Polytropenexponenten ist bei einem gegebenen Gas eine schwer vorstellbare Sache. Hierzu müssten neue Prinzipien gefunden werden, die dies erlauben. Es bleiben also zur Einflussnahme noch p_0 und V_0.

Eine Veränderung von p_0 durch gezieltes Nachfüllen bzw. Ablassen von Gas aus einem Druckspeicher mit dem festen Volumen V_0 erscheint hier aufwändig, wurde aber in Patenten bereits beschrieben – siehe Abschnitt 8.1. Trotz des möglichen Vorteils, dass stufenlos Gas nachgefüllt werden könnte und damit die Federrate stufenlos veränderlich ist, ist es nicht bekannt, dass dieses Prinzip bisher umgesetzt wurde. Daher soll es hier auch nicht weiter betrachtet werden. Vielversprechender ist die Veränderung von V_0 bei festem p_0 bzw. eine generelle Veränderung der Gasmasse. Dies kann dadurch erfolgen, dass in einem System von zwei oder mehr Druckspeichern ein (oder mehr) Speicher zu- bzw. abgeschaltet werden (Abb. 6.7).

Entsprechend der Veränderung der Gasmasse verändert sich dann auch die Federrate. Anschaulich vorstellbar ist dies beim nicht vorgespannten System: So wird sich z. B. bei Halbierung der Gasmasse die Federrate verdoppeln, bei einem Drittel der Gasmasse verdreifachen usw. Damit steht also eine Einflussmöglichkeit zur Verfügung, die eine starke, spürbare Veränderung der Federungseigenschaften herbeiführt.

Unbedingt zu beachten ist hierbei allerdings, dass auch beim Abschalten von Druckspeichern noch genügend Gasvolumen zur Verfügung steht, damit bei vollständiger Ausnutzung des Federweges die in Kap. 3 genannten Kriterien „Maximaldruck“ und „Membranverformung“ noch erfüllt werden. Ansonsten läuft man Gefahr, diese Druckspeicher zu zerstören.

Wie im vorangegangenen Abschnitt 6.1.1 muss auch hier beachtet werden, dass es durch Ab- und wieder Zuschalten von Druckspeichern zu Druckausgleichsvorgängen kommen kann, die eine plötzliche Veränderung des Federungsniveaus zur Folge haben. Diese wird zwar durch den ständig aktiven Druckspeicher im Vergleich zur Reaktion bei vollständiger Federungsblockierung etwas geringer ausfallen, dennoch sind auch hier die in 6.1.1 beschriebenen Gegenmaßnahmen zu ergreifen, falls ein Sicherheitsrisiko entstehen würde.

Citroen setzt das Prinzip der Druckspeicherzuschaltung und -abschaltung bei seiner Hydractiv-Federung um. Dabei ist jeweils ein Druckspeicher direkt am Federbein einer Achse angeordnet, ein dritter Druckspeicher sitzt zentral und wird für komfortableres Fahren zugeschaltet, wobei gleichzeitig auch beide Federungszylinder miteinander verbunden werden – mehr dazu in Kap. 7.

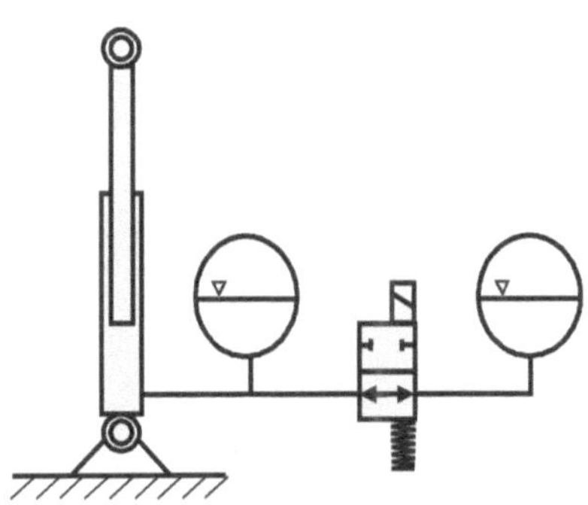

Abb. 6.7. Federungssystem mit abschaltbarem Druckspeicher

7 Konstruktionsbeispiele

Anhand der folgenden Beispiele soll das in den vorangegangenen Kapiteln Beschriebene nun in der praktischen Anwendung erläutert werden. Beide Beispiele stammen aus dem Gebiet Fahrwerksfederung, da die meisten hydropneumatischen Federungen hier zum Einsatz kommen.

7.1 Traktor-Vorderachsfederung TLS I von John Deere

Als 1997 die TLS I (= Triple Link Suspension, erste Generation) auf den Markt kam, war sie in den Traktoren der 6010er Serie erhältlich. Das besondere Konzept mit einem langen Längslenker (Schublenker) und einem vergleichsweise kurzen Querlenker (Panhardstab) erlaubt es, über eine Momentenabstützung, insbesondere beim Bremsen, eine Nickbewegung großteils zu kompensieren. Die besondere Art der Begrenzung des Pendelweges über Ketten ist ein Charakteristikum des Konzepts, ist allerdings nicht immer nötig, wie eine der neueren Generationen dieser Art von Federung an den Traktoren der 7020er Serie zeigt. Die Funktion des ursprünglichen Prinzips wird sehr gut in der EP0932512 beschrieben, der auch die Abb. 7.1 und 7.2 entnommen sind.

In den Abbildungen erkennt man sehr gut den Schublenker 24, den Panhardstab 60, die Ketten 88 und 90 sowie die Federungszylinder 68 und 70. Letztere sind über Hydraulikleitungen mit den Druckspeichern 82 und dem hydraulischen Steuerblock 80 verbunden. Die Art der hydraulischen Verschaltung zeigt Abb. 7.3 welche der DE19748224 entnommen ist.

Wie man erkennt, handelt es sich hierbei um ein hydraulisch vorgespanntes System mit einem konstanten Ringraumdruck, welcher über das Druckregelventil 52 eingestellt wird. Dieses ist nur aktiv, wenn das Magnetventil 44 geschaltet ist und damit Hydraulikfluid von der Pumpe in den Ringraum strömen lässt. Über die Steuerleitung 56 werden dann auch die normalerweise geschlossenen Rückschlagventile 48 und 54 entsperrt, wodurch der Regelvorgang erst ermöglicht wird. Letztere beiden Ventile sorgen für eine leckagefreie Abdichtung der Federkreise solange die Regelung nicht aktiviert ist. Mit Hilfe des Magnetventils 42 und der Drossel 46 kann die Niveaulage verändert werden. Über die Notwendigkeit einer Änderung entscheidet der elektronische Controller 40, der unter anderem die Signale eines Lagesensors sowie eines Geschwindigkeitssensors erfasst.

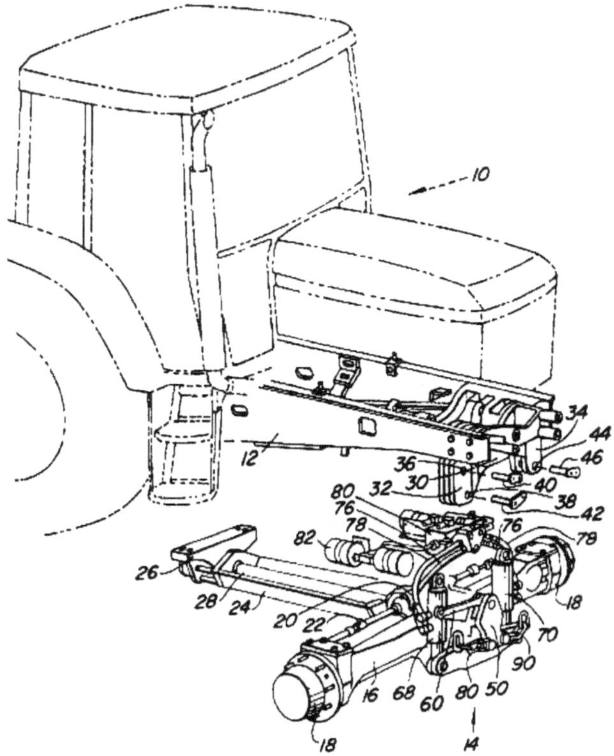

Abb. 7.1. Explosionsdarstellung der TLS-Vorderachsfederung

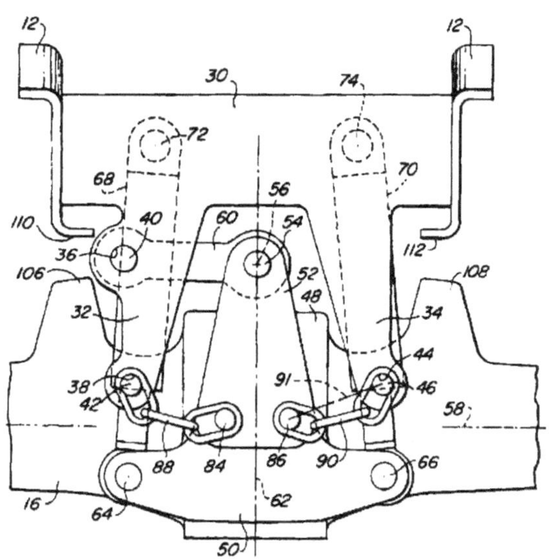

Abb. 7.2. Detaildarstellung Frontansicht

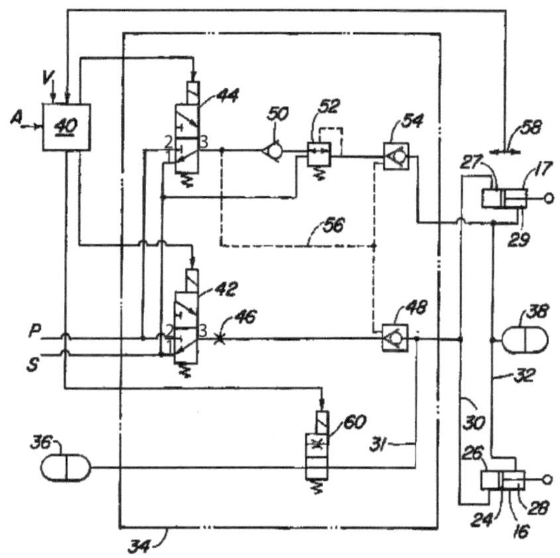

Abb. 7.3. Hydraulisches Schaltschema der Vorderachsfederung TLS I

Ebenfalls der DE19748224 zu entnehmen sind die Eckdaten dieses Federungssystems für einen 96 kW-Ackerschlepper, entsprechend dem damaligen Modell 6910. In Spalte 9 findet man folgende Angaben:

- Zylinderdurchmesser: 50 mm
- Kolbenstangendurchmesser: 38 mm
- Übersetzungsverhältnis (Rad/Zyl.): 0,868
- Kolbenraum-Speichervolumen/Achse: 2800 cm^3
- Speicherfülldruck: 32 bar
- Ringraum-Speichervolumen/Achse: 1000 cm^3
- Speicherfülldruck: 33 bar
- Polytropenexponent: 1,3
- Konstanter Vorspanndruck im Ringraum: 92 bar
- Max. Ausfederung der Achse: –52 mm
- Max. Einfederung der Achse: 52 mm

Dem Text lässt sich weiterhin entnehmen, dass sich der Achslastbereich dieses Traktors in etwa von 10000 N bis 70000 N erstreckt. Mit der Formel für die Federrate hydraulisch konstant vorgespannter Systeme aus Abschnitt 2.2.5

$$c = \frac{n \cdot (F_{F1} + p_V \cdot A_R)^2}{p_{0,K} \cdot V_{0,K}} + \frac{n \cdot p_V^{\ 2} \cdot A_R^{\ 2}}{p_{0,R} \cdot V_{0,R}} \tag{7.1}$$

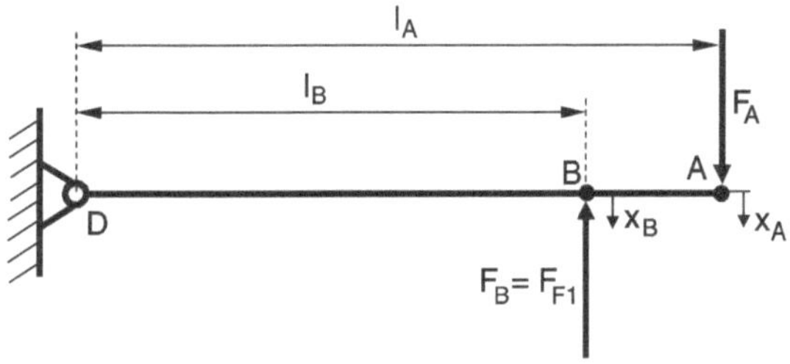

Abb. 7.4. Einfluss der Hebelverhältnisse auf die Federrate

ließe sich nun direkt die Federkennlinie über der Achslast berechnen. Ein wichtiger Punkt ist jedoch zu beachten: Die angegebene Formel bezieht sich auf ein Übersetzungsverhältnis von i = 1, d. h. die Federungszylinder befinden sich direkt über dem Rad. Da dies hier nicht zutrifft (i = 0.868) müssen zusätzlich noch die entsprechenden Hebelverhältnisse mit berücksichtigt werden. Folgende Betrachtung der Geometrie des Schublenkers soll dabei helfen. Dabei ist D der Drehpunkt des Schublenkers, A der Kraftangriffspunkt des Federungszylinders und B der Kraftangriffspunkt der gefederten Achslast F_{F1}.

Das Übersetzungsverhältnis i ist:

$$i = \frac{\Delta x_B}{\Delta x_A} = \frac{l_B}{l_A} \tag{7.2}$$

Über das Momentengleichgewicht um D erhält man:

$$F_B \cdot l_B = F_A \cdot l_A \qquad \text{bzw.} \qquad F_B = F_A \cdot \frac{l_A}{l_B} = F_A \cdot \frac{1}{i} \tag{7.3}$$

Die Einführung der Federsteifigkeit zur Formulierung der Kräfte

$F_A = c_A \cdot \Delta x_A$ und $F_B = c_B \cdot \Delta x_B$ ergibt:

$$c_B \cdot \Delta x_B = c_A \cdot \Delta x_A \cdot \frac{1}{i} \qquad \text{bzw.} \qquad c_B = c_A \cdot \frac{\Delta x_A}{\Delta x_B} \cdot \frac{1}{i} \tag{7.4}$$

und damit

$$c_B = c_A \cdot \frac{1}{i^2} \tag{7.5}$$

Bevor man Letzteres mit der Formel für die Federsteifigkeit vereinigt, muss man sich noch vor Augen führen, dass die Federsteifigkeit c_A für einen anderen Lastwert berechnet wird, nämlich den, der am Federungszylinder anliegt. Um also die Achsfederrate c_B als Funktion der gefederten Achslast $F_B = F_{F1}$ zu erhalten, muss man noch die Last auf den Federungszylinder $F_A = F_{F1} \cdot i$ berechnen um das korrekte Ergebnis zu erhalten.

Damit ergibt sich dann für die Kennlinie der Achsfederrate c_B über der gefederten Achslast F_{F1} bei einem hydraulisch vorgespannten Federungssystem mit dem Übersetzungsverhältnis i:

$$c_B = \left[\frac{n \cdot (F_{F1} \cdot i + p_V \cdot A_R)^2}{p_{0,K} \cdot V_{0,K}} + \frac{n \cdot p_V^{\,2} \cdot A_R^{\,2}}{p_{0,R} \cdot V_{0,R}} \right] \cdot \frac{1}{i^2} \tag{7.6}$$

Unter Berücksichtigung der angegebenen Eckdaten ergibt sich die Kennlinie des TLS I Vorderachsfederungssystems wie in Abb. 7.5 dargestellt.

Es ist gut zu erkennen, dass fast über den gesamten Bereich der gefederten Achslast hinweg eine Hub-Eigenfrequenz von ca. 2 Hz erreicht wird, was konstante Federungseigenschaften gewährleistet. Positiv ist auch das Federungsverhalten bei Arbeiten mit schwerem Heckanbaugerät (großer Pflug). Durch seine weit nach hinten auskragende Masse würde es die Nick-Eigenfrequenz stark senken und zu einem schwammigen Fahrgefühl führen. Die bei niedrigen Achslasten vergleichsweise hohe Federrate (= hohe Hub-Eigenfrequenz) verbessert hier die Fahrwerkeigenschaften, da sie die Nick-Eigenfrequenz auf einem normalen Niveau hält.

Da im System TLS I Membrandruckspeicher verwendet werden, wird im folgenden die Einhaltung der Membran-Verformungskriterien überprüft.

Ringraumspeicher: Da ein konstanter Vorspanndruck von 92 bar eingestellt ist, ist die Membran des mit 33 bar gefüllten 1 l-Druckspeichers nicht in Mittellage, sondern das Stickstoff-Gas ist bereits bis auf etwa 1/3 seines ursprünglichen Volumens komprimiert. Daher wäre idealerweise ein 0,75 l-Druckspeicher mit 44 bar Gasfüllung (und damit gleicher Gasmasse) möglicherweise geeigneter gewesen. Dass der 1 l-Speicher jedoch trotzdem problemlos einsetzbar ist,

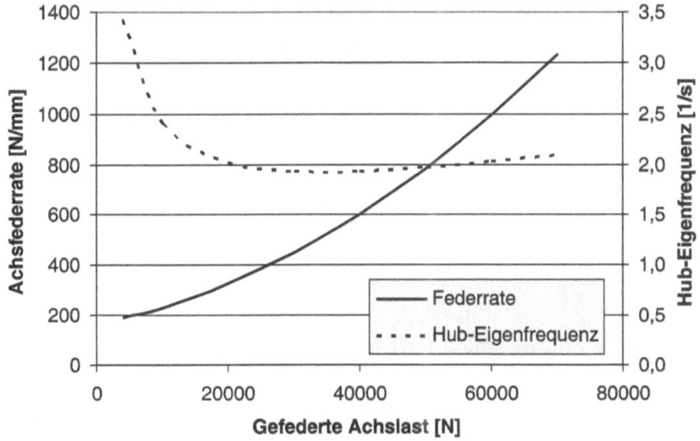

Abb. 7.5. Achsfederrate und Hub-Eigenfrequenz von TLS I

zeigt die langjährige Erfahrung mit dem System, welche auch durch die folgende Berechnung der für diesen Speicher zulässigen Vorspanndrücke bestätigt wird (entspr. Abschnitt 3.1.3):

$$p_{V,\min} = \frac{V_0 \cdot p_{0,T,korr}}{0{,}9 \cdot V_0 - A_R \cdot \frac{h}{2}}$$

(max. T, obere Fülltoleranz, kein Diffusions-Δp) (7.7)

$$p_{V,\max} = \frac{V_0 \cdot p_{0,T,korr}}{0{,}1 \cdot V_0 + A_R \cdot \frac{h}{2}}$$

(min. T, untere Fülltoleranz, max. Diffusions-Δp) (7.8)

Wichtig ist hier, dass beim Hub h das Übersetzungsverhältnis miteinbezogen wird.

Damit ist:

$$h = 2 \cdot 52mm \cdot \frac{1}{0{,}868} \approx 120mm \tag{7.9}$$

Für eine relevante Temperaturspanne von -20 bis $+60°C$, eine Fülltoleranz von $\pm 1{,}5$ bar und einem zulässigen Diffusions-Druckverlust von 5 bar erhält man $p_{V,min} \approx 49$ bar und $p_{V,max} \approx 115$ bar.

Der gewählte Vorspanndruck von 92 bar liegt innerhalb dieser Grenzen und ist damit zulässig.

Um herauszufinden, ob der zulässige Maximaldruck für die Ringraumseite eingehalten wird setzt man entsprechend Abschnitt 3.1.3 an:

$$p_{\max} = p_V \cdot \frac{\left(\frac{V_0 \cdot p_{0,T,korr}}{p_V}\right)^n}{\left(\frac{V_0 \cdot p_{0,T,korr}}{p_V} - A_R \cdot \frac{h}{2}\right)^n}$$

(min. T, untere Fülltol., max. Diff.-Δp) (7.10)

Man erhält damit für p_{max} einen Wert von ca. 179 bar. Dieser erscheint auch ohne Kenntnis der maximal erlaubten Drücke im Federungssystem angesichts der üblichen verfügbaren Standard-Speicher-Druckstufen von max. 200, 250 und 350 bar als durchaus vertretbar.

Kolbenraumspeicher: In diesem Speicher herrscht der Druck, der sich durch das Kräftegleichgewicht zwischen Kolbenflächenkraft einerseits und Ringflächenkraft und Federlast andererseits ergibt. Basierend auf diesem Gleichgewicht und den gültigen Membranverformungskriterien wurden in Abschnitt 3.1.3 die folgenden Formeln zur Festlegung der Grenzen der statischen Federlast aufgestellt:

$$F_{F1,\min} = \frac{V_0 \cdot p_{0,T,korr}}{0{,}9 \cdot V_0 - A_K \cdot \frac{h}{2}} \cdot A_K - p_V \cdot A_R$$

(max. T, obere Fülltol., kein Diff.-Δp) (7.11)

$$F_{F1,\max} = \frac{V_0 \cdot p_{0,T,korr}}{0{,}1 \cdot V_0 + A_K \cdot \frac{h}{2}} \cdot A_K - p_V \cdot A_R$$

(min. T, untere Fülltol., max. Diff.-Δp) (7.12)

Um nun wieder das Übersetzungsverhältnis i der Achsaufhängung mit zu berücksichtigen, muss abermals für den Zylinderhub h der Wert 120 mm eingesetzt werden. Mit den o.g. Werten für Temperaturspanne, Fülltoleranz und Diffusion ergibt sich für die statische Federlast am Zylinder ein minimaler Wert von ca. 3100 N und ein maximaler Wert von ca. 31700 N. Dies bedeutet unter Berücksichtigung des Übersetzungsverhältnisses für die minimal und maximal zulässige statische gefederte Achslast: $F_{min} = 3570$ N und $F_{max} = 36520$ N. Man erkennt, dass der eingangs angegebene Bereich für die gefederte Achslast von 10000 N bis 70000 N unter diesen Bedingungen im oberen Bereich nicht vollständig ausgefüllt wird. Reduziert man die Anforderungen indem man nur den halben Zylinderhub ansetzt (Federbewegungen bis an den mechanischen Anschlag sind bei minus 20°C wegen der hohen Dämpfung extrem unwahrscheinlich) und den Diffusions-Druckverlust mit 3 bar beziffert, so erhöht sich die max. zulässige statische gefederte Achslast auf ca. 58000 N. Dies entspricht zwar ebenfalls nicht der oberen Grenze von 70000 N, ist aber angesichts eines 96 kW-Schleppers mit 5400 kg Leergewicht ein sinnvoller Wert. Man muss sich vor Augen führen, dass wir hier von der gefederten Achslast sprechen – die tatsächliche Aufstandskraft der Räder auf den Boden ist dann nochmals um das Gewicht der Räder und der Achse erhöht. Bei einer angenommenen Achs+Radmasse von 900 kg liegt man dann bei etwa 67000 N entsprechend ca. 6800 kg Achslast im Sinne der Straßenverkehrsordnung.

Es wird hier nochmals darauf hingewiesen, dass es sich bei dem angegebenen Maximalwert um eine Grenze handelt, die dauerhaft nicht überschritten werden sollte. Wenn man jedoch davon ausgeht, dass kaum ein Traktor ständig mit solch hohen Vorderachslasten betrieben wird, kann die tatsächliche systembedingte maximale Achslast (temporär) höher als der oben berechnete Grenzwert angesetzt werden, ohne dass ein bleibender Schaden an den Speichermembranen zu erwarten ist. Letzte Klarheit wird hier nur der Dauerversuch im Feld geben.

Die theoretisch höchste gefederte Achslast, die noch von der Achse ausgehoben, sprich wieder in Mittellage gebracht werden kann, ist:

$$F_{F1,\max,theo} = \left(p_{Sys} \cdot A_K - p_V \cdot A_R\right) \cdot \frac{1}{i} \tag{7.13}$$

Setzt man für den verfügbaren Systemdruck $p_{Sys} = 200$ bar an, so erhält man:

$F_{F1,\max,\text{theo}} \approx 72500$ N

Zur Dämpfung des Systems kann hier nicht viel gesagt werden, da diese durch die vielen einzelnen Strömungswiderstände erzeugt wird, die auf dem Weg zwischen Federungszylinder und Druckspeicher liegen – jeweils für Kolben- und Ringseite. Dies betrifft also u. A. den Strömungswiderstand am Zylinderaustritt, an den Verschraubungen, Schläuchen und Rohren sowie am hydraulischen Steuerblock. Letztendlich geben hier nur Messungen Aufschluss über die tatsächlichen Strömungswiderstände und damit die Dämpfung.

7.2 PKW-Achsenfederungssystem von Citroen

Die Geschichte des hydropneumatischen Citroen-Fahrwerks beginnt Anfang der 50er Jahre. Es wurde zunächst auf Messen präsentiert bevor es dann erstmals serienmäßig im neu entwickelten Citroen DS („Deesse", die Göttin) zum Einsatz kam. Deren Komfort und besonderes Fahrgefühl bedingt durch das weiche Federungsverhalten ist heute bereits legendär. Mit den Jahren und der Weiterentwicklung ist die hydropneumatische Federung des Citroen etwas härter geworden, was teils konstruktiv bedingt, teils beabsichtigt ist – der Markt verlangt heute mehr und mehr sportlich agile Autos. Aus diesem Grund setzt Citroen in seinen kleineren Modellen heute die konventionelle und bewährte Kombination aus Stahlfeder und Dämpfer ein. Bei den großen Modellen ist aber nach wie vor die Hydropneumatik serienmäßig eingebaut. Sie wurde über die Jahre hinweg immer weiter ausgebaut und verfeinert, wobei besonderer Wert auf die Verbesserung der Fahreigenschaften und Fahrsicherheit gelegt wurde ohne dass der Komfort darunter leidet.

In der kontinuierlichen Weiterentwicklung der Hydropneumatik gibt es zwei große Meilensteine, die besonderer Erwähnung und Beschreibung würdig sind:

- Die Hydractiv-Technologie, die 1989 mit dem Modell XM eingeführt wurde und über die Jahre über insgesamt drei Ausbaustufen verbessert wurde.
- Das „Activa"-Fahrwerk, welches ab 1995 optional für das Modell Xantia angeboten wurde. Es bietet eine aktive Fahrwerkstabilisierung (AFS), ein System zur Unterbindung von Wankbewegungen.

Citroen-Basisfahrwerk

Das Basisfahrwerk des Citroen, so wie es Anfang der 50er auf den Markt kam, ist von relativ einfachem Aufbau. Es handelt sich um ein nicht vorgespanntes, hydropneumatisches Federungssystem mit einfachwirkenden Zylindern, an welche die Druckspeicher direkt angeflanscht sind. Zwischen Zylinder und Speicher befindet sich eine Dämpfungseinheit, die ähnlich dem Dämpfungskolben eines Einrohr-Dämpfers arbeitet. Die beiden Federungszylinder sind miteinander verbunden, sodass die Wankstabilität vollständig von je einem mechanischen Stabilisator an Vorder- und Hinterachse übernommen wird. Das System besitzt zwei Niveauregeleinheiten (siehe Abschnitt 5.2), welche jeweils achsweise wirksam sind und die von einer zentralen Fahrzeughydraulik versorgt werden, welche auch für die Bremse zuständig ist. Abbildung 7.6 zeigt den schematischen Aufbau des Systems.

Ein wichtiger Punkt, den Citroen direkt erkannt und souverän gelöst hat, ist die Reibung, die am hydropneumatischen Federungszylinder naturgemäß höher ist als am reinen Stoßdämpfer, da höhere Drücke abgedichtet werden müssen. Hohe Reibung würde zu einem schlechten Ansprechverhalten der Federung („Harshness") führen was v. a. zur Folge hat, dass kleine, kurze Stöße nahezu ungefiltert weitergegeben werden.

Das Reibungsproblem hat Citroen insbesondere durch zwei Maßnahmen gelöst:

- Es werden sehr reibungsarme Dichtungen verwendet. Deren Nachteil, dass sie nicht vollständig abdichten, hat man bewusst in Kauf genommen und führt das Lecköl mit eigenen Leitungen zurück zum Hydrauliktank.

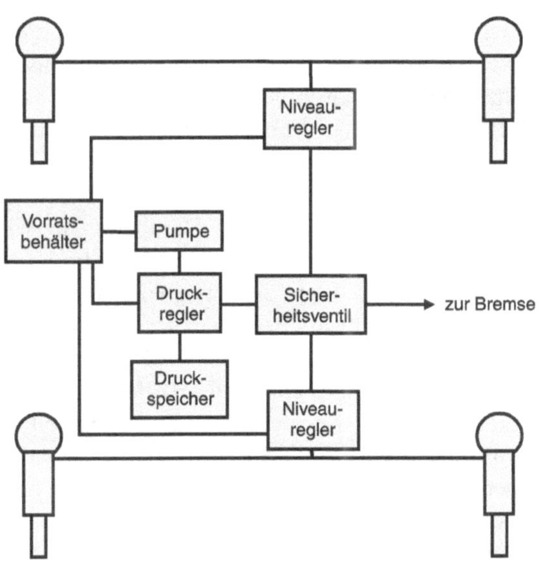

Abb. 7.6. Schematischer Aufbau des einfachen Citroen-Federungssystems

- Es wurde ein möglichst großes Übersetzungsverhältnis bei der Art der Anlenkung des Federungszylinders in der Achsgeometrie angewendet. Dadurch sind, wie bereits in Kap. 2.3.1 ausgeführt, die Reibungskräfte gegenüber den eigentlichen Federungskräften besonders klein. Dies wurde bis zum Modell CX dadurch umgesetzt, dass die Vorderachse aufwändig per Doppelquerlenker geführt wurde und der Federungszylinder am oberen Querlenker befestigt war [REI89].

Das Prinzip der leckagebehafteten Dichtung wurde bis heute beibehalten, jedoch ging Citroen Ende der 80er-Jahre an der Vorderachse vom Doppelquerlenker zum McPherson-Federbein über – vermutlich aus Bauraum- und Kostengründen. Dies brachte neben dem für die Reibung schlechteren Übersetzungsverhältnis von fast 1 : 1 auch den Nachteil mit sich, dass Radführungskräfte über das Federbein abgestützt werden müssen, welche ebenfalls die Reibung erhöhten. Einige langjährige Citroen-Besitzer geben an, dass seitdem der Federungskomfort nicht mehr das Niveau früherer Jahre erreicht.

Was jedoch über die Jahre hinweg erhalten blieb ist die Citroen-typische, sehr weiche, niederfrequente Abstimmung der Federung. Die reine Feder ist dabei auf Eigenfrequenzen von teils deutlich unter 1 Hz abgestimmt, während bei anderen Automobilen zwischen 1,2 und 1,4 Hz üblich sind, bei sportlicheren Fahrzeugen sogar noch darüber. Die niedrige Eigenfrequenz kann nur in Verbindung mit einer Niveauregulierung realisiert werden, da ansonsten bereits geringe Zuladungen dazu führen würden, dass die Federung auf Anschlag geht.

Hydractiv-Federung

Die bei solch weichen Federn starke Aufbauneigung bei Kurvenfahrt wurde beim Basisfahrwerk durch besonders starke Stabilisatoren unterdrückt. Diese haben jedoch den Nachteil, dass bei Fahrt auf schlechtem Untergrund einseitige Anregungen schlechter entkoppelt werden als bei weichem Stabilisator. Hier setzt nun das Hydractiv-Prinzip an: Zum Großteil der Fahrzeit ist für guten Komfort eine weiche Wankstabilisierung wirksam, die nur von den mechanischen Stabilisatoren herrührt. Bei Fahrsituationen, die Längs- oder Querbeschleunigungen herbeiführen können, wird dann die Federungshydraulik so verändert, dass von ihr eine zusätzliche Wankstabilität aufgebracht wird. Darüberhinaus wird auch noch die Federrate an jeder Achse erhöht, was weitere Stabilität bringt. Dabei entscheidet eine Elektronik anhand verschiedener Sensorsignale, wann welche Abstimmung eingestellt ist. Citroen selbst gibt als Richtwert an, dass ca. 85% der Zeit in der weichen, komfortablen Abstimmung gefahren wird und nur für ca. 15% der Zeit der stabilere, härtere Modus eingestellt wird [HEN90]. Abbildung 7.7 zeigt das hydraulische Schaltschema, mit welchem die Umschaltbarkeit der Federhärte und der Wankstabilität für eine Achse realisiert wird.

Zum Zwecke der weichen Abstimmung wird ein Magnetventil bestromt, welches als Vorsteuerventil für jeweils ein 4/2-Wege-Ventil pro Achse dient (nur eine Achse gezeigt). Im bestromten Zustand schickt das Magnetventil Drucköl auf eine Stirnseite des Wegeventilschiebers, wodurch dieser in eine Stellung gebracht wird,

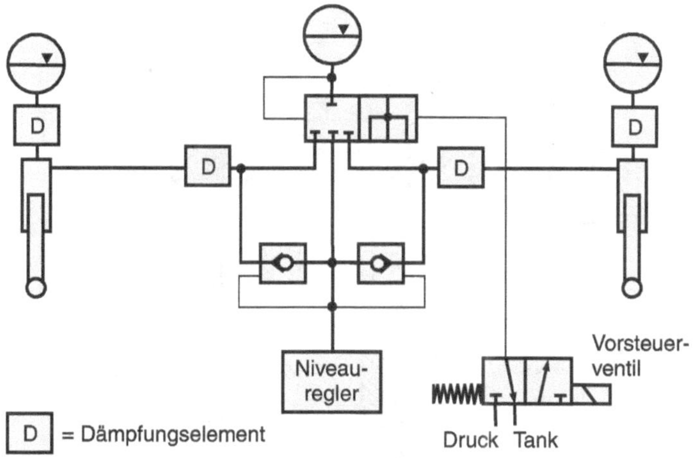

4/2 = Wegeventil: Schaltstellung links = „hart" ; Schaltstellung rechts = „weich"

Abb. 7.7. Hydraulisches Schaltbild der Hydractiv-Federung

in der alle vier Anschlüsse des Ventils miteinander verbunden werden. Dadurch sind beide Federbeine einer Achse miteinander und gleichzeitig über Dämpfungselemente mit einem zusätzlichen Druckspeicher verbunden. Als wirksames Gasvolumen pro Rad wirkt dann jeweils ein Druckspeicher am Zylinder sowie die Hälfte des zentralen Druckspeichers. Die Federrate ist dann besonders niedrig, die Wanksteifigkeit des Hydrauliksystems gleich Null.

Wird nun das Vorsteuerventil stromlos geschaltet, so wird die mit ihm verbundene Stirnseite des Wegeventilschiebers drucklos geschaltet. Dadurch wird der Schieber durch den auf der anderen Stirnseite anstehenden Hydraulikdruck im Druckspeicher in eine Position bewegt, welche alle Anschlüsse voneinander trennt. Damit wirken beide Federn der Achse individuell und mit geringerem Speichervolumen und damit größerer Federhärte. Dieser Zustand bewirkt das sicherere Fahrverhalten der beiden Abstimmungen, weshalb er bewusst als Fail-Safe-Zustand (= stromlos) gewählt wurde. Um auch in diesem Zustand in der Lage zu sein, das Niveau zu regeln, wird eine besondere Anbindung des Niveaureglers an die beiden Zylinder erforderlich. Ein spezielles Steuerventil entsprechend der gezeigten Anordnung mit zwei entsperrbaren Rückschlagventilen verhindert dabei eine ständige direkte Verbindung zwischen beiden Federungszylindern.

Ein kaum auffälliges, aber wichtiges Detail ist, dass beim Übergang zwischen den Abstimmungen möglichst gleichzeitig alle vier Anschlüsse (12a, 12b, 13 und der nicht sichtbare Anschluss 14 für den Niveauregler) miteinander verbunden bzw. voneinander getrennt werden müssen. Dies zeigt auch die Abb. 7.8 der Schaltungseinheit, wie sie dem Patent US4773672 entnommen ist.

Noch etwas sinnvoller erscheint es sogar, dass beim Übergang zur harten Abstimmung zunächst der zentrale Druckspeicher abgetrennt wird und erst kurz darauf die beiden Seiten voneinander getrennt werden. Dies gewährleistet, dass im

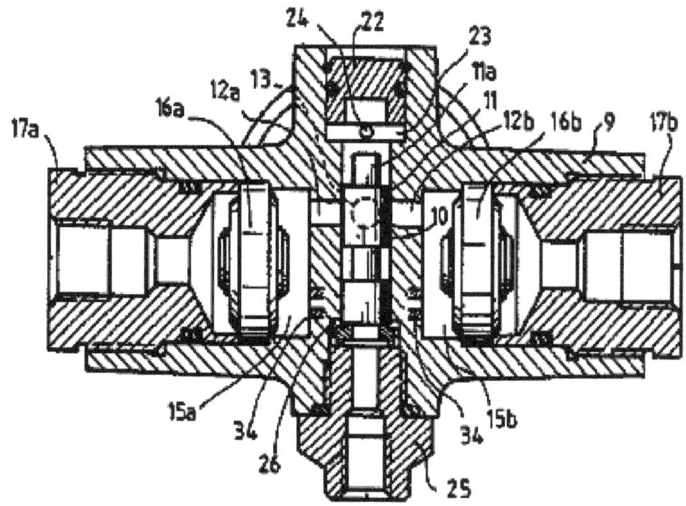

10 Ventilschieber
12a Bohrung Zylinder links
12b Bohrung Zylinder rechts
13 Bohrung Druckspeicher
16a+b Dämpfungselemente
17a Anschluss Zylinder links
17b Anschluss Zylinder rechts
25 Anschluss Steuerölleitung

Abb. 7.8. Hydractive-Schaltungseinheit

dann abgeschalteten zentralen Druckspeicher genau der Druck herrscht, der (im Mittel) kurz vorher an beiden Federungszylindern herrschte. Umgekehrt sollte beim Übergang zur weichen Abstimmung erst die Verbindung zwischen den beiden Federeinheiten hergestellt werden, bevor diese dann mit dem zentralen Druckspeicher verbunden werden.

Es ist unklar, wie Citroen die Tatsache berücksichtigt hat, dass in abgeschalteten Druckspeichern Drücke eingeschlossen sein können, die sich vom Druck im restlichen Federungssystem unterscheiden – siehe auch Kap. 6.1.1 und 8.3. Einiges spricht hier allerdings dafür, dass diese Problematik in der Anwendung im Hydractive-System nicht sehr ausgeprägt ist:

- Es gibt in der Abschaltphase kaum Belastungsänderungen bzw. eine Umschaltung erfolgt erst dann, wenn die Belastungsänderung wieder vorbei ist.
- Da einem Federungszylinder direkt ein Druckspeicher zugeordnet ist, würde ein Drucksprung aus dem Zentralspeicher durch diesen abgefedert und damit während der Fahrt kaum bemerkt.
- Evtl. wurde in der Schaltungseinheit zwischen den Bohrungen 12a, 12b und 13 eine gezielte, größere Leckage vorgesehen, die einen Ausgleich der Druckunterschiede zwischen den verschiedenen Anschlüssen zulässt.

Über die Formel für die nicht vorgespannten Federungssysteme lässt sich die Federrate für die beiden Abstimmungen berechnen. Dabei ist es in Ermangelung der Daten besonders günstig, dass weder die Zylinderabmessungen noch das Übersetzungsverhältnis in die Berechnung miteinfließen müssen – die Radfederrate richtet sich rein nach der Gasmasse im Speicher, ausgedrückt durch das Speichervolumen und den Fülldruck.

$$c_B = c_A \cdot \frac{1}{i^2} = \frac{n \cdot F_A^{\;2}}{p_0 \cdot V_0 \cdot i^2} = \frac{n \cdot (F_{F1} \cdot i)^2}{p_0 \cdot V_0 \cdot i^2} = \frac{n \cdot F_{F1}^{\;2}}{p_0 \cdot V_0} \tag{7.14}$$

Damit ist auch die Eigenfrequenz bei gegebenem Gas (Stickstoff) nur von den beiden Parametern p_0 und V_0 sowie der Radlast abhängig und kann mit der Formel entsprechend Abschnitt 2.2.3 berechnet werden.

$$f = \frac{1}{2 \cdot \pi} \cdot \sqrt{\frac{n \cdot F_{F1} \cdot g}{p_0 \cdot V_0}} \tag{7.15}$$

Am Beispiel eines Citroen XM mit einem Leergewicht (vollgetankt incl. Fahrer) von ca. 1700 kg bei angenommener Achslastverteilung von 65% vorn und 35% hinten und einem zulässigen Gesamtgewicht von 2150 kg bei angenommener Achslastverteilung 55% vorn und 45% hinten soll eine überschlägige Berechnung der Aufbau-Eigenfrequenz erfolgen. Ungefederte Massen werden nicht berücksichtig, für die Druckspeicher werden folgende Daten verwendet:

- Druckspeicher am Zylinder vorne: 50 bar/400 ml
- Zentraler Druckspeicher vorne: 70 bar/500 ml
- Druckspeicher am Zylinder hinten: 30 bar/400 ml
- Zentraler Druckspeicher hinten: 50 bar/400 ml

Die Radlasten berechen sich zu:

- Leer (incl. Fahrer): Vorne 552,5 kg; Hinten 297,5 kg
- Max. Beladung: Vorne 591,25 kg; Hinten 483,75 kg

Für die **harte Kennlinie** erhält man damit bei leerem Fahrzeug (incl. Fahrer) für die Vorderräder:

$$f_{VA,leer,hart} = \frac{1}{2 \cdot \pi} \cdot \sqrt{\frac{1,3 \cdot 552,5kg \cdot (9,81N/kg)^2}{5 \cdot 10^6 N/m^2 \cdot 4 \cdot 10^{-4} m^3}} = 0,94Hz$$

Entsprechend errechnet man für die Hinterräder:

$$f_{HA,leer,hart} = 0,89Hz$$

Bei maximaler Beladung ändern sich die Werte auf 0,97 Hz für die Vorderachse und 1,13 Hz für die Hinterachse.

Für die **weiche Kennlinie** gilt es nun noch zu berücksichtigen, dass zur Federungswirkung jedes Rades auch noch die Hälfte des zentralen Druckspeichers der jeweiligen Achse beiträgt. Damit berechnet man für die Vorderräder bei leerem Fahrzeug:

$$f_{VA,leer,weich} = \frac{1}{2\cdot\pi}\cdot\sqrt{\frac{1{,}3\cdot 552{,}5kg\cdot(9{,}81N/kg)^2}{5\cdot 10^6 N/m^2\cdot 4\cdot 10^{-4}m^3 + 7\cdot 10^6 N/m^2\cdot 0{,}5\cdot 5\cdot 10^{-4}m^3}}$$

$$= 0{,}68Hz$$

Entsprechend errechnet man für die Hinterräder:

$$f_{HA,leer,weich} = 0{,}66Hz$$

Bei maximaler Beladung ändern sich die Werte auf 0,70 Hz für die Vorderachse und 0,84 Hz für die Hinterachse.

Die berechneten Werte liegen im Vergleich zu konventionell gefederten PKW sehr niedrig. Sie passen aber zu der von Reimpell und Stoll für den Citroen GSA angegebenen Schwingungszahl von 44 min^{-1} [REI89], was etwa 0,73 Hz entspricht. Es ist zu beachten, dass bei den oben berechneten Werten die Dämpfung nicht berücksichtigt wurde! Nimmt man diese mit ins Kalkül, so steigt die Eigenfrequenz an. Aber auch in Anbetracht dessen liegen die Werte immer noch niedrig, vor allem bei weicher Kennlinie. Eine derart niedrige Eigenfrequenz wird wie bereits erwähnt erst durch die Niveauregulierung möglich. Auch das sofortige Umschalten auf die harte Kennlinie bei Längs- und Querbeschleunigungen erlaubt es in der Grundabstimmung die weiche Kennlinie so niederfrequent abzustimmen, ohne dass bei Kurvenfahrt bzw. Beschleunigen/Bremsen unzulässig starke Aufbaubewegungen zu befürchten sind.

Es muss weiterhin erwähnt werden, dass bei der Berechnung der weichen Kennlinie nicht mitberücksichtigt wurde, dass zwischen Zylinder und zentralem Druckspeicher noch Dämpfungselemente angeordnet sind. Diese dienen der Bedämpfung der Wankbewegung, sie wirken sich aber gleichzeitig auch auf den Ölfluss von den Zylindern zum zentralen Druckspeicher aus. Wenn diese Elemente den Ölfluss sehr stark begrenzen, so wird bei schnellen Federbewegungen das Öl bevorzugt in die zylinderfesten Druckspeicher verdrängt, woraus dann eine härtere Federrate resultiert als bei vergleichsweise langsamen Federbewegungen.

Die **Wanksteifigkeit** der reinen Hydropneumatik ist im Fall „**weiche Kennlinie**“ gleich Null, da beide Zylinder miteinander verbunden sind. Es ergibt sich lediglich eine Wankdämpfung als Resultat der o. g. Dämpfungselemente in der Verbindungsleitung. Die nötige Wankfederrate wird lediglich durch die mechanischen Stabilisatoren bereitgestellt. Deren Durchmesser beträgt beim Citroen XM beispielsweise 24 mm an der Vorderachse und 22 mm an der Hinterachse.

Bei Umschaltung auf die **harte Kennlinie** werden die hydropneumatischen Federn voneinander entkoppelt und erzeugen eine zusätzliche Wankfederrate wie in Abschnitt 6.3.2 beschrieben.

$$w = \frac{M_D}{\alpha} = c \cdot \frac{L^2}{2} \qquad \text{in [Nm/rad]} \tag{7.16}$$

wobei c die Radfederrate und L die Spurweite ist.

Für die Vorderachse des XM berechnet man beispielhaft für das leere Fahrzeug (vollgetankt incl. Fahrer) eine Radfederrate von:

$$c_R = n \cdot \frac{F_{F1,R}^{\;2}}{p_0 \cdot V_0} = 1{,}3 \cdot \frac{(552{,}5 \cdot 9{,}81N)^2}{5 \cdot 10^6 N/m^2 \cdot 4 \cdot 10^{-4} m^3} \approx 19100 \frac{N}{m}$$

Mit $L \approx 1{,}5$ m erhält man für die Wanksteifigkeit:

$$w = 19100 \frac{N}{m} \cdot \frac{(1{,}5m)^2}{2} \approx 21500 \frac{Nm}{rad}$$

Dieser Wert liegt in etwa im Bereich dessen, was von dem mechanischen Vorderachs-Stabilisator mit der gegebenen Geometrie zu erwarten ist. Damit bewirkt die hydropneumatische Wankstabilisierung einen deutlichen Zuwachs und damit eine deutlich geringere Aufbauneigung bei Kurvenfahrt als bei rein mechanischer Stabilisierung. Auf die elektronische Ansteuerung des Hydractiv-Fahrwerks wird hier nicht näher eingegangen, ausführliche Informationen finden sich in [CAR90].

Um die Aufbauneigung aber gänzlich zu eliminieren hat Citroen die Aktive Fahrwerkstabilisierung (AFS) für das **Activa-Fahrwerk** entwickelt. Während die Hydractiv-Technik sich in ihren Änderungen rein auf die hydraulischen Fahrwerkskomponenten beschränkte, wird beim Activa-Fahrwerk auch in die mechanischen Komponenten, namentlich den mechanischen Stabilisator eingegriffen. Seine Ankoppelung an die Radaufhängung wird derart verändert, dass ein hydraulischer Federungs- bzw. Stellzylinder zwischengeschaltet wird (Abb. 7.9).

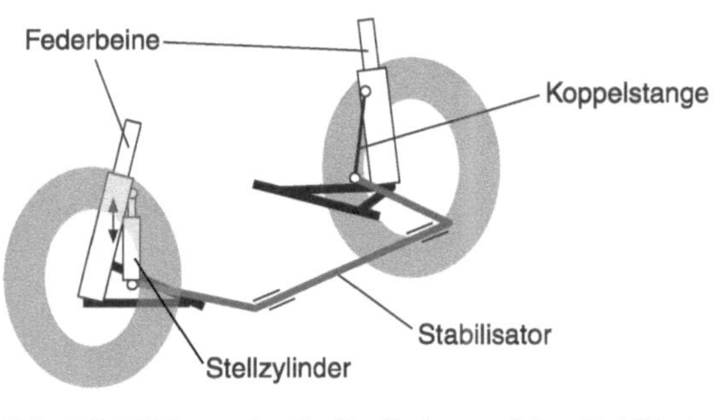

Abb. 7.9. Wirkung des Stellzylinders auf den Stabilisator

Dieser Zylinder kann

- entweder als zusätzliche Feder wirken, indem er mit einem Druckspeicher verbunden wird.
- als starres Element wie eine Koppelstange wirken, indem jeglicher Ölfluss zu und vom Zylinder blockiert wird.
- als aktiver Stellzylinder zur Beeinflussung der Verdrehung des Stabilisators dienen, indem den Zylinderräumen ein gezielter Ölfluss zu- bzw. abgeführt wird.

Um die verschiedenen Funktionen zu ermöglichen, entwickelte Citroen eine Schaltung auf Basis der Komponenten des Hydractiv-Fahrwerks. Man erkennt in Abb. 7.10 den sehr ähnlichen Aufbau des AFS-Systems. Das 4/2-Wegeventil wurde zum 3/2-Wegeventil umgestaltet, an Stelle des Niveaureglers tritt der Neigungskorrektor, physisch dasselbe Bauteil, auf welches nun anstelle der Niveaulage die Lagedifferenz der beiden Vorderräder einwirkt.

Da nun doppeltwirkende Zylinder betätigt werden müssen, bedient man sich eines Tricks, um dennoch auf die bereits vorhandene Technik des Niveaureglers zurückgreifen zu können: Die Ringseite der Stellzylinder wird konstant vorgespannt, indem dort der gesamte Pumpendruck angelegt wird. Zusätzlich wird, um dem ringseitigen System Elastizität zu verleihen, dort noch ein Druckspeicher eingeführt. Damit werden die Zylinder also eingefahren, indem der Neigungskorrektor eine Verbindung der Kolbenseite zum Vorratsbehälter herstellt und somit

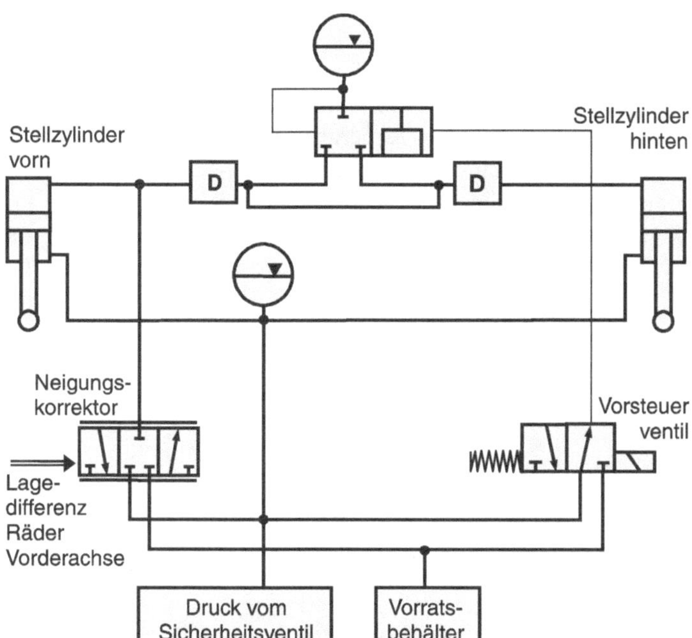

Abb. 7.10. Funktionsschema der Aktiven Fahrwerkstabilisierung AFS von Citroen

der Kolben über die hohe ringseitige Kraft eingefahren wird. Ist der Neigungskorrektor in Mittelstellung, so sind die Kolben zwischen der ringseitigen Kraft und dem blockierten Ölvolumen der Kolbenseite eingespannt – die Zylinder sind starr.

Die Geradeausfahrt erfolgt im **Zustand 1**. Das Vorsteuerventil ist bestromt, wodurch das 3/2-Wegeventil den oberen Druckspeicher mit den Kolbenseiten der Zylinder verbindet. Die Wankstabilisierung ist sehr weich, da die mechanischen Torsionsfedern und die hydropneumatischen Federn der Stellzylinder in Reihe geschaltet sind und damit dem unterschiedlichen Einfedern der Räder einer Achse wenig Widerstand entgegengesetzt wird. Darüberhinaus arbeitet bei geringer Längs- und Querbeschleunigung auch die Hydractiv-Einheit ebenfalls in der weichen Abstimmung, sodass maximaler Komfort erreicht wird.

Beim Übergang zur Kurvenfahrt wird nun zunächst die Hydractiv-Einheit wie oben beschrieben auf die harte Abstimmung umgestellt und weiterhin der **Zustand 2** des AFS-Stellzylinders eingestellt – der Zylinder wird zur starren Koppelstange. Das Abschalten erfolgt durch Deaktivieren des Vorsteuerventils, wodurch der kolbenseitige Druckspeicher von den Stellzylindern abgekoppelt wird. Man erreicht durch diese Starrschaltung die maximale durch das gegebene System verfügbare Wankstabilität. Diese ist besonders hoch wegen der stark dimensionierten mechanischen Stabilisatoren – am Xantia Activa an der Vorderachse 28 mm und an der Hinterachse 25 mm [GOR95]. Entsprechend gering ist die Seitenneigung.

Steigt im Laufe der Kurvenfahrt die Querbeschleunigung und damit die Seitenneigung über ein bestimmtes Maß, tritt **Zustand 3** in Kraft. Durch die Seitenneigung steigt die Differenz der Einfederwege der beiden Räder der Vorderachse über eine Grenze, sodass der Neigungskorrektor aktiv wird und den Stellzylindern gezielt Öl zu- oder abführt. Durch die Veränderung der Länge der Stellzylinder an Vorder- und Hinterachse wird der Aufbau des Fahrzeugs aktiv wieder zurück in eine möglichst straßenparallele (horizontale) Lage gebracht.

Citroen gibt an, dass so der Rollwinkel bis 0,6 g Querbeschleunigung unter 0,3° gehalten werden kann und selbst bei 0,8 g den Winkel von 1° nicht übersteigt. Als Maximalwert für die Querbeschleunigung werden 1,2 g genannt, was sicherlich auch abhängig von der Wahl des Reifens ist. Die Korrekturzeit um die Seitenneigung nach Richtungsänderungen wieder auf 0° zu bringen beträgt knapp 1 s.

In die Regelungsstrategie des Steuergeräts für das Fahrwerk mit Hydractiv und AFS-Technologie fließen ein die Signale von:

- Lenkradsensor
- Geschwindigkeitssensor
- Gaspedalsensor
- Bremsdruckfühler
- Karosseriebewegungssensor
- Betätigungsschalter „Sport“
- Tür- und Kofferaumkontaktschalter

8 Verzeichnis relevanter Patente

Aus der Vielzahl von Patentanmeldungen auf dem Gebiet der hydropneumatischen Federungen werden hier einige besonders prägnante und richtungsweisende Patente erläutert. Da in Abschnitt 7 bereits auf die Konstruktionen von Citroen eingegangen wurde, wird das Thema PKW hier ausgeklammert und im wesentlichen auf Patente auf dem Gebiet der Nutzfahrzeuge eingegangen.

Betrachtet man sich die Patentanmeldungen, so erkennt man eine Häufung von Anmeldungen auf bestimmten Teilgebieten der hydropneumatischen Federung. Die Patente befassen sich hier v. a. damit, besondere Vorteile des Prinzips weiter auszubauen bzw. dessen bestimmte grundsätzliche Nachteile auszugleichen. So wird denn im Folgenden besonders eingegangen auf die Gebiete Beeinflussung der Federungseigenschaften, Wankstabilisierung und Hangausgleich, sowie Federungsblockierung.

Die Patente werden jeweils kurz bezüglich ihres Inhalts beschrieben und die wesentlichen Abbildungen werden gezeigt. Die angegebenen Jahreszahlen beziehen sich auf das Jahr, in dem das Patent angemeldet wurde (filing date). Die Beschreibung der Patente ist sehr stark komprimiert und daher ohne Gewähr. Zur Klärung von Details muss das jeweilige Patent herangezogen werden.

8.1 Beeinflussung der Federungseigenschaften

Die einschlägigen Patente zu Federungssystemen mit nicht beeinflussbaren Federungseigenschaften werden hier nicht näher erläutert. Erwähnt seien lediglich die Patente von Fendt aus dem Jahre 1993 (DE4308460) und von John Deere aus dem Jahre 1997 (DE19748224). Sie beschreiben konstant hydraulisch vorgespannte Systeme und beziehen sich jeweils auf eine Achsfederung eines (landwirtschaftlichen) Arbeitsfahrzeuges. Im weiteren werden hingegen Patente beschrieben, die gezielt auf mögliche verstellbare Parameter Einfluss nehmen, wie z. B. Ringraumdruck, wirksames Speichervolumen und wirksame Gasmasse.

DE1755095

Bereits im Jahre 1968 stellte die Fa. Industrial Development Co. einen Patentantrag zu einem Federungskonzept mit interessantem Hintergrund. Basis war ein hydraulisch vorgespanntes System mit Niveauregulierung. Entgegen der üblichen Methode wurde hier jedoch das Niveau nicht nur über die Zu- und Abfuhr von Öl auf der Kolbenseite (11) geregelt, sondern auch über eine Veränderung der

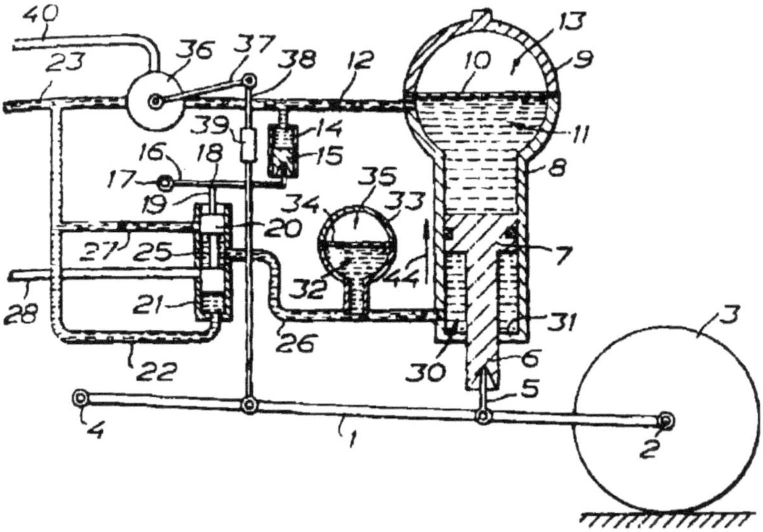

Abb. 8.1. System mit konstantem kolbenseitigem Druck

hydraulischen Vorspannung auf der Ringseite (30). Wenn also z. B. Last auf das System gebracht wird, so wird die Vorspannung so weit verringert, bis die Federung wieder in Mittellage ist. Die Regelung des ringseitigen Druckes erfolgt dabei anhand des Druckes im Kolbenraum, der erfindungsgemäß konstant gehalten werden soll. Auf diesem Weg sollte die stark überproportionale Lastabhängigkeit der Federrate einer normalen hydropneumatischen Federung umgangen werden. Dies gelingt auch, kehrt sich aber ins Gegenteil um: Die Federrate für geringe Lasten ist höher als für große Lasten, was sicherlich nur in Ausnahmefällen erstrebenswert ist. Darüberhinaus sind bei großen Lastverhältnissen große Ringraumflächen nötig, was den Zylinderdurchmesser entsprechend steigert.

DE19719076

Etwas Ähnliches hat die Firma Integral Accumulator im Jahre 1997 zum Patent angemeldet. Hierbei ist es jedoch nicht das Ziel, den kolbenseitigen Druck konstant zu halten, sondern es wird der Druck in den Ringräumen (7; 8) umgekehrt proportional zum Druck in den Kolbenräumen (3; 4) eingeregelt. Dies erfolgt über eine kolbendruckabhängige Verstellung der Federbelastung des Druckregelventils auf der Ringseite (per Steuerleitung 50). Dieses Prinzip ermöglicht es, die Federrate möglichst proportional zur Last einstellen zu können. Darüberhinaus dient es insbesondere bei Federungssystemen mit Membrandruckspeichern dazu, dass letztere immer innerhalb ihrer Betriebsgrenzen arbeiten und dennoch das gewünschte Lastverhältnis erreicht werden kann. Eine Herausforderung ist bei diesem Prinzip sicherlich die gegenseitige Beeinflussung der Höhenregelung und der Ringraumdruckregelung.

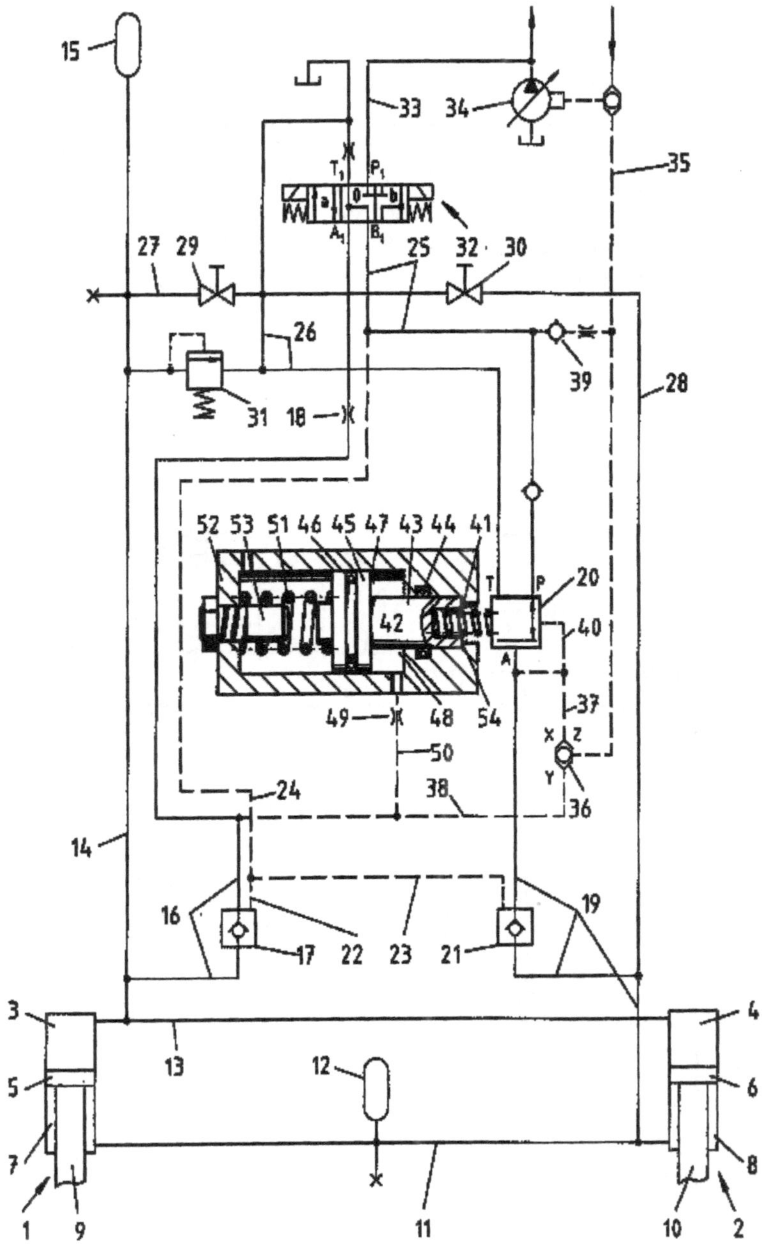

Abb. 8.2. Kolbendruckabhängige Einstellung des Ringraumdruckes

DE10107631

Mit diesem Patent ist Integral Accumulator im Jahre 2001 wieder einen Schritt zurückgegangen und hat die stufenlos umgekehrt proportionale Einstellung des Ringraumdruckes zum Kolbendruck aus dem vorgenannten Patent nun in eine zweistufige Einstellung per Druckumschaltung (54; 56) verändert. Bei niedrigen kolbenseitigen Drücken (niedrigen Achslasten) wird nun ein definierter hoher Ringraumdruck eingestellt dadurch, dass Ventil 56 sich in der gezeigten Stellung befindet und damit den Kolben (55) des Druckumschalters (54) entgegen der Darstellung im Bild nach rechts drückt. Dadurch wird über eine hohe Vorspannung

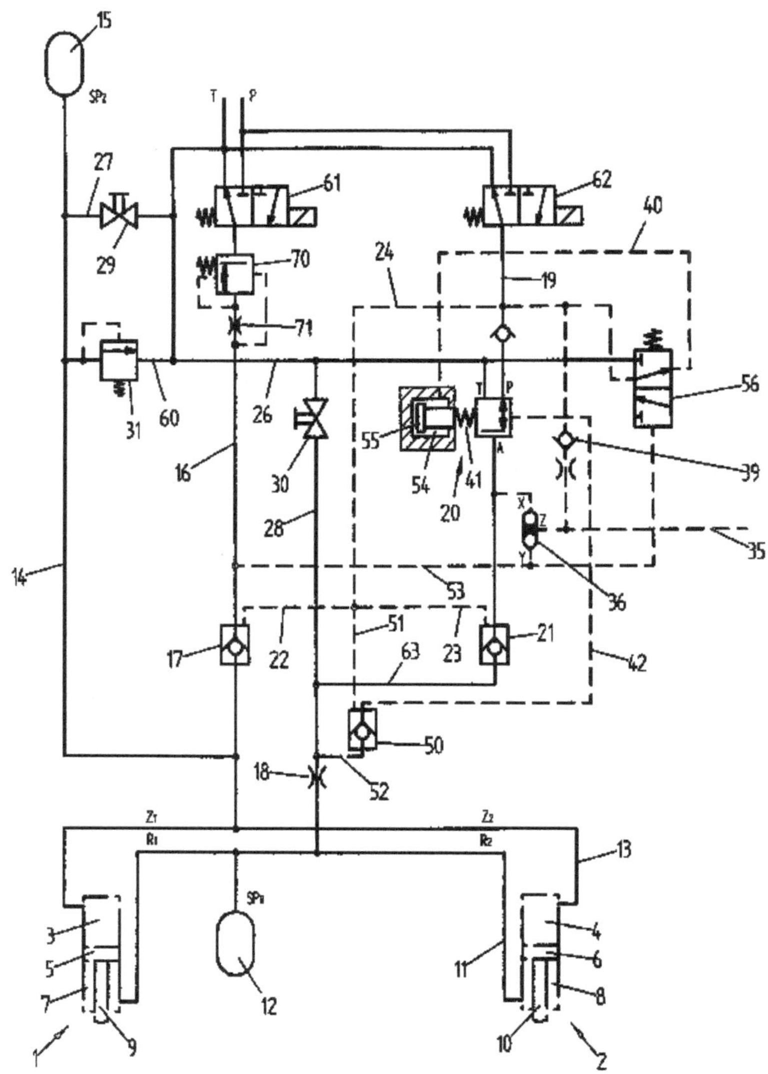

Abb. 8.3. Zweistufige Umschaltung des Ringraumdruckes

der Feder (41) am Druckregelventil ein hoher Ringraumdruck eingestellt. Umgekehrt wird bei hohen kolbenseitigen Drücken ein niedriger Ringraumdruck eingestellt. Beide Ringraumdruckniveaus sowie der Umschaltpunkt (hoch-niedrig bzw. umgekehrt) lassen sich über die Hardware (insbes. Federn und Wirkflächen der Ventile 54 und 56) beliebig wählen und damit auf die jeweiligen Systemanforderungen anpassen.

DE10337600

Dieses Patent von John Deere aus dem Jahre 2004 baut die Möglichkeit der Ringraumdruckregelung noch weiter aus. Über Magnetventile lässt sich nun nicht nur die Niveaulage über die Kolbenseite (14; 16) beliebig einstellen, sondern es kann auch die hydraulische Vorspannung über den Druck auf der Ringseite (18; 20) beliebig variiert werden. Dieser Druck wird von einem Drucksensor (84) gemessen und das Signal in eine Regelelektronik (82) eingespeist. Damit kann der Druck durch Zu- bzw. Abfuhr von Hydraulikfluid über die Magnetventile (60; 62) entsprechend den Erfordernissen angepasst werden. Aus der Kennlinie Federrate über Federlast ist damit ein ganzes Kennfeld geworden, das System bietet also eine sehr hohe Variabilität. Im Gegensatz zu den bisher genannten Systemen findet die Regelung nun ausschließlich in einem elektronischen Controller statt, der Hydraulikblock ist nur noch ein Steuer- (und Mess-)glied und kann damit entsprechend einfach und zuverlässig aufgebaut werden.

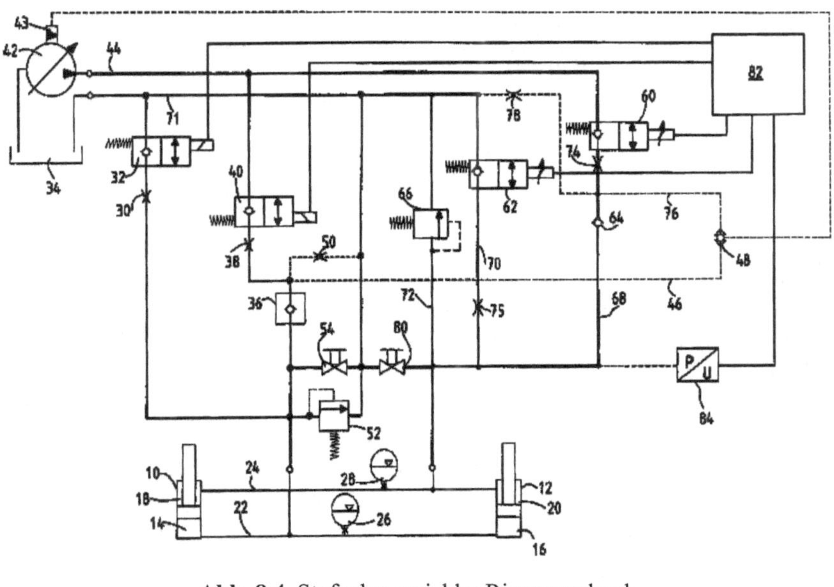

Abb. 8.4. Stufenlos variabler Ringraumdruck

Aber auch auf dem Gebiet der mechanisch vorgespannten Federung wurden insbesondere von der Firma Hemscheidt Patente angemeldet.

DE4221126

Dieses Patent aus dem Jahr 1992 beinhaltet eine über eine mechanische Feder (30) vorgespannte hydropneumatische Federung. Weiterhin ist beschrieben, dass die Feder als Zugfeder ausgelegt sein kann, die Feder aus Stahl oder Kunststoff sein kann und verschiedene Kennlinien und Vorspannungen aufweisen kann, was verschiedene Federungseigenschaften möglich macht.

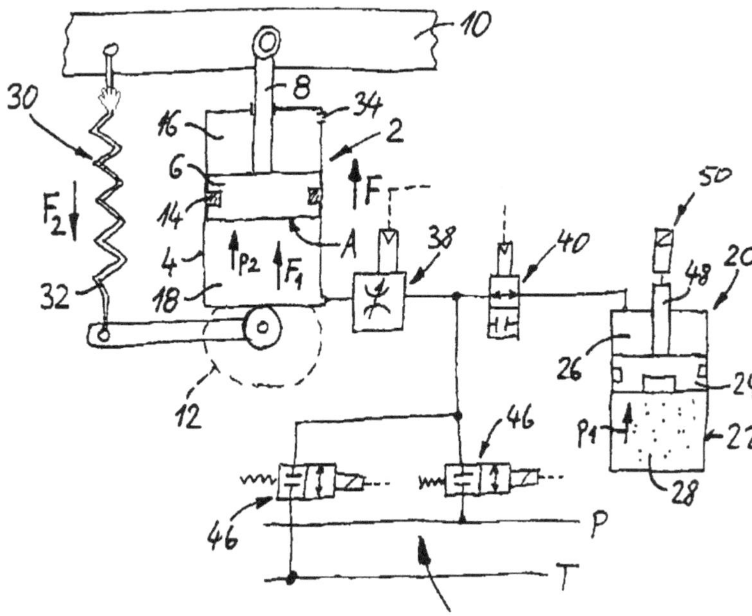

Abb. 8.5. Mechanisch vorgespannte, hydropneumatische Federung

DE4234217

Ebenfalls im Jahre 1992 meldete Hemscheidt ein weiteres Patent auf diesem Gebiet an, welches eine mechanische Vorspannung nicht auf das Federbein, sondern auf den Kolben (22) eines Kolbendruckspeichers (6) vorsieht. Dabei kann die Vorspannkraft sowohl durch eine im Kolbenspeicher auf der Ölseite liegende Feder (28) als auch durch eine außerhalb des Druckspeichers liegende Feder erzeugt werden, welche über eine Kolbenstange (30) auf den Kolben wirkt. Die Einwirkung von außen ist ein interessanter Aspekt, der neue Möglichkeiten schafft: große Federn, Einstellbarkeit der Vorspannung und damit Beeinflussung der Federungseigenschaften. Allerdings ist die Feder direkt am Federungszylinder dem hier beschriebenen System in bestimmten Fällen vorzuziehen, da sie bei negativen Kräften am Zylinder diese aufnehmen kann, während bei dem hier beschriebenen speichervorgespannten System der Zylinder in Kavitation gehen würde.

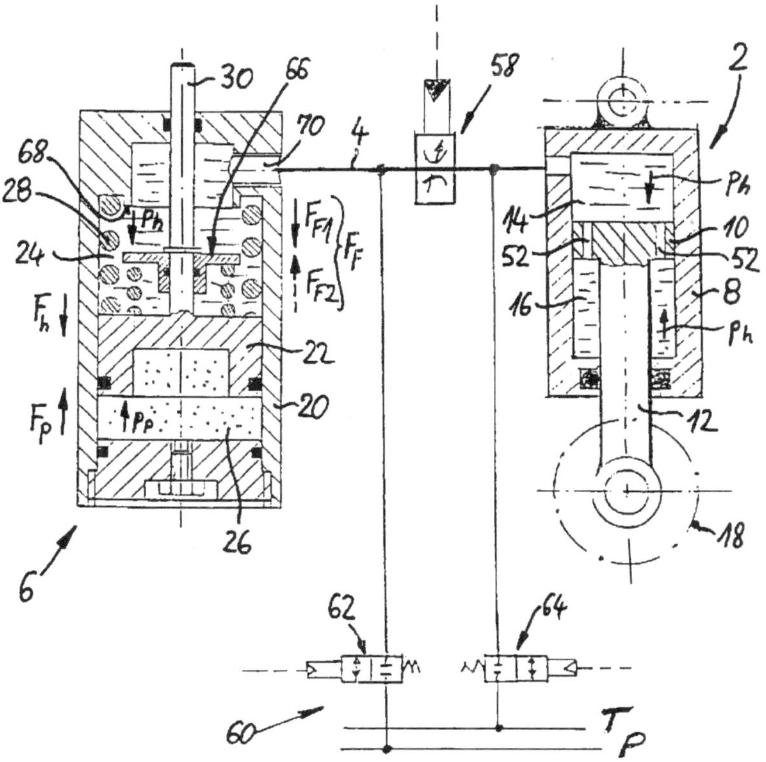

Abb. 8.6. System mit mechanisch vorgespanntem Druckspeicher

Auch bezüglich der Druckspeicher wurden einige Patente angemeldet, welche einer Verbesserung der Federungseigenschaften bei allen Achslasten dienen sollen.

DE4223783

Diese von der Firma Hemscheidt im Jahr 1992 angemeldete Entwicklung bezieht sich auf ein Federungssystem mit mindestens zwei parallel geschalteten hydraulischen Federspeichern (20; 22), welche jeweils in unterschiedlichen Druckbereichen der Federung wirksam sind. Damit ist bei niedrigen Federdrücken nur der geringer vorgespannte Speicher 20 aktiv am Federungsvorgang beteilig, während der höher vorgespannte Speicher 22 in seinem ölseitigen Anschlag ruht. Bei höheren Federdrücken geht dann der Speicher 20 in einen gasseitigen Anschlag und der Speicher 22 ist aktiv. Als problematisch bei diesem System ist ein mittlerer Federdruck anzusehen, bei dem beide Druckspeicher teilweise arbeiten und teilweise in den Anschlägen liegen. Da dies durch die Federungsbewegung sehr häufig wechselt, müssen die Anschläge sehr robust ausgelegt sein. Negative Auswirkungen auf die Federkennlinie sind in diesem Betriebsbereich ebenfalls sehr wahrscheinlich. Sinnvollerweise sollte bei einem solchen System nur mit Kolbenspeichern

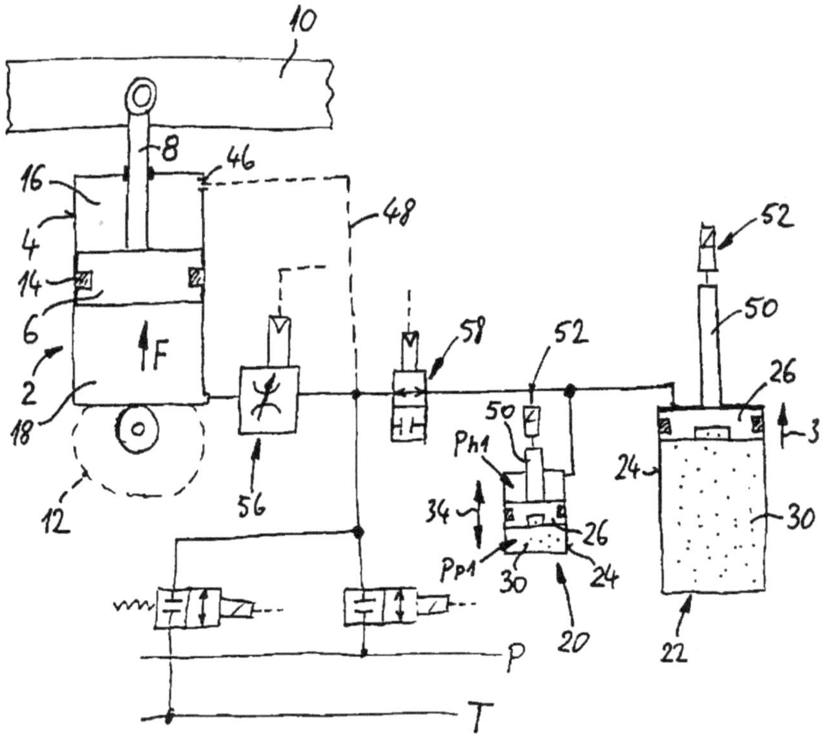

Abb. 8.7. Speicher mit unterschiedlichen Druckbereichen

gearbeitet werden, da hier entsprechende Anschläge realisiert werden können. Insgesamt kann mit dieser Methode ähnlich der zweistufigen Ringraumdruckverstellung ebenfalls eine Verbesserung des Verlaufs der Federrate über der Federlast erreicht werden.

US6167701

Etwas ähnliches wie im o. g. Hemscheidt Patent beschreibt auch Caterpillar in seiner Anmeldung von 1998. Caterpillar erwähnt allerdings nichts davon, dass die Druckspeicher (42; 44; 46) sich in ihrer Wirksamkeit abwechseln, sondern gibt lediglich an, dass die Speicher mit unterschiedlich hohen Gasdrücken befüllt sein müssen. Darüberhinaus macht Caterpillar die Druckspeichereinheit auch zu- und abschaltbar (Ventil 38), sodass die Federung blockiert werden kann. Im Text des Patents wird weiterhin die Möglichkeit erwähnt, dass die Druckspeicher auch über jeweils zugeordnete Schaltventile einzeln zu- und abgeschaltet werden können und damit die Federrate beeinflusst werden kann.

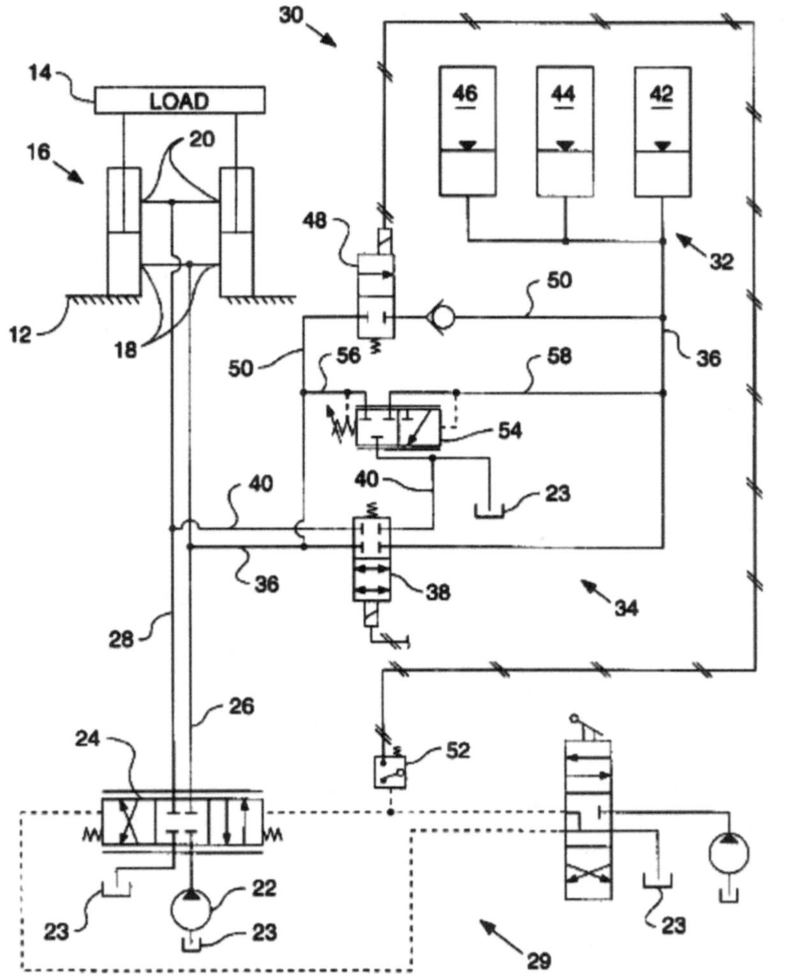

Abb. 8.8. Speicher mit unterschiedlichen Drücken, Federung blockierbar

DE19949152

Einen anderen Weg verfolgt die Firma Mowag mit ihrer Anmeldung aus dem Jahre 1999. Hier wird im Gegensatz zu allen bisher genannten Systemen nicht (nur) auf der Ölseite mittels Zu- und Abfluss von Hydraulikfluid eingegriffen, sondern es wird dem Federkreis auch gezielt Gas zu- oder abgeführt. Zu diesem Zweck kann ein sog. Dosierzylinder (3) mit jeweils zwei ihm zugeordneten Federungszylindern (1a; 1b) verbunden werden. Mit dieser Maßnahme verändert man die federnde Gasmasse in den Federungszylindern und damit auch die Federrate. Da die beiden Federungszylinder über die Anordnung 2 auch noch wahlweise miteinander verbunden oder voneinander getrennt sein können, kann man somit auch noch eine Wank- bzw. eine Nickstabilisierung erreichen.

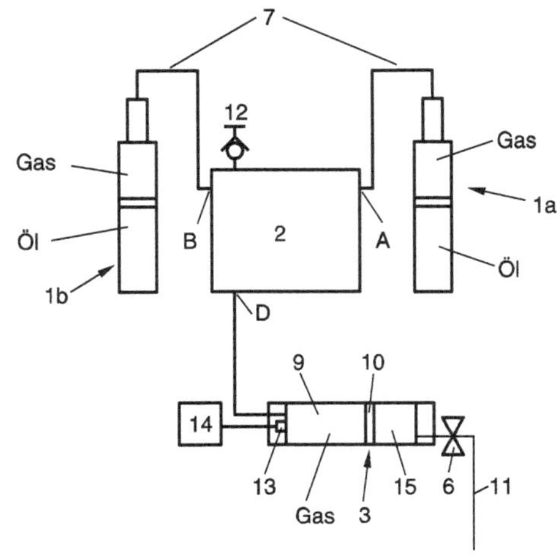

Abb. 8.9. Mowag-Federungssystem mit veränderlicher Gasmasse

US6398227

Case meldete im Jahre 2000 ein ähnliches Patent an, welches ebenfalls vorsieht, dass ein Gas-Vorratsspeicher (20) bei Bedarf über ein Ventil (36) mit dem Druckspeicher (22) verbunden wird und damit dessen federnde Gasmasse angepasst werden kann. Über Positionssensoren (72; 74) wird die Lage der Kolben in den Druckspeichern erfasst, wodurch man Rückschlüsse auf die Druckniveaus in den Speichern 20 und 22 ziehen kann. Der „load holding circuit" (14), wie Case ihn nennt, könnte z. B. aus einem Zylinder und einer Niveauregelvorrichtung bestehen und in verschiedenen Fahrzeugen eingebaut sein. Case bezieht sich explizit z. B. auf Radlader oder Gabelstapler.

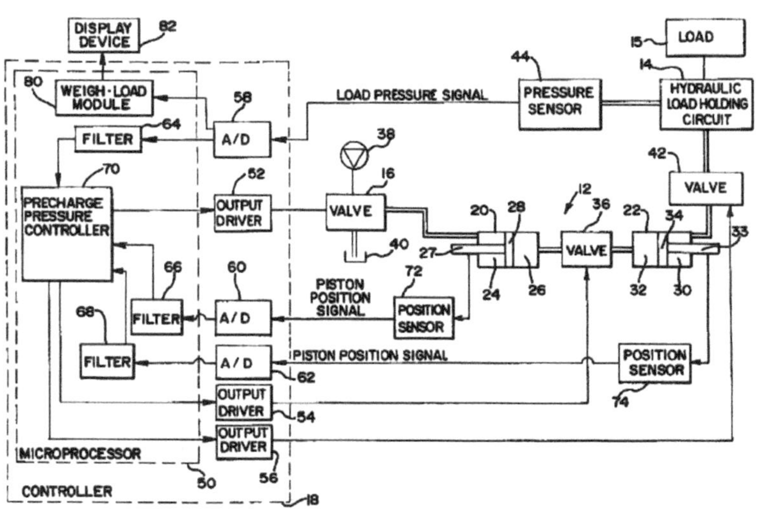

Abb. 8.10. Case-Federungssystem mit veränderlicher Gasmasse

8.2 Wankstabilisierung und Hangausgleich

GB890089

Eines der ersten Patente zu diesem Thema ist die GB890089 aus dem Jahre 1960. Es wird die Kreuzschaltung der Zylinder beschrieben und v. a. auch in den sehr anschaulichen Bildern erläutert. Darüberhinaus wird nicht nur eine Kreuzschaltung der beiden Zylinder (5; 7) einer Fahrzeugachse erläutert, sondern auch die Kreuzschaltung über die Quer- und Längsachse bei Fahrzeugen mit mind. 2 Achsen. Dabei ist der Federungszylinder des vorderen linken Rades mit dem hinteren rechten Rad kreuzweise verschaltet und genauso der Zylinder des vorderen rechten Rades mit dem hinteren linken Rad (doppelte Kreuzschaltung). Damit erreicht man nicht nur eine Wankstabilisierung, sondern auch eine Nickstabilisierung des Aufbaus. Ebenfalls zu erkennen ist, dass jeweils einem Federkreis ein Niveauregelventil (26) zugeordnet ist. Wie das Zusammenspiel der einzelnen Niveauregler insbesondere bei der doppelten Kreuzschaltung funktioniert und ob eine gegenseitige Beeinflussung erfolgt, ist nicht beschrieben und auch nicht bekannt. Abbildung 8.11 zeigt die Darstellung der einfachen Kreuzschaltung.

Bis heute wurden zahlreiche weitere Patente zur Kreuzschaltung angemeldet unter anderem von den Firmen Caterpillar, Hemscheidt Fahrwerktechnik und Carl Freudenberg/Integral Accumulator.

DE3427508

Das Patent von Hemscheidt Fahrwerktechnik aus dem Jahre 1984 beschreibt eine Möglichkeit, die Zylinder (1; 2) von zwei einander gegenüberliegenden Fahrzeugseiten über ein 4/3-Wege-Ventil (9) so verschalten zu können, dass entweder die

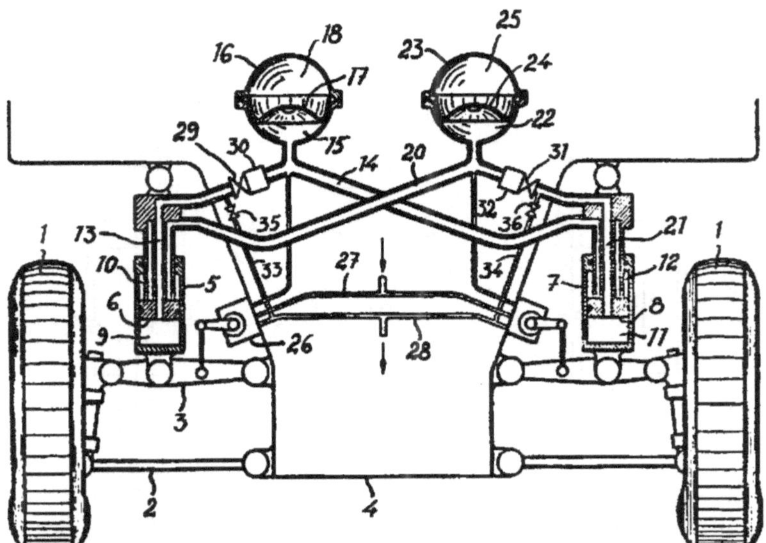

Abb. 8.11. Darstellung der einfachen Kreuzschaltung in GB890089

Zylinder als einzelne Federn wirken (Ventilposition A) oder eine Kreuzschaltung der beiden Zylinder wirksam ist (Ventilposition B) oder auch dass beide Zylinder in ihrer Federbewegung gesperrt werden, indem jeweils der Kolbenraum vom Ringraum abgesperrt wird (Ventilposition C). In letzterem Fall ist sinnvollerweise der Druckspeicher (10) mit dem Ringraum (6) verbunden, wodurch der Einfederbewegung ein vollständig blockierter Kolbenraum (5) gegenübersteht und der Ringraum gegen Ausfedern durch den Druck im Druckspeicher gehindert wird. Durch die drei verschiedenen Schaltstellung kann der Fahrzeugführer den Grad der Wankstabilisierung auf die Erfordernisse der jeweiligen Arbeitssituation anpassen. Abbildung 8.12 zeigt insbesondere die Integration des 4/3-Wege-Ventils in die Kreuzschaltung. Im Ausführungsbeispiel wird darüberhinaus erwähnt, dass das erfindungsgemäße System parallel zur einer weiteren Fahrzeugfederung angeordnet ist – ist diese mit mechanischen Federn realisiert, so ergeben sich die in Abschnitt 2.2.4 genannten positiven Effekte.

Interessanterweise findet man das System „kreuzverschaltete Federungszylinder" bezogen auf eine hydropneumatische Federung unter der Nummer DE4004204 von Hemscheidt Fahrwerktechnik aus dem Jahre 1990. Ein weiteres Hemscheidt-Patent wurde 1992 unter der EP0495442 angemeldet. Hier werden vier doppeltwirkende Federungszylinder zur Federung insbesondere einer KFZ-Fahrerkabine verwendet. Es wird jedoch nicht wie beim britischen Patent GB890089 eine doppelte Kreuzschaltung mit Wank- und Nickstabilisierung umgesetzt. Stattdessen sind die vorderen und hinteren Zylinder jeweils gleichseitig miteinander verbunden, sodass nur eine Wankstabilisierung bewirkt wird. Dadurch ist die Kabine um die Querachse frei drehbar, was eine Maßnahme zur Abstützung dieses Freiheitsgrades notwendig macht.

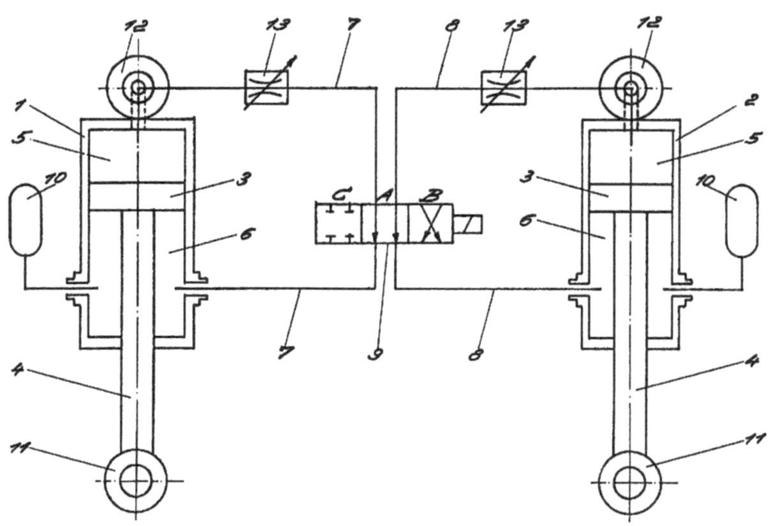

Abb. 8.12. Variable Verschaltung der Federungszylinder gemäß DE3427508

DE10112082

Darüberhinaus hat die Firma Integral Accumulator 2002 ein Patent auf diesem Gebiet angemeldet, welches die Federungszylinder-Kreuzschaltung mit einer Umschaltung auf das System „gleichseitig gekoppelte Zylinder" entsprechend Abschnitt 6.3.1 kombiniert. Zusätzlich wird bei Aktivierung der Schaltung „gleichseitig gekoppelte Zylinder" (Ventile 22 und 23, rechte Schaltstellung) das System ringraumseitig vorgespannt betrieben (Speicher 18 an Ringräumen 6; 7) und auch noch ein weiterer Druckspeicher (21) zugeschaltet, welcher in diesem Fall eine weichere Abstimmung der Federung bewirken kann. Dies zeigt Ähnlichkeiten mit der Hydraktiv-Federung von Citroen, wobei letztere jedoch mit einfachwirkenden Zylindern arbeitet und zur Wankstabilisierung nur beide Federungszylinder voneinander und vom Zusatzspeicher getrennt werden.

Über diese passive Wankstabilisierung hinaus gab es bereits früh auch Ansätze, die Seitenneigung eines Fahrzeuges während der Kurvenfahrt aktiv zu kompensieren, d. h. bewusst Energie einzusetzen, um den Aufbau wieder in eine straßenparallele Lage zu bringen. Die Ideen basieren darauf, dass man die kurvenäußeren Federungszylinder mit Drucköl beaufschlagt und damit ausfährt, während teils von den kurveninneren Zylindern Öl entlassen wird und diese daher einfahren. Beispielhaft

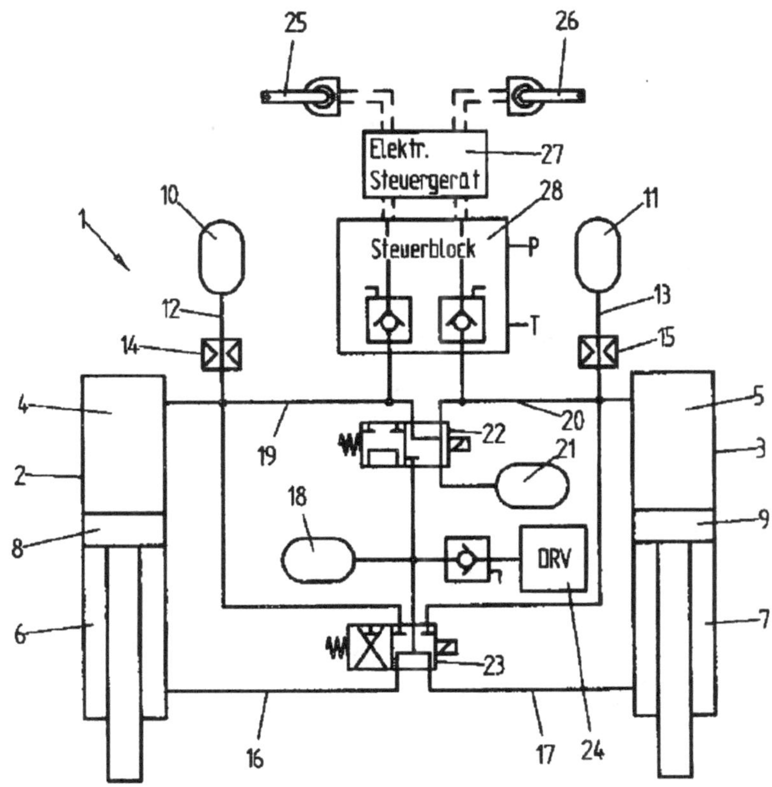

Abb. 8.13. Variable Verschaltung der Federungszylinder gemäß DE10112082

sollen hier genannt werden ein Patent von Daimler Benz (DE2048323 von 1970), die sich damals auch intensiv mit der hydropneumatischen Federung beschäftigt hatten, sowie eines von Caterpillar (US3572746 von 1968). Ähnliche Prinzipien wurden viele Jahre später von Daimler-Chrysler mit dem ABC-Fahrwerk (Active Body Control) sowie von Citroen mit der AFS (Aktive Fahrwerk Stabilisierung, siehe Abschnitt 7.2) bei PKW in Serie gebracht.

US4411447

Caterpillar hat noch einen weiteren sehr interessanten Weg gefunden, um eine Wankstabilisierung umzusetzen. Hierbei handelt es sich um eine Wankstabilisierung, die mit einfachwirkenden Zylindern (19; 20) umgesetzt werden kann. Das Prinzip beruht darauf, dass man zusätzlich zu den beiden Federungszylindern einen Zylinder als Kolbenspeicher mit drei Wirkflächen (32) verwendet: Die Kolbenfläche, die Ringfläche und die Stangenfläche, wobei die beiden letzteren gleich groß sein müssen. Auf der Kolbenseite (48) befindet sich die Gasfüllung, die im wesentlichen für die vertikale Federung zuständig ist. Die flächengleiche Ring- und Stangenfläche (62; 63) des Kolbenspeichers verbindet man nun jeweils mit einem Federungszylinder. Dadurch, dass damit die Hubbewegungen der beiden Zylinder ohne Elastizität miteinander gekoppelt sind, könnte eine Vertikalfederung erzeugt werden, die keinerlei Wankbewegung zulässt, also eine unendlich hohe Wanksteifigkeit bewirkt. Ein solches Fahrzeug wäre zu unkomfortabel, weil es alle Wankanregungen direkt weitergäbe. Aus diesem Grund sieht das Patent jeweils einen weiteren Speicher (30; 35) für jeden Federungszylinder vor. Je nach Auslegung dieses Druckspeichers lässt sich die Wanksteifigkeit verändern – deren Einfluss auf die Hubsteifigkeit muss jedoch zusätzlich beachtet werden. Trotz des erforderlichen

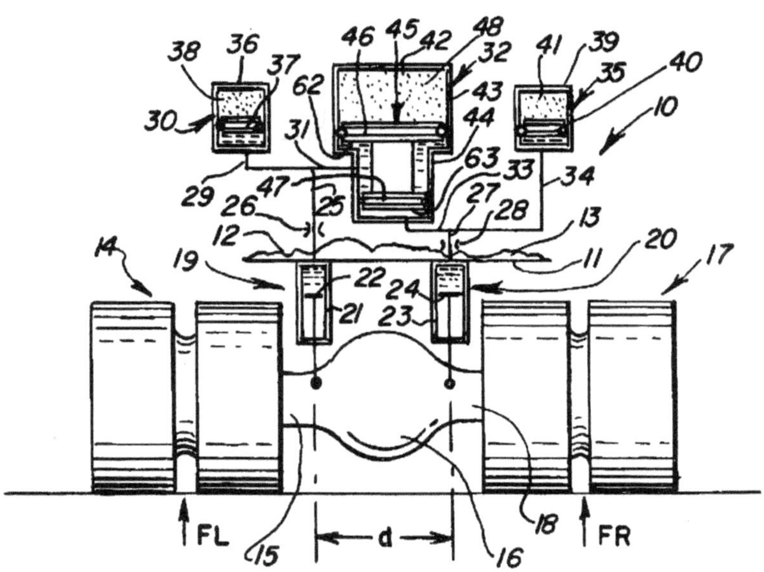

Abb. 8.14. Wankstabilisierung über speziellen Druckspeicher

dreiflächigen Spezial-Druckspeichers incl. der zusätzlichen Reibungskräfte bietet dieses System einen immensen Vorteil gegenüber der Kreuzschaltung der Zylinder: Es wird dafür nur eine Zylinderwirkfläche benötigt und daher kann auch ein hydraulisch vorgespanntes System realisiert und damit ein großes Lastverhältnis abgedeckt werden. Das Patent aus dem Jahre 1981 kann daher durchaus als besonders bedeutend herausgestellt werden.

US6923453

Weiterhin hat Caterpillar im Jahre 2001 ein Patent angemeldet, welches eine Möglichkeit beschreibt, die Neigung eines quer zum Hang fahrenden Fahrzeugs derart auszugleichen, dass der Aufbau möglichst waagrecht gehalten wird. Dies wird im speziellen für ein Holzrückefahrzeug beschrieben. Das Prinzip beruht darauf, dass den hangabwärtsgerichteten Federungszylindern Hydraulikfluid zugeführt wird, während es den hangaufwärtsgerichteten Zylindern entzogen wird. Geregelt wird

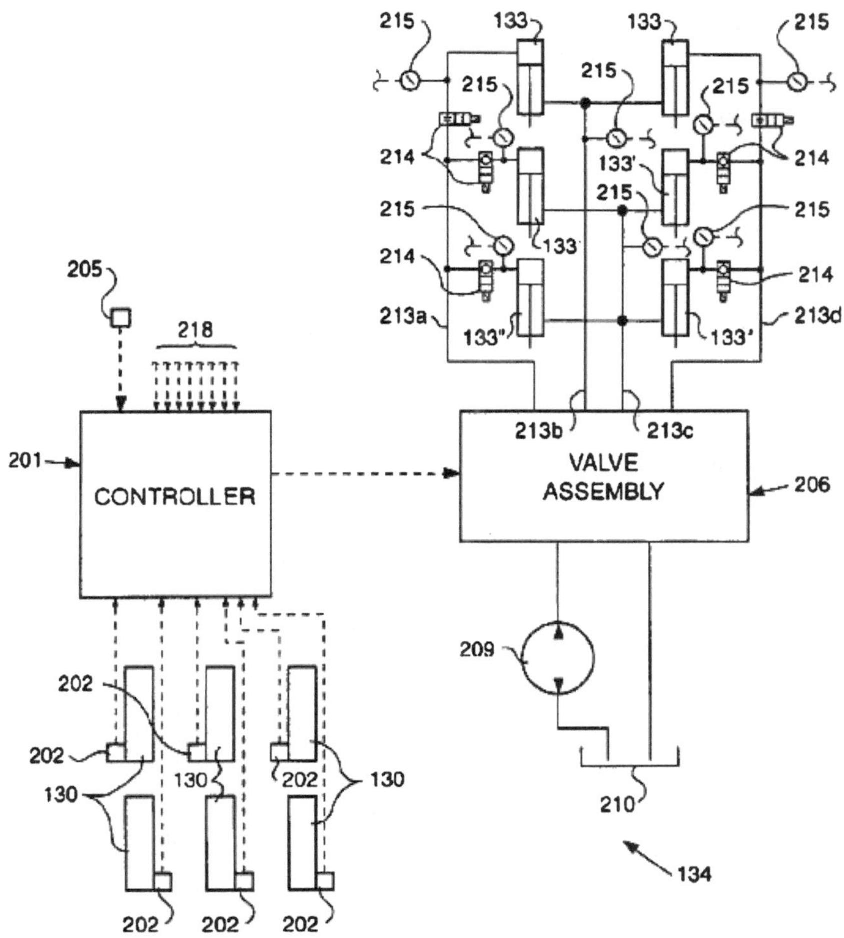

Abb. 8.15. Hangausgleich an einem Holzrückfahrzeug

das System über einen Neigungssensor (205) am Aufbau und Positionssensoren (202) an den Zylindern (133).

Einen ähnlichen Hangausgleich haben auch die Firmen New Holland insbesondere für das Fahrwerk eines Traubenvollernters (EP0692183) und Same–Deutz–Fahr für die Kabine eines landwirtschaftlichen Fahrzeuges (US6273203) in den Jahren 1995 bzw. 1999 zum Patent angemeldet. Beide Patente sehen jedoch keine hydropneumatische Federung vor, die Zylinder sind also nicht mit Druckspeichern verbunden. Die sog. „Galileo"-Kabine mit Hangausgleich war nur kurze Zeit im Same-Modell Rubin als Option verfügbar und wurde recht bald wieder aus dem Programm genommen.

8.3 Federungsblockierung

Die übliche Blockierung einer hydropneumatischen Federung erfolgt durch Absperrung der Druckspeicher vom Federungszylinder. Durch den gesperrten Ölfluss ist keine Verschiebung des Kolbens im Zylinderrohr mehr möglich.

US3953040

Dieses Patent von Caterpillar von 1975 wird hier nur beispielhaft genannt. Es beschreibt ein Niveauregelsystem mit einer Möglichkeit der Federungsblockierung

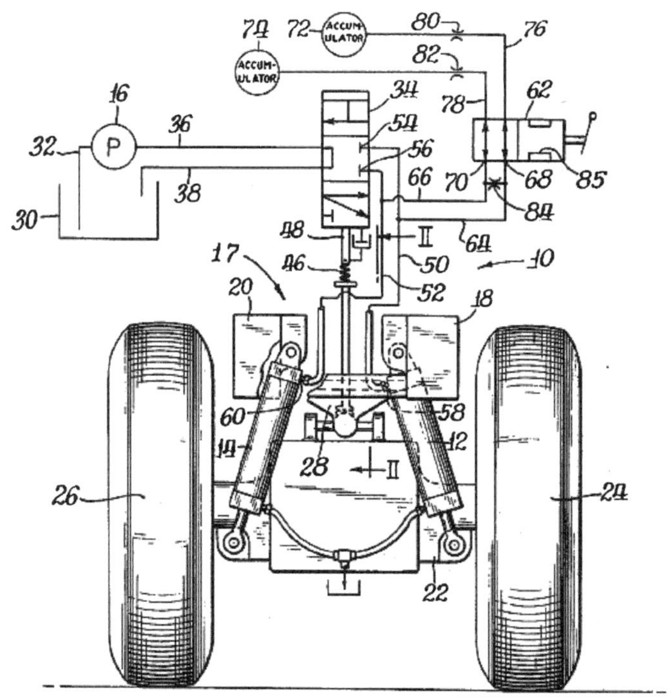

Abb. 8.16. Federungsblockierung Caterpillar

an einer Fahrzeugachse. Die Blockierung erfolgt mit Hilfe eines 4/2-Wege-Ventils (62) und ermöglicht im gesperrten Zustand (rechte Schaltpos.) ein freies Pendeln der Achse sowie einen Druckausgleich der beiden Federungs-Druckspeicher (72; 74). Interessanterweise erwähnt das Patent auch einen Tiefpass (46; 48), der zwischen Koppelstange (achsfest) und Regelventil (chassisfest) installiert ist, damit die Regelung nur auf langfristige Niveauänderungen reagiert.

DE4308460

Fendt hat mit dieser Anmeldung 1993 ein ähnliches System umgesetzt, jedoch für ein hydraulisch vorgespanntes Federungssystem. Kolbenraumspeicher (16) und Ringraumspeicher (25) werden über die Ventile 28 und 29 von ihren zugehörigen Zylinderräumen abgekoppelt, so dass die Federung in jeder beliebigen, vorher eingestellten Lage blockiert werden kann. Fendt erwähnt ausdrücklich auch die Möglichkeit der automatischen Steuerung der Sperrfunktion, so dass z. B. bei Frontladerarbeiten die Federung geschwindigkeitsabhängig geschaltet werden kann.

Weder Fendt, noch Caterpillar gehen allerdings darauf ein, dass nach einer Laständerung im gesperrten Zustand unterschiedliche Druckniveaus in Zylinder und Speicher herrschen und die Federung dadurch beim Wiederzuschalten durch den Druckausgleich zu starken Bewegungen angeregt werden kann. Dies wird durch das bereits erwähnte Patent von Caterpillar US6167701 durch eine Schaltung berücksichtigt, die das Druckniveau in den Speichern auch im abgeschalteten Zustand immer auf dem Niveau des Kolbendruckes der Federungszylinder hält.

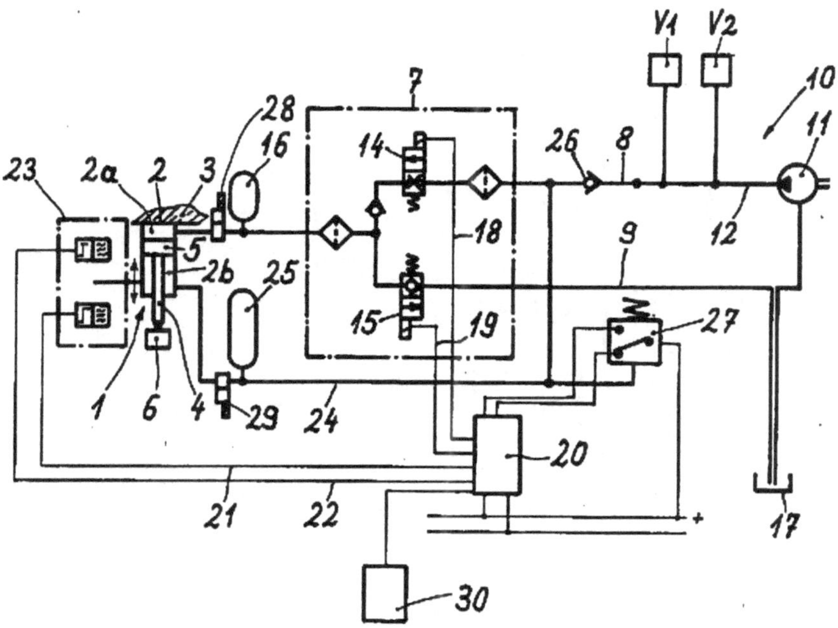

Abb. 8.17. Federungsblockierung Fendt

Das dort angeführte Ventil 48 sorgt dafür, dass das Druckniveau im Falle eines Ausfahrens der Zylinder angehoben wird, während Ventil 54 den Druck in den Speichern immer wieder absenkt, sollte er über dem Druck in den Kolbenräumen liegen.

DE4032893

Neben der hydraulischen Sperrbarkeit gibt es auch die Möglichkeit, eine Federung mechanisch zu sperren. Exemplarisch sei hier die Fendt-Sperrung aus dem Jahre 1990 erläutert. Das mechanische Prinzip der Radaufhängung ist eine an einer Querschwinge (6) aufgehängte Pendelachse (10). Zur Sperrung werden zwei Plungerzylinder (14; 16) an ihren Anschlag gefahren wobei diese die Querschwinge beidseitig in eine Mittelposition zwingen. Die Querschwinge ist damit in ihrer Bewegung gehindert, die Federung ist blockiert. Dennoch kann die Pendelachse weiterhin frei in ihrer Lagerung (8) pendeln.

Ganz im Gegensatz dazu beschreibt John Deere in seinem Patent DE19748224 eine hydropneumatische Federung die unter allen Umständen aktiv bleiben soll und auf alle Achslasten und Fahrzustände ausgelegt ist. Damit bleibt die Federungsfunktion und der damit einhergehende Komfort und die Sicherheit jederzeit erhalten.

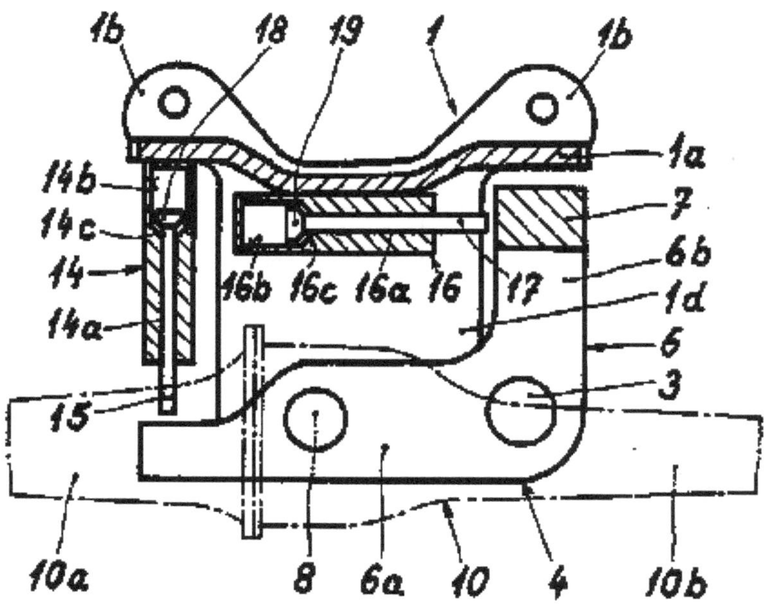

Abb. 8.18. Mechanische Federungsblockierung Fendt

9 Ein Blick in die Zukunft

Die Technologie der hydropneumatischen Federung kann nach dem heutigen Stand als ausgereift bezeichnet werden, wird sie doch in vielen Anwendungen bereits mit großem Erfolg eingesetzt. Die technischen Möglichkeiten sind jedoch bei weitem noch nicht ausgereizt, es sind noch viele Verbesserungen denkbar, die – und das ist besonders wichtig – ein hohes Kosten-Nutzen-Verhältnis erwarten lassen und damit auch wirtschaftlich vertretbar sind.

Sowohl auf der Komponentenebene als auch auf der Systemebene können weitere Verbesserungen erzielt werden. Auf der Komponentenebene spielt nach wie vor das Thema Reibung eine wichtige Rolle, weitere Verbesserungen sind nötig. Hier sind insbesondere die Ingenieure und Entwickler in der Dichtungstechnik gefragt, weitere Möglichkeiten zur Reibungsreduzierung zu finden. Vor allem die Haftreibung ist eine Größe, die über Erfolg oder Misserfolg einer Federung entscheiden kann.

Darüberhinaus ist ein weiterer Schwerpunkt die Technik der Druckspeicher. Die Themen Wartung, Bauraumintegration und insbesondere in PKW auch das Gewicht zählen zu den herausragenden Herausforderungen. Die Druckspeicher als eigentliches federndes Element bieten darüberhinaus auch die Möglichkeit, Federungseigenschaften variabel zu gestalten. Dabei spielen nicht nur Volumen und Fülldruck eine Rolle, sondern auch die Eigenschaften des Füllgases – sein Adiabatenexponent als Funktion der Temperatur und des Druckes spielt eine wesentliche Rolle für die Federungseigenschaften. Würde man es z. B. schaffen, diesen veränderlich zu machen, so erhielte man eine einfache Möglichkeit zur Beeinflussung der Federungseigenschaften.

Der für eine Komponente erforderliche Bauraum ist in Zeiten immer höherer Funktionendichte insbesondere beim Einsatz in Fahrzeugen ein ebenfalls bedeutendes Thema. Zwar liegt die hydropneumatische Federung hier bezüglich des Bauraumbedarfs des Federelements gut im Rennen, jedoch könnte über eine weitere Verringerung der Bauteilgröße in manchen Einsatzgebieten ein möglicherweise unschlagbares Argument für deren Verwendung geschaffen werden. Die weitere Erhöhung der Arbeitsdrücke ist eine Möglichkeit, um dies zu erreichen. Dadurch werden die wirksamen Zylinderflächen, die Ölvolumenströme und damit auch Druckspeicher kleiner.

Ein über allem wie ein Damoklesschwert kreisendes Kriterium sind darüberhinaus die Kosten der Komponenten. Es ist zu erwarten, dass über neue Materialien und Fertigungsverfahren weitere Einsparungen erreicht werden können. Ein handelsüblicher Automobilstoßdämpfer beispielsweise ist über Jahrzehnte hinweg kontinuierlich verbessert und in seinen Kosten verringert worden. Vergleicht man diesen mit einem Federungszylinder, der normalerweise von einem üblichen Hydraulikzylinder abgeleitet wird, so erkennt man das enorme Potenzial, was sich hier noch bietet. Fraglos spielt hier auch der Volumeneffekt eine Rolle und es bleibt zu hoffen, dass dieser auch bei den Federungszylindern neue Möglichkeiten eröffnet. In gleichem Maße gilt dies auch für die Druckspeicher, welche ebenfalls einen Großteil der Gesamtkosten einer hydropneumatischen Federung verursachen.

Auf der Systemebene ist die Forderung ebenso klar wie schwierig: Die Federung soll die an sie gestellten Anforderungen „sekundärseitige Beschleunigungen reduzieren" und „gleichmäßige Radaufstandskräfte ermöglichen" noch besser erfüllen. Bereits bei der herkömmlichen, mechanischen Federung hat sich gezeigt, dass durch Feintuning wie getrennte Zug- und Druckstufen- sowie High- und Lowspeed-Dämpfung bereits die Grenzen passiver Systeme erreicht sind. Zwar sind die Möglichkeiten bei den meisten passiven hydropneumatischen Federungssystemen noch nicht so sehr ausgereizt, jedoch werden sie auch hier bald erreicht werden. Dazu kommt noch, dass die Verbesserungen mit hohen Kosten erkauft werden müssen.

Aus diesem Grund wird auch bei der hydropneumatischen Federung intensiv die Möglichkeit der semi-aktiven und aktiven Federung untersucht. Die Ideen dazu sind bereits sehr alt, so z. B. Karnopps Überlegungen zum Skyhook-Prinzip von 1974 [KAR74] und es gibt zahlreiche Untersuchungen auf theoretischer Basis (z. B. [DEP02], [ELD96], [SCU02]). Auch wurden Experimente dazu durchgeführt (z. B. [CAS96], [GIL98]), doch letztenendes konnte sich erst in den vergangenen Jahren die semi-aktive mechanische und pneumatische Federung in größerem Umfang v. a. im PKW-Bereich etablieren. Basierend auf den Dämpfersystemen CDC von Sachs und ADS von Bilstein sowie der Technologie des magnetorheologischen Dämpfers von Lord wurden die Systeme zunächst nur in Luxusfahrzeugen und Sportwagen angeboten, während sie seit einigen Jahren teils auch in der Kompakt und Mittelklasse optional erhältlich sind. Diese Technologie lässt sich ebenfalls auf die hydropneumatischen Systeme anwenden, wobei allerdings die üblicherweise größeren Öl-Volumenströme es teils vereiteln, dass Standardkomponenten aus dem Automobilbereich verwendet werden können. Eine Weiterentwicklung dieser Komponenten bzw. von ähnlichen Komponenten aus der Hydraulik ist dann erforderlich.

Die aktive Federung hingegen konnte sich bisher nicht im größeren Stil durchsetzen. Der Hauptgrund hierfür ist in der aufwändigen Technologie und nicht zuletzt auch im teils hohen Energieverbrauch zu sehen. Je nach gefederter Masse, Federweg und zu isolierendem Frequenzbereich (fahrzeugseitig) sowie Fahrgeschwindigkeit und Untergrund (anregungsseitig) können Leistungen erforderlich sein, die mehrere Prozent der Motorleistung eines Fahrzeuges ausmachen können (z. B. [Bre96]). Man sollte aktive Federungen deswegen nicht generell ablehnen. Zum einen ist zu beachten, dass nur in Extremsituationen diese Spitzenleistungen benötigt werden und im Mittel deutlich niedrigere Leistungen erforderlich sind. Zum anderen sollte man sich auch bewusst machen, dass auch eine passive Federung durch ihre Dämpfung Energie in Wärme umsetzt – und auch diese Energie kommt ursprünglich aus der Bewegung und damit vom Motor.

Dennoch, aktive Systeme fanden bisher lediglich im PKW-Bereich i. W. bei der Wank- bzw. Nickstabilisierung erfolgreich ihren Einsatz (Daimler-Chrysler

Active Body Control), im Nutzfahrzeugbereich gibt es beispielsweise die aktive Schwingungstilgung bei Traktor-Hubwerken sowie den Aktiven Fahrersitz von John Deere. In allen Fällen werden nicht sehr große Leistungen benötigt, da zum einen sehr niedrige Grenzfrequenzen angesetzt wurden und insbesondere beim Fahrersitz nur vergleichsweise geringe Massen isoliert werden müssen. Bei allen genannten Systemen ist jedoch zu Beachten, dass keine hydropneumatische Feder zum Einsatz kommt: Die Hydraulikzylinder dienen nur als aktive Stellglieder!

Es gibt jedoch interessante Ansätze, die es erlauben, hydropneumatische Federungselemente direkt in neuartigen, aktiven Federungen zu verwenden. Bereits 1972 meldete C. Müller eine an anderer Stelle als „Schaltspeicherfeder" bezeichnete Anordnung an [DE2255348], in welcher der gasseitige Raum in zwei Bereiche geteilt wurde, die miteinander verbunden und voneinander getrennt werden können. Dadurch wird in bestimmten Zuständen Energie aus dem System entnommen und in anderen Zuständen wieder zugeführt. Ob dieses hydropneumatische System umgesetzt wurde ist nicht bekannt. Ende der 90er Jahre findet das Prinzip in ähnlicher Form dann wieder Erwähnung durch de las Heras [HER99], der es als „variable stiffness control" bezeichnet. Von Glasner et al. [GLA96] wurde kurz zuvor ein ähnliches Prinzip für luftgefederte Systeme erwähnt, welches vor kurzem in weiterentwickelter Form serienmäßig in einem luftgefederten Fahrersitz umgesetzt wurde – dem Grammer AGF-Sitz (Aktiv Geregelte Federung) [HIM06]. Grammer arbeitet bei dem Sitz mit zwei Druckluftreservoirs die über ein sehr schnelles Schaltventil gezielt in bestimmten Zuständen verbunden bzw. getrennt werden. Dadurch kann eine Übertragungsfunktion erzielt werden, die nahezu in keinem Bereich eine Resonanzüberhöhung zeigt. Sehr wohl hat sie aber im Vergleich zum passiven, luftgefederten Sitz eine ausgezeichnete Isolierwirkung über ca. 1,3 Hz, die auf ähnlichem Niveau wie semi-aktive bzw. aktive Systeme liegt.

Gelingt es, dieses Prinzip auch für die hydropneumatische Federung weiter zu entwickeln, dann kann ähnlich wie bei der oben beschriebenen Luftfederung nochmals ein bedeutender Sprung in der Qualität der Federungseigenschaften erwartet werden. Generell sollte der Ansatz weiterverfolgt werden, dass die Energie, die dem System in bestimmten Situationen entzogen wird, nicht einfach weggedrosselt wird und damit als Wärme verloren geht. Vielmehr sollte sie in einem nutzbaren Zustand gespeichert werden, damit sie dem System später wieder zur Verfügung gestellt werden kann. Giliomee nutzt dies z. B. dafür um eine Verstellung der Fahrhöhe ohne externe Pumpe zu ermöglichen [GIL98].

Insgesamt gesehen können durch pfiffige Ideen noch viele weitere Verbesserungen der Eigenschaften hydropneumatischer Federungssysteme erzielt werden. Generell wird man dabei den Systemen mit einfachem mechanischen Aufbau und ggf. komplexer Steuerelektronik der Vorzug geben. Schon allein aus Kostengründen werden diese deutlich konkurrenzfähiger sein als komplexe mechanische Bauelemente. Es sind noch lange nicht alle Möglichkeiten auf diesem Gebiet ausgeschöpft. Viele wirkungsvolle und dabei einfache Lösungen warten noch darauf, entdeckt zu werden.

Packen wir´s an!

Verzeichnis der Formelzeichen und Abkürzungen

A_K	Wirksame Fläche, die beim Einfedern des Zylinders Öl verdrängt. Beim einfachwirkenden Zylinder ist dies die Kolbenfläche, beim regenerativ betriebenen, doppeltwirkenden Zylinder ist es die Querschnittsfläche der Kolbenstange.
A_R	Wirksame Fläche, die beim Ausfedern des Zylinders Öl verdrängt. Dies gibt es nur beim doppeltwirkenden Zylinder und entspricht der Fläche des Ringes zwischen Kolbendurchmesser und Stangendurchmesser.
A_S	Querschnittsfläche der Kolbenstange
s	Weg des Kolbens. Es gilt $s=0$ für die Mittellage, also die exakte Mitte zwischen den Endpositionen „Ausfederanschlag" und „Einfederanschlag". Es sei definiert, dass $s>0$ eine Kompression und $s<0$ eine Entspannung des Gasvolumens im kolbenseitigen Druckspeicher zur Folge hat.
s_B	Gesamtfederweg im Bezugspunkt der Position der gefederten Masse
h	Zylinderhub
L	Stützabstand der beiden Zylinder einer Achse
α	Allg. Winkelangabe
v	Ein-/Ausfahrgeschwindigkeit des Zylinders
$\dot{V}$	Volumenstrom
i	Übersetzungsverhältnis der Federungskinematik
h_{0F}	Relative Gassäulenhöhe: Die Höhe der Gassäule mit dem Druck p_0, die bei einem Volumen V_0 genau die Grundfläche hat, so dass die Kraft F_{F1} von ihr getragen wird.
d_K	Kolbendurchmesser
d_S	Stangendurchmesser
e	Abstand von Kolben- zu Stangenführungselement
F_F	Am Zylinder angreifende äußere Federlast
F_{F1}	Statische Federlast in Mittellage
F_{F2}	Dynamische Federlast während des Federungsvorganges
F_K	Kraft durch den Druck p_K auf die Kolbenfläche A_K
F_R	Kraft durch den Druck p_R auf die Ringfläche A_R
F_V	Vorspannkraft in Mittellage
F_{hydr}	Kraft des hydraulischen Systems
F_{mech}	Kraft der mechanischen Feder

$F_{D,hyd}$	Dämpfungskraft durch Flüssigkeitsreibung (hydraulische Dämpfungskraft)
$P_{D,hyd}$	Dämpfungsleistung durch Flüssigkeitsreibung (hydraulische Dämpfungsleistung)
K	Widerstandskonstante eines hydraulischen Strömungswiderstandes
ν	Dynamische Viskosität des Hydraulikfluids
ρ	Dichte des Hydraulikfluids
M_D	Drehmoment
V_0	Druckspeichervolumen, Gasvolumen im Druckspeicher, wenn kein äußerer hydraulischer Druck anliegt
V_1	Gasvolumen im Speicher nach Belastung des Federungssystems mit der statischen Federlast F_{F1}
V_2	Gasvolumen im Speicher während des dynamischen Federungsvorganges
p	Druck
p_0	Speicherfülldruck bei Raumtemperatur (293,15 K)
$p_{0,T}$	Temperaturabhängiger Speicherfülldruck
$p_{0,T,korr}$	Temperaturabhängiger Speicherfülldruck, dazu miteinbezogen die Toleranz der Gasfüllmenge und der Druckverlust über der Lebensdauer
p_1	Hydraulischer Druck nach Belastung des Federungssystems mit der statischen Federlast F_{F1}
p_2	Hydraulischer Druck während des dynamischen Federungsvorganges
p_V	Hydraulischer Vorspanndruck der Ringseite
p_{zul}	Maximal zulässiger Betriebsdruck des Druckspeichers
p_{sys}	Maximal verfügbarer System-Versorgungsdruck
p_z	Druck im Zylinder allgemein
p_{Sp}	Druck im Druckspeicher allgemein
R	Gaskonstante [J/kg*K]
κ	Adiabatenexponent
n	Polytropenexponent
T	Temperatur
m_G	Gasmasse
m_F	Gefederte Masse
ω	Eigenkreisfrequenz
f	Eigenfrequenz
g	Erdbeschleunigung
c	Federrate
c_{hydr}	Federrate des hydraulischen Systems
c_{mech}	Federrate der mechanischen Vorspannung
w	Wankfederrate
n_R	Radlastfaktor
t	Zeit

weitere allgemeine Indices:

XX_{min} Minimalwert für die Größe XX

XX_{max} Maximalwert für die Größe XX

XX_{grenz} Grenzwert für die Größe XX

XX_K bezogen auf das kolbenseitige System

XX_R bezogen auf das ringseitige System

XX_S bezogen auf die Kolbenstange

XX_{LI} bezogen auf die linke Seite

XX_{RE} bezogen auf die rechte Seite

XX_a bezogen auf den hydraulischen Kreis a

XX_b bezogen auf den hydraulischen Kreis b

Literaturverzeichnis

[ACH05] Achleitner, A. et al.: Der neue Porsche 911 Carrera, Automobiltechnische Zeitschrift Band 107 (2005) Heft 1, S. 40–49

[BAL03] Baldi, M.; Meirelles, P.S.: Hydropneumatic suspensions design, Proceedings of DECT`03, International design engineering technical conferences and computers and information engineering conference, 2–6 September 2003, Chicago, Illinois, S.2555–2563

[BRE96] Breuer, W.: Mechatronische Elemente bei der Untersuchung eines vierachsigen Geländefahrzeuges, Konferenz-Einzelbericht: Berechnung und Simulation im Fahrzeugbau, Würzburg, Germany, 1996, VDI Berichte Band 1283 (1996) S. 585–599

[BRE03] Breith, B.: Die Schwingungen dämpfen, Das ThyssenKrupp Magazin (2003), Heft 2, S. 15–19

[CAR90] Carbonaro, 0.: Hydractive suspension electronic control system. Control technology and philosophy, Konferenz-Einzelbericht: 23th FISITA Congress, Torino, Italy, May 1990, Band 1 (1990) S. 779–783

[CAS96] Castiglioni, G.; Jäker, K.P.; Schlüter, F.: Das aktive Fahrwerk mit elektrischen Aktuatoren, Automatisierungstechnik Band 44 (1996) Heft 7, S. 345–350

[CAU01] Causemann, P.: Kraftfahrzeugstoßdämpfer: Funktionen, Bauarten, Anwendungen, 2. Auflage, Landsberg/Lech: Verlag Moderne Industrie 2001

[DEP02] Deprez, K.; Martens, K.; Ramon, H.: Comfort improvement by passive and semi active hydropneumatic suspension using global optimization technique, American control conference, 8–10 May 2002, Anchorage, USA

[DEP05] Deprez, K. ; Moshou, D.; Ramon, H.: Comfort improvement of a nonlinear suspension using global optimization and in situ measurements, Journal of sound and vibration, Band 284 (2005) Heft 3–5, S. 1003–1014

[DUB90] Dubbel, Hrsg. Beitz, W.; Küttner, K.-H.: Taschenbuch für den Maschinenbau, 17. Aufl., Berlin, Heidelberg, New York, Springer-Verlag 1990

[EBE74] Ebertshäuser et al.: Bauelemente der Ölhydraulik, Teil I und II, Mainz, Otto-Krauskopf-Verlag 1974

[ELD96] El Demerdash, S.M.; Crolla, D. A.: Hydro-pneumatic slow-active suspension with preview control, Vehicle System Dynamics Band 25 (1996) Heft 5, S. 369–386

[ELL02] Ellmann, S.; Löser, F.: Elektromechanisches Levelling System, Forum Thyssen Krupp (2002) Heft 1

[ELS98] Els, P.S.; Giliomee, C.L.: Semi-active hydropneumatic spring and damper system, Journal of terramechanics / The international society for terrain vehicle systems, Durham, NC, Band 35 (1998) Heft2, S. 109–117

[ELS00] Els, P.S.; Niekerk, J. L. van: Dynamic modeling of an off-road vehicle for the design of a semi-active, hydropneumatic spring-damper system, Vehicle System Dynamics Band 33 (2000) Heft. Suppl., S. 566–577

[EUL03] Eulenbach, D.: Nivomat – Stand und Entwicklungstrends hydropneumatischer Niveauregelsysteme, Tagung: Kraftfahrzeugstoßdämpfer und ihr Einfluss auf das Fahrwerk, Komponenten und Systeme, 25.+26.Nov2003, Haus der Technik, Essen, Germany

[FEL87] Felez, J.; Vera, C.: Bond graph assisted models for hydro-pneumatic suspension in crane vehicles, Vehicle System Dynamic, Band 16 (1987) , S. 313–332

[FEL94] Feldhaus, B.: Entwurf einer hydropneumatischen Federung für Stadt- und Straßenbahnfahrzeuge unter Einbeziehung bereits vorhandener hydraulischer Wagenfunktionen, TU Braunschweig 1994

[FIN06] Findeisen, D.: Ölhydraulik, 5. Aufl., Berlin, Heidelberg: Springer Verlag 2006

[FIS06] Fischer, M.; Freitag, E.; Bauer, W.: Hydraulikzylinder mit geringer Reibung für Landmaschinen, Konferenz-Einzelbericht: 5. Internationales Fluidtechnisches Kolloquium, Aachen, Germany; Fluidtechnik: T * Band 7 (2006) S. 81–93

[FLO04] NN: Intelligenz-Feder, Flottenmanagement (2004) Heft 2, S. 66

[FLU01] NN: Abschied vom Rüttel-Transport; Brandneue hydraulische Vorderachsfederung bewahrt Container-Transporte vor Schäden, Fluid Band 35 (2001), Heft Mar, S. 18–20

[GAU04] Gauchel, W.: Auswahl und Betrieb von Hydrospeichern, Ölhydraulik und Pneumatik, Konstruktionsjahrbuch 2004/2005, S. 60–67

[GER06] Gerth, H.; Resch, R.; Freimann, R.: Automatisierte Applikation von Fahrwerksteuergeräten am Beispiel eines hydropneumatischen Wankfahrwerks, Konferenz-Einzelbericht: VDI-Berichte Band 1931 (2006), S. 775–786

[GES97] Gessat, J.: Reibungsverhalten von Hydraulikdichtungen und Führungselementen, Ölhydraulik und Pneumatik Band 41 (1997) Heft 10, S. 743–746

[GIL98] Giliomee, C. L.; Els, P.S.: Semi-active hydropneumatic spring and damper system, Journal of Terrametrics 35 (1998), S. 109–117

[GLA96] Glasner, E.C.; Povel, R.; Schutzner, P.: Introduction into advanced vehicle design, Heavy vehicle systems Band 3 (1996) Heft 1–4, S. 422–37

[GOL84] Gold, H.: Eigenschaften einer ausschließlich mit Gas (Luft) arbeitenden Feder-Dämpfer-Einheit. VDI-GeS. Fahrzeugtechnik (HRSG.): Fahrdynamik und Federungskomfort, VDI-Bericht 546, Düsseldorf; VDI-Verlag 1984, S. 37 ff

[GOR95] Goroncy, J.: Citroen Activa mit neuem Fahrwerk, Automobiltechnische Zeitschrift Band 97 (1995), Heft 7/8, S. 416–417

[GUG02] Guggenbühler, B.: Konzeptionierung und Einbau eines hydropneumatischen Fahrwerks in einen Kommunalgeräteträger, FH Offenburg, Diplomarbeit 2002

[HAR04] Harder, M.: Das Federungs-/Dämpfungssystem des neuen Astra, CTI-Konferenz: Federung und Dämpfung im Fahrwerk, Marriott Hotel Sindelfingen/Stuttgart, 06.–07. Jul 2004

[HEN90] Henning, H.: Citroen XM V6, Automobiltechnische Zeitschrift Band 92 (1990), Heft 1, S. 22–27

[HER99] Heras, S. de las; Codina, E.: A hydropneumatic suspension for heavy vehicles with variable damper and stiffness control, SIA – Actes du congres de dynamique du vehicle, Lyon 8–10 Juny 1999, S.43–48

[HEY84] Heyer, G.: Hydropneumatische Federung und Niveauregelung für Kraftfahrzeuge, Konferenz-Einzelbericht: 6. Aachener Fluidtechnisches Kolloquium, Fachgebiet Hydraulik Band 2 (1984) Mar, S.321–334

[HIM06] Himmelhuber, F.: Die aktiv geregelte Luftfederung für den Traktorsitz, Landtechnik 3/2006, S.132–133

[HRO97] Hrovat, D.: Survey of advanced suspension developments and related optimal control applications, Automatica, Band 33 (1997), S. 1781–1817

[HYV01] Hyvarinen, J. P.; Nevala, K.: Semi-active damping of the front axle of a tractor, 8th International Symposium on Theory of Machines and Mechanisms, Bucharest/Romania, Aug 28–Sep 1, 2001, Vol. IV, S.171–176

[JOO91] Joo, F. R.: Dynamic analysis of a hydropneumatic suspension system, Concordia University, Canada, Thesis, 1991

[KAE05] Käsler, R.: Benchmarking als Hilfsmittel zur ganzheitlichen schwingungstechnischen Auslegung von Landmaschinen, Konferenz-Einzelbericht: DMK, Dresdner Maschinenelemente Kolloquium, 2005 (2005) S. 467–473, Dresden: TUDpress Verlag der Wissenschaften

[KAR74] Karnopp, D.C.; Crosby, M. J.; Harwood, R. A.: Vibration control using semi-active force generators, ASME J. Eng. Ind. 96 (1974) Nr. 2, S. 619–626

[KOC] Koch, W.; Wilbers, B.: Neue Fahrwerkstechnik im Detail, Art Motor Verlag + Wilbers Products GmbH, Nordhorn; keine Jahresangabe

[KON07] NN: Dämpfelemente sorgen schonend für Sicherheit, Konstruktion, Special Antriebstechnik, April 2007, S. 39

[KOR82] Korkmaz, F.: Hydrospeicher als Energiespeicher, Berlin, Heidelberg, New York: Springer Verlag 1982

[KRA95] N.N.: Citroen Xantia Activa mit neuem Fahrwerk. Sportlich fest und federweich, Krafthand Band 68 (1995) Heft 5, S. 260–262

[KUC87] Kuchling, H.: Physik, 18. Auflage, Leipzig: VEB Fachbuchverlag 1987

[LAT03] Latour, C.; Biener, R: Schwingungstilgung in Radladern, O+P, Ölhydraulik und Pneumatik Band 47 (2003) Heft 3, S. 171–174

[LEI92] Leichner, K.H.: Fahrzeuggerechte Speichersysteme und ihre Einsatzbedingungen, Ölhydraulik und Pneumatik Band 36 (1992) Heft 8, S. 498–501

[LOE95] Lödige, H.; Kaplick, C.: Aktive Schwingungsdämpfung für ungefederte Arbeitsmaschinen, Ölhydraulik und Pneumatik, Band 39 (1995) Heft 3, S. 188–192

[LUN1993] Lunze, G.: Die Zukunft im Nutzfahrzeugbau gehört den hydropneumatischen Federungen, Konferenz-Einzelbericht: 9. Fachtagung für Hydraulik und Pneumatik, Dresden, Germany 1993, Band 9 (1993), S. 208–228, Paper-Nr. H19

[MAT03] Matthies H.J., Renius K.T.: Einführung in die Ölhydraulik, 4. Auflage, Wiesbaden: Teubner Verlag 2003

[MAY04] Mayr, S.; Wagner W.: Entwicklung einer Vorderachsfederung für Spezialtraktoren, VDI-Berichte Nr. 1855 (2004), S. 41–48

[MEL70] Meller, T.: Theoretische und praktische Untersuchungen an selbstpumpenden hydropneumatischen Federelementen für Kraftfahrzeuge, TH München Diss. 16.02.1970, Erlangen: Hogl., 1970

[MES94] Messerschmidt, D.; Schermann, E.: Hydraulikhämmer in den Staaten der GUS, Baumaschine und Bautechnik, Band 41 (1994) Heft 5, S. 254–256

[MEY04] Meyer, H.: Schwingungsentkopplung bei Landmaschinen, Zeitschrift Landtechnik Heft 1 (2004), S. 24–25

[MON95] Monroe Auto Equipment: Variable Stoßdämpfer ohne Elektronik, Automobiltechnische Zeitschrift 1995, S. 329

[MOR01] Moreau, X.; Nouillant, C.; Oustaloup, A.: Global and local suspension controls applied to vehicle braking on roads, ECC, Europ. Control Conf., 2001 (2001) S. 3642–3647

[MOT91] MOT-Spezial: Alles über das Fahrwerk, Sonderheft der Zeitschrift MOT, SH04/91 001, Stuttgart: Vereinigte Motor-Verlage

[MUE05] Mueller, P. et al: Das neue „Air Damping System“ der BMW HP2 Enduro, Automobiltechnische Zeitschrift 10/2005, Jahrgang 107, S.848–857

[MUE] Mueller, H. K., Nau, B. S.: Hydraulikdichtungen, Kapitel 5 in www.fachwissendichtungstechnik.de

[MUR98] Murrenhoff, H.; Wallentowitz, H.: Fluidtechnik für mobile Anwendungen, Reihe Fluidtechnik, Aachen: Verlag Mainz 1998

[MUR01] Murrenhoff, H.: Grundlagen der Fluidtechnik, Teil 1: Hydraulik, Reihe Fluidtechnik, Aachen: Shaker Verlag 2001

[NAU71] Naumann, F.: Beitrag zum Regelverhalten hydropneumatischer Federungsanlagen, Univ. Stuttgart, Diss. 1971

[OCH92] Ochs, M.; Wolf, F.: Fahrwerkssysteme – Entwicklungsziele und Methoden, Automobiltechnische Zeitschrift 1992, S. 54ff

[OUP92] N.N.: Auswahl und Betrieb von Hydrospeichern, Ölhydraulik und Pneumatik, Konstruktionsjahrbuch 1992/93, S. 56–69

[PEL04] Pelz, P.: Packaging von Luftfedersystemen, CTI-Konferenz: Federung und Dämpfung im Fahrwerk, Marriott Hotel Sindelfingen/Stuttgart, 06.–07. Jul 2004

[RAK93] Rakheija, S.; Liu, P.; Ahmed, A.K.W.; Hong, S.: Analysis of an interlinked hydro-pneumatic suspension, Konferenz-Einzelbericht: ASME Winter Annual Meeting, New Orleans, US, 1993, ASME/DSC Band 52 (1993), S. 279–287

[REI89] Reimpell, J.; Stoll, H.: Fahrwerktechnik: Stoß- und Schwingungsdämpfer, 2. Auflage, Würzburg: Vogel Verlag 1989

[REI05] Reimpell, J.; Betzler J.: Fahrwerktechnik: Grundlagen, 5. Auflage, Würzburg: Vogel Verlag 2005

[REZ04] Reitz, P. et al.: Geregelte Fahrwerksysteme für NKW, Konferenz-Einzelbericht: Aachener Kolloquium: Fahrzeug- und Motorentechnik, 13 (2004) S. 1427–1442

[REZ05] Reitz, P. et al.: Potenzial aktiver Fahrwerksysteme, Konferenz-Einzelbericht: VDI-Berichte Band 1876 (2005) S. 47–62

[SCM96] Schmidt, H.: Federungsmöglichkeiten an einem Traktor, Konferenz-Einzelbericht; Mobilhydraulik, VDI/MEG Kolloquium Braunschweig 1996, Agrartechnik Band 21 (1996), S. 119–130

[SCM00] Schmidt, K.: Innovative Luftfeder-Dämpfermodule für die S-Klasse von DaimlerChrysler, Forum ThyssenKrupp (2000) Heft 1, S. 34–39

[SCR92] Schramm, W.; Landesfeind, K.; Kallenbach, R.: Ein Hochleistungskonzept zur aktiven Fahrwerkregelung mit reduziertem Energiebedarf, Automobiltechnische Zeitschrift Band 94 (1992) Heft 7/8, S. 392–394, 397–400, 403

[SCR03] Schroeder, R.: Möglichkeiten und Perspektiven der hydropneumatischen Federung, VDI-Berichte Band 1716 (2002) S. 69–74

[SCU02] Schumann, A. R.; Anderson, R. J.: Optimal control of an active anti roll suspension for an off-road utility vehicle using interconnected hydragas suspension units, Vehicle System Dynamics Band 37 (2002) Heft Suppl., S. 145–156

[SEI04] Seidel, H.: Wirkung und Beurteilung von Ganzkörper-Schwingungen – biologische Aspekte, Tagung: Humanschwingungen, Darmstadt 2004, VDI-Berichte Nr. 1821, S. 1–24

[SIM94] Simson, D.: Eigenschaften eines neuartigen Vibrohammers, Baumaschine und Bautechnik Band 41 (1994) Heft 6, S. 326–329

[STA91] Stack, S. M.: Development and testing of a hydropneumatic suspension system on a USMC AAV7A1, Springfield, Va.: NTIS, 1991

[THO01] Thomas, B.: Konzeption und Simulation eines passiven Kabinenfederungssystems für Traktoren, Aachen: Shaker Verlag 2001

[TRA90] Trauth, W.; Wetzel, M.: Stoßdämpferdichtungen mit geringer Reibung, Automobiltechnische Zeitschrift Band 92 (1990) Heft 10, S. 590–601

[WAL97] Waller, R.; Näf, W.: Hydropneumatisches Querfeder- und Dämpfungssystem für Schienenfahrzeuge, O+P, Ölhydraulik und Pneumatik Band 41 (1997) Heft 10, S. 740–742

[WEI89] Weiskopf, H.: Einzelradaufhängung – eine neue Basis im Fahrzeugkranbau, Technische Mitteilungen Krupp (1989) Heft 1, S. 29–36

[WEI03] Weimann, C.; Götz, O.: DampMatic – Automatisch verstellbarer PKW-Stoßdämpfer, ThyssenKrupp Techforum (2003), Heft Juli, S. 30–33

[YOH99] Yohsuke, A.: Suspension control, Automotive electronic handbook, 2nd edition, MacGraw Hill 1999, S. 18.1–18.19

Index

Q

R

S

T

U

V

W

Z

SPRINGER NATURE

GPSR Compliance

The European Union's (EU) General Product Safety Regulation (GPSR) is a set of rules that requires consumer products to be safe and our obligations to ensure this.

If you have any concerns about our products, you can contact us on ProductSafety@springernature.com

In case Publisher is established outside the EU, the EU authorized representative is:

Springer Nature Customer Service Center GmbH
Europaplatz 3
69115 Heidelberg, Germany